高温超伝導の
若きサムライたち

日本人研究者の挑戦と奮闘の記録

吉田 博・髙橋 隆 編

アグネ技術センター

まえがき

　1980 年代後半に発見された高温超伝導体は，液体窒素温度をはるかに超える高い超伝導転移温度を示し，それまでの固体物理学の常識を根底から打ち崩す "100 年に一度起きるかどうかという物理学の革命" を引き起こした．さらに，その経済や市民生活への膨大な影響と波及効果から，世界中を "超伝導フィーバー" の渦に巻き込み，新聞には，毎日のように「今日の超伝導転移温度」などという記事が掲載された．この世界中の研究者を巻き込んだ高温超伝導体の研究の初期において，日本の若い研究者がその先陣を切り開き，世界の研究舞台で第一線の研究者と互角の研究戦を繰り広げ，世界の高温超伝導体研究を先導する活躍を見せた．彼らの多くは，当時の大学の助手の職位に属する若い研究者であり，既存の研究分野の枠を超えて高温超伝導という新規分野に参入し，その一方で大学における旧弊と戦いながらも，世界の研究者を相手に戦い，時には協働して，高温超伝導体研究を強力に牽引した．

　本書は，この高温超伝導体発見初期における彼ら「若きサムライたち」の奮闘ぶりを，彼ら自身の言葉で書き綴ったものである．そこには，高温超伝導体発見という物理学の "革命的事件" の中で，彼らがどのように考え行動して，世界を相手に戦っていたか，当時の彼らの鼓動と息遣いが伝わってくるほどに，臨場感を持って書き記されている．それらは，日本の固体物理学の歴史のなかで epoch-making な出来事として長く記憶されるだろう．

　また各執筆者には，上記の "奮闘と活躍" の記録に加えて，それを踏まえた "当時の若きサムライ" から "現在の若きサムライたち" への激励の言葉を書いていただいた．本書は，単なる高温超伝導体の研究の歴史を記すにとどまらず，現在および将来の日本の科学研究を支える若手研究者を鼓舞し，世界を舞台に挑戦する多くの "若きサムライ" が輩出することを期待するものである．

2019 年 9 月　吉田　博

髙橋　隆

もくじ

まえがき

第1章　高温超伝導体 ……………………………… 髙橋　隆・吉田　博 *1*

第2章　座談会「高温超伝導のメカニズムを探る」 ……………………… *9*

第3章　若きサムライたちの戦い ……………………………… *31*

3.1　高温超伝導体の研究をしていた大学院時代 ……………………… 石田憲二 *33*

3.2　高温超伝導体 YBa$_2$Cu$_3$O$_{7-\delta}$ 発見記 ……………………………… 門脇和男 *45*

3.3　若きサムライたちを追いかけて ……………………………… 小池洋二 *77*

3.4　振り返って見えてくること ……………………………… 社本真一 *105*

3.5　高温超伝導・分子科学研究所での思い出 ……………………… 世良正文 *123*

3.6　高温超伝導体にフェルミ面は存在するか？ ……………………… 髙橋　隆 *135*

3.7　研究の魔物 ……………………………………… 田島節子 *167*

3.8　銅酸化物超伝導 μSR 実験ことはじめ ……………………… 西田信彦 *183*

3.9　Y-Ba-Cu-酸化物超伝導体の発見——理論家は T_c を上げるのに有用か——

……………………………………… 氷上　忍 *193*

3.10　光電子分光で見えてきたもの ……………………………… 藤森　淳 *199*

3.11　銅酸化物超伝導体からルテニウム酸化物超伝導体へ ……………… 前野悦輝 *209*

3.12　目指せ，ぬる燗超伝導！ ……………………………… 山田和芳 *233*

3.13　遅れてきた若い物性理論研究者が見た高温超伝導研究騒動記

……………………………………… 吉田　博 *259*

第4章　高温超伝導研究の足跡と今後の展望 ………… 吉田　博・髙橋　隆 *283*

Column1　カマリン・オネスのヘリウム液化機　*44*

Column2　ライデン大学カマリン・オネス低温物理学研究所　*122*

Column3　マイスナー効果　*208*

Column4　ラマン散乱実験装置　*258*

Photo1　「第37回 岡崎コンファレンス」の集合写真　*76*

Photo2　「第2回 NEC シンポジウム」の集合写真　*192*

Photo3　「高温超伝導体の電子構造とフェルミオロジーに関する日米セミナー」の集合写真　*232*

事項索引　*293*　　　人名索引　*297*

第1章

高温超伝導体

1. 高温超伝導体

髙橋　隆，吉田　博

超伝導

　超伝導（超電導）とは，「物質中を電流が抵抗なく流れる現象」であり，すでに私たちの日常生活で多くの実用例を見ることができる．まず思いつくのが，現在（2019年）建設が進められているリニア新幹線（MAGLEV）や医療現場で活用されているMRI（Magnetic Resonance Imaging）（図1）であろう．両者においては，電気抵抗がゼロであることを利用してコイルに大電流を流して大きな磁場（磁界）を発生させて，前者では重い車体を浮かべ高速で移動させ，後者では水素原子の核磁気共鳴を利用して鮮明な人体の断層写真を撮影する．また，より身近な例として，携帯電話の中継基地で電波の混線（ノイズ）の低減のために減衰特性の優れた超伝導フィルターが使われている．このように超伝導はすでに私たちの生活に深く入り込んでいるが，その現象自身はミクロな現象を記述する量子力学に基礎を置くものであり，ミクロな量子力学的現象がそのまま我々のマクロな日常世界に姿を現した数少ない"奇妙

図1　超伝導の実用化の例．リニア新幹線，MRI，携帯電話の中継基地．

な"物理現象と言えるだろう.

超伝導は,1911年,オランダのライデン大学のカマリン・オネス(Kamerlingh Onnes)により,水銀(Hg)において発見された(図2)[1]. "超伝導(superconductivity)"というネーミングは彼により成された.この超伝導発見の成功の裏には,当時のライデン大学におけるカマリン・オネスを中心とした

図2 水銀において超伝導を発見したカマリン・オネスとその実験データ.

低温物理学の高度な低温技術があった.彼らは世界に先駆けてヘリウムの液化に成功し,その冷凍機を用いてさまざまな金属の電気抵抗の温度依存性を調べている最中に水銀において超伝導を発見した.水銀が電気抵抗ゼロを示す温度(超伝導転移温度,T_c)は,ヘリウムの液化温度付近の絶対温度4.2 Kであった.

4.2 Kとは,摂氏で言うと約-269℃であり,我々の住む日常世界の温度(室温,+20℃程度)からははるかに隔たった"極低温"である.水銀における超伝導の発見後,さまざまな物質の電気抵抗が調べられ,単体金属の鉛(Pb, 7.2 K),ニオブ(Nb, 9.3 K)で,水銀より高い超伝導転移温度が見出された.さらにより高いT_cを求めて物質の探索は化合物にも広げられ,1970年代中頃にはT_c = 23.2 Kを持つNb_3Geが見出された[2].このように,着実にT_cの上昇は達成されていたが(図3),カマリン・オネ

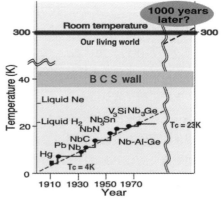

図3 超伝導物質探索の歴史(高温超伝導発見以前).

スによる超伝導の発見から約60年を経て19 Kの上昇（水銀4.2 K → Nb₃Ge 23.2 K）は，我々の住む室温までたどり着くには相当に長い道のり（単純計算では約1,000年）が必要であることを示していた．

この間，超伝導機構の理論的解明も着実に進み，1957年には超

図4　超伝導を説明するBCS理論を提案した（左から）Bardeen, Cooper, Schrieffer.

伝導現象を良く説明するBCS理論が提案された[3]．BCSとは，提案者の名前（Bardeen, Cooper, Schrieffer）の頭文字を取って名付けられたものである（図4）．BCS理論は，「超伝導状態では2個の電子が結晶格子の振動（フォノン）の力を利用して対（Cooper pair）を作り，物質中を抵抗なく移動する」と説明する（図5）．BCS理論は，超伝導のさまざまな現象を良く説明することから，多くの研究者に受け入れられたが，その一方で，超伝導研究の将来に悲観的な予測も行っていた．BCS理論では，2個の電子を結合させる"力"としてフォノンを仮定しており，フォノンのエネルギーが大きいほどT_cが高くなる．しかし，格子の振動が大き過ぎれば結晶が壊れてしまうため，そのエネルギーに限界があり，その結果T_cには上限が存在し，それが40～50 Kであると予言されていた（図3）．これを"BCSの壁"と呼び，超伝導研究およびその実用化に大きな陰を落としていた．この"壁"を見事に打ち破ったものが，1986年に発見された高温超伝導体である．

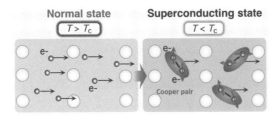

図5　BCS理論では，超伝導状態において2個の電子がペアを組み，抵抗なく物質中を移動する．

高温超伝導体の発見

1986年に，スイスIBM研究所のベドノルツ（Bednorz）とミューラー（Müller）は，銅の酸化物である$La_{2-x}Ba_xCuO_4$（LBCO）（図6）が，これまでの記録を超えて30 K付近で超伝導を示す兆候があることを報告した[4]．しかし当時は，この報告はさほど大きな注目を集めることはなかった．なぜならば，一般に酸化物（セラミックス）は電流を流さない絶縁体であり，それが金属的性質を示し，さらに超伝導を発現するとはとても信じられないことであった．しかしその疑念も，東大グループの追試確認[5]と，LBCOのBaを同族であるSrで置換した$La_{2-x}Sr_xCuO_4$（LSCO）でさらに高い温度で超伝導を示すこと[6]が見出されるや一気に吹き飛び，その直後から，世界の研究者のみならず経済界や一般社会までも巻き込んだ"超伝導フィーバー"へと発展して行った．

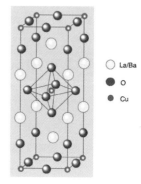

図6 ベドノルツとミューラーによって発見された高温超伝導体$La_{2-x}Ba_xCuO_4$（LBCO）．

高温超伝導フィーバー

「銅酸化物における"高温超伝導"は本物である」とのニュースは，即座に世界中を駆け巡り，物性・材料研究者のみならず多くのさまざまな分野の研究者や，さらに市井の一般の人たちまでもが，一斉に"高温超伝導体探索レース"に参入した．また，それ（室温超伝導）が実現した時の莫大な経済的効果を期待する経済界からも大きな関心が寄せられ，世界中が高温超伝導という熱気に湧き立った．これが世に言う"高温超伝導フィーバー"である．新聞が，（冗談ではなく）「今日の超伝導転移温度」を載せたり，またデパートで七宝焼きの電気炉（薬品粉末の混合物から高温超伝導体を焼結して作る時に使用できる）が売り切れたりと，まさに"フィーバー"と"混乱"の様相を呈していた．1987年3月にニューヨークで開かれたアメリカ物理学会（APS）では，高温超

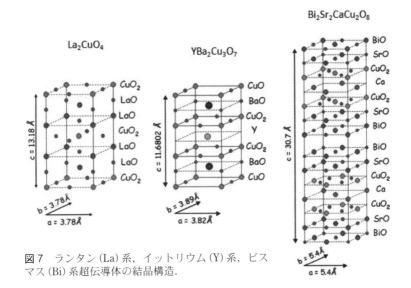

図7 ランタン (La) 系, イットリウム (Y) 系, ビスマス (Bi) 系超伝導体の結晶構造.

伝導に関する臨時シンポジウムが開催され, 2,000人もの参加者が夜を徹して白熱した議論を続けた. 会場に入り切れない参加者はロビーのテレビモニターで内部での議論に耳を傾けた. これが, 世に言う"物理学者のウッドストック"である (p.269 参照).

このようなフィーバーと混乱の中, 超伝導転移温度 (T_c) は急速に上昇し, 1987年2月にはヒューストンの Chu らのグループが, BCS の壁 (40～50 K), さらに液体窒素温度 (77 K) を超える $T_c = 90$ K を持つイットリウム (Y) 系超伝導体 (YBa$_2$Cu$_3$O$_{7-\delta}$; YBCO) を発見し[7], さらに同年12月には金属材料技術研究所の前田らによって 100 K を超える T_c を持つビスマス (Bi) 系超伝導体 (Bi$_2$Sr$_2$Ca$_2$Cu$_3$O$_{10}$; Bi2223)[8] が発見された (図7)[*1]. その後もビスマス系と

[*1] より高い T_c を持つ高温超伝導体の探索競争は熾烈を極めた. Chu が, YBCO の発見を Physical Review Letters に投稿した際に, 論文査読の過程で物質名が外部に漏れるのを恐れて, YBCO の "Y" を, 正しくは Y (イットリウム) であるところを Yb (イッテルビウム) と書いておき, 受理後の論文校正の段階で Y に修正した話は有名である.

類似の構造を持つタリウム系，水銀系が合成され T_c の上昇が達成され，現在では水銀 (Hg) 系の高圧下で $T_c = 164$ K が報告されている (図 8).

銅酸化物超伝導体 LSCO, YBCO, Bi2223 の結晶構造

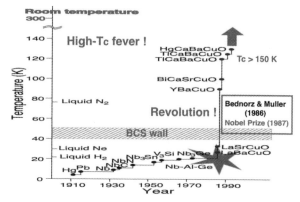

図 8　高温超伝導体探索の歴史.

(図 6, 7) に共通しているのは，CuO_2 の平面正方格子であり，この CuO_2 面で高温超伝導が発現していることが推測される．より高い T_c を持つ高温超伝導体の探索と並行して，その物性解明の研究が現在も勢力的に進められているが，超伝導発現機構についてはいまだ最終的に確定されていない．

参考文献

1) H. Kamerlingh Onnes: Comm. Phys. Lab. Univ. Leiden **119** (1911) 120.
2) J. R. Gavaler: Appl. Phys. Lett. **23** (1973) 480.
3) J. Bardeen, I. N. Cooper and J. H. Schrieffer: Phys. Rev. **108** (1957) 1175.
4) J. G. Bednorz and K. A. Müller: Z. Physik B **64** (1986) 189.
5) S. Uchida, H. Takagi, S. Tanaka, and K. Kitazawa: Jpn. J. Appl. Phys. **26** (1987) L1.
6) K. Kishio, K. Kitazawa, S. Kanbe, I. Yasuda, N. Sugii, H. Takagi, S. Uchida, K. Fueki, and S. Tanaka: Chem. Lett. **16** (1987) 429.
7) M. K. Wu, J. R. Ashburn, C. J. Torng, P. H. Hor, R. L. Meng, L. Gao, Z. J. Huang, Y. Q. Wang, and C. W. Chu: Phys. Rev. Lett. **58** (1987) 908.
8) H. Maeda, Y. Tanaka, M. Fukutomi, and T. Asano: Jpn. J. Appl. Phys. **27** (1988) L 209. 同じ Bi 系でも CuO_2 層が 2 枚の $T_c = 95$ K の $Bi_2Sr_2CaCu_2O_8$ (Bi2212) もある．

第 2 章

座談会
「高温超伝導のメカニズムを探る」

2. 座談会「高温超伝導のメカニズムを探る」

仙台市北目町喜良久亭にて，1988 年 12 月 15 日収録

（出席者）吉田　博（東北大・理），高橋　隆（東北大・理），岡部　豊（東北大・理）
岡田耕三（東北大・理），佐宗哲郎（東北大・理），倉本義夫（東北大・工）

はじめに

　都にロゲルギストといふ高名なる碩学ども集ひて，物の理わりを論じると言ふ．我等，東国，都の奥つ方にあれども，先頃，高温超伝導なる妖怪らしきものの巷を排廻せむとの噂を聞く．青葉之山より北目町の喜良久亭に集ひて心ゆくままにさかづきを傾け，高温超伝導の物の理わりをつまびらかにせむとす．我等，若輩なれども，先達にあやかりて，アレゴリスト（Allegorist）と名のらむ．

今年何がわかったか？

　「今宵は，『高温超伝導のメカニズムを探る』というテーマでの飲み会に，お暇な方々ばかり大勢お集まりいただいて，本当にありがとうございます．喜良久亭での会ですので，気楽にどんどんやっていただいて，好きかってなことをご自由にお話していただき，しかも高温超伝導のメカニズムに迫ろうという趣旨ですので宜しくお願いいたします．」
「じゃんじゃんばりばり，やりましょう．」
「皆さんもうすっかりできあがっておられるようですので，あまりこまかいことは気にしないで日頃思っておられることをご自由にお話していただきたいと思います．」
「放談会？」

本稿は，「固体物理」1989 年第 24 巻，第 4 号に掲載されたものである．

「一番放談された方に，放談賞を差し上げます．(I'm just kidding.)」

「素面でしゃべっていたんじゃあメカニズムの話なんてできませんよ．」

「そうですね．メカニズムなんて何も確定していなくて，ますます混乱しているんですからね．」

「今宵は，乱世に強い B，および O 型の方々にもお集まりいただいたので，混乱しているメカニズムに迫れるのではないかと期待しているわけです．また，未来型の AB 型の方にはいろいろと予言をしていただいて，最後に A 型の方に，議論が発散しないようにまとめていただけるよう，いろいろなタイプの方を見繕って用意いたしました．はっはっはっは．」

「それでは，まず始めに，今年何がどこまでわかったか，そしてどの程度のコンセンサスが得られたかについて，皆さんのご意見をお聞きしましょう．」

「今年は，新物質としては，Bi 系 (Bi-Sr-Ca-Cu-O) と Tl 系 (Tl-Ba-Ca-Cu-O) の発見に始まり，つぎに銅酸化物を含んでいない BKBO 系 (Ba-K-Bi-O) が見つかったというのが一番ですね．」

「そうですね．Bi 系，Tl 系の意義は CuO 鎖がなくても，高温超伝導になるということですね．」

「それによって，CuO_2 層単独，CuO_2 層を含むピラミッド，そして CuO 鎖のうち，CuO 鎖は超伝導メカニズムには本質的ではないということがわかったということですね．」

「ところでピラミッドってなんですか？」

「たとえば，Y 系 (Y-Ba-Cu-O) でいうと，CuO_2 層と BaO 層を含む 2 つの層において，Cu のまわりの酸素によって構成されるピラミッドのことです．」

「それに関連して，CuO_2 層の枚数と T_c との関係はいかがでしょうか．」

「CuO_2 層単独に超伝導のメカニズムを求める立場としては，Tl 系，Bi 系で，2212 相から 2223 相に CuO_2 層を 1 枚増やしたときに

超伝導転移温度 T_c が大きく上昇するという点をよりどころとしているようです．この場合，2212 相から 2223 相に移ったとき，ピラミッドでなくて CuO_2 層が単独に 1 枚増えることから，ピラミッドよりも CuO_2 層単独が超伝導に本質的であると考えるわけです」[1]

「それが一番もっともらしいんじゃあないですかね．」

「ところで，最近では，CuO_2 層の枚数 vs. T_c の関係についても CuO_2 層の枚数が 4 枚，5 枚となると T_c がむしろ落ちてくるようですし，少なくとも T_c が CuO_2 層の枚数に対して飽和しているように見えますので，一概に CuO_2 層の枚数と T_c との関係は本質的なものかどうかわからないんではないでしょうか．」

「しかし，そこは，CuO_2 層の枚数が多いサンプルでの，その質がどの程度コントロールされているのかよくわからないので安易に結論を出すのは無理がありますねえ．」

「CuO_2 層の枚数が増えたと言うのは，単に 2 次元的なものから 3 次元的なものにより近くなったと解釈すべきなんでしょう．」

「そうですね．純粋な 2 次元系では，超伝導転移は起こらないと言うのは，統計熱力学の演習でもやってることですからね．」

「一応，現時点で得られているコンセンサスとしては，T_c が CuO_2 層の枚数に比例するなんてことはないと言うことですね．」

「ホール濃度などの，他のいろんなパラメータが CuO_2 層の枚数に対してどのように変化しているかを調べないと CuO_2 層の枚数 vs. T_c を議論しても意味がないと思います．」

「ところで，Bi 系ではどのようにしてホールがドープされるかについて，決着がついたんですかね？」

「いや，現段階ではついていないでしょう．Bi_2O_2 層の Bi のところが 2 価の Sr や Ca に置き換わってホールがドープされると考えることもできます．」

「バンド計算では，Bi_2O_2 層のバンドがフェルミ準位近傍にあって，ホールは自然

---

[1]　$Ba_2Sr_2CaCu_2O_8$ や $Tl_2Ba_2CaCu_2O_8$ などは CuO_2 を 2 枚含み 2212 相と呼ばれる．また $Bi_2Sr_2Ca_2Cu_3O_{10}$ や $Tl_2Ba_2Ca_2Cu_3O_{10}$ などは CuO_2 層を 3 枚含み 2223 相と呼ばれている．

にドープされるというわけですが，光電子分光の実験では計算結果に対応したBi_2O_2層のバンドは，フェルミ準位近傍に見えないのでBiがSrやCaに置き換わってホールがドープされると考えるのはもっともらしいことだと思います.」

「Bi系のCaサイトのXPSを見ると，明らかに2つのケミカルシフトしたサイトがあるんですね．したがって，SrとCaがCa層でも入れ替わっているようですね.」

BKBOをどうみるか？

「話を元に戻して，今年になってでてきた銅酸化物を含まない高温超伝導物質であるBKBOに話を戻しましょう.」

「問題の本質は，銅酸化物を含む超伝導体とBKBOやBPBO (Ba-Pb-Bi-O)を同じ超伝導のメカニズムとみるかどうかですが，それについてはいかがでしょうか？」

「日本では，初期のころからBPBOを研究しているグループがあり，強い電子・格子相互作用にクーパー対形成のメカニズムを求めるというのが多数派のようですね.」

「しかし物理の研究の上では，政治家の世界と違って多数派なんてなんのあてにもなりませんから．特に混乱期にはね.」

「そうですね.」

「実験的には，BPBOやBKBOで同位体効果が銅酸化物超伝導体と比べて大きいことと，キャリアの mass enhancement が小さいことから，電子・格子相互作用にクーパー対形成のメカニズムを求めているようですね.」

「しかしながら，私見としては，BKBOと銅酸化物超伝導体を同じ枠の中で捉えたいですね.」

「そうですね．BKBOはAメカニズム，銅酸化物系はBメカニズムと言うのでは，あまりに御都合主義ですからね.」

「Philosophy を持たないところが日本的でよろしいんじゃあないでしょうか．はっはっはっは.」

「BKBOやBPBOには，どのような特徴があるんですか？」

「BKBO と BPBO では，Bi の入らない $BaPbO_3$ は半金属ですが，Bi を入れると電子がドープされる．それはあらゆる物理量に電子的なキャリアとして反映される．ところが，Bi エンドでは，half-filled で，バンド理論では金属的になるにもかかわらず，実際には半導体になっている．K をドープするとホールがドープされて熱起電力の測定からみるとキャリアはホールらしい．つまり，同じシステムで，電子的なキャリアからホール的なキャリアまでスパンできて，そのまんなかで超伝導にならないで半導体になる．そういうシステムなんです．」

「それに対して，銅酸化物系では，ホールのドーピングだけはできる．そして，BKBO や BPBO で Bi エンドが不思議な物質であることを考えあわせると，すなわちバンド計算では金属で，実際は半導体であることを考慮すると非常に La_2CuO_4 や $YBa_2Cu_3O_{6.5}$ に似ているので，やはり同じ範ちゅうで捉えたいわけですね．」

「大きな共通点としては，ともにペロブスカイト構造であり，半導体と金属の隣り合わせたところで超伝導が起こり，しかもキャリア濃度が小さいところでしか高温超伝導にはならないという点もあると思います．」

「そうですね．BKBO や銅酸化物系の特徴としては，キャリア濃度が小さくて，しかも T_c が高い．これにつきるようですね．すなわち，キャリア濃度が小さければフェルミ速度が小さくなる，また T_c が高ければ超伝導ギャップは大きくなるので，その結果としてコヒーレンス長は短くなるわけです．まとめますと，(1) キャリア濃度が小さいこと，そして (2) クーパー対形成の力がべらぼうに強い，すなわち T_c が高いというのが BKBO や銅酸化物系の特徴のようです．」

「キャリア濃度が小さい超伝導体であるということに着目すると，メカニズムを考える場合，私見としては，キャリア濃度が小さいことからくる，長距離クーロン力の引力部分によるクーパー対形成のメカニズムなども捨てがたい魅力がありますね．」

「そうですね．Half-filled で半導体になっていて，ドープされたわずかのキャリアがクーパー対を作るわけですからね．」

「P, Si, GaP, GaAs などの単体でも，圧力を加えてちょうど半導体から金属に転移した直後でキャリア数の小さいときに 10 K くらいの T_c の超伝導に転移し

16   第2章　座談会「高温超伝導のメカニズムを探る」

ますが，これらもここでいいました BKBO や銅酸化物系超伝導の特徴によく
似ていますね.」

「両者で異なる点はどこにありますか？」

「一番違う点は，帯磁率です．BPBO は銅酸化物系と比べて，帯磁率は小さい
わけですが，ひとつには，内殻電子の寄与が大きくて全体のマイナスを大きく
するが，$BaPbO_3$ から Bi を増やすに連れて，パラマグの成分が増えて，Bi エ
ンドでは半導体なんだけれども，帯磁率は大きくなっている．というのは，全
体としてはディアマグに隠されているけれども Bi の s 電子が Cu の d 電子と同
じ役割を果たしているように見えるんです.」

「同感です．Bi は周期表の下の方に位置していまして，相対論的効果のために
原子核位置にウェイトをもつ $6s$ 電子の波動関数は局在していて，原子内クー
ロン相互作用 (U)，もかなり大きくなっています．しかも，$Bi^{3+}(s^2)$，$Bi^{4+}(s^1)$，
$Bi^{5+}(s^0)$ のうち Bi^{4+} の U が一番小さくて，固体中では負の電子相関系（Negative
Effective U）になっていると考えられるわけです．したがって，基底状態では
4 価が不安定になっていて 3 価と 5 価に分解を起こしており電荷揺動している
と考えることもできます．このような負の電子相関は，格子歪みに起因する従
来からの Anderson の負の電子相関とは本質的に異なるわけで，半導体中の Cr
や Mn などの遷移金属不純物では，交換・相関相互作用に起因している負の電
子相関系になっているわけです．また固溶体中の In などでも $In^{2+}(s^1)$ は負の
電子相関系になっていて $In^{3+}(s^0)$ と $In^{1+}(s^2)$ に実際分解しています.」[*2]

「そのように考えると，BKBO や BPBO でも 4 価の Bi が負の電子相関系になっ
ていて，強い電荷揺動が起きている可能性もありますね.」

「そういう意味では多重荷電状態が出現しているわけですね．この系では.」

[*2]　N 電子系の全エネルギーを $E(N)$ とすると，電子相関エネルギー U は $U = E$
$(N+1) + E(N-1) - 2E(N)$ と定義され，$U < 0$ の場合を負の電子相関系と呼
ぶ．$U < 0$ の場合，N 電子系は不安定となり $(N+1)$ と $(N-1)$ 電子系に分かれ
る．負の電子相関の起源としては，格子歪みによる Anderson の負の電子相関（P.
W. Anderson: Phys. Rev. Lett. **34** (1975) 953）や交換・相関相互作用によるもの（H.
Katayama-Yoshida and A. Zunger: Phys. Rev. Lett. **55** (1985), 1618）が提案されている.

「そして，強い電荷揺動は，当然格子振動と強く結合しているわけですね．」
「BKBO や BPBO では，実験から強い電子・格子相互作用が見つかっているようですね．」
「それじゃあ，銅酸化物系はどのように考えますか？」
「BPBO や BKBO のメカニズムを電荷揺動だとする立場に立てば，当然銅酸化物系のメカニズムについても電荷揺動

を主要なメカニズムとしないと Philosophy がないということになる．はっはっはっは．」
「主要なメカニズムを電荷揺動に求めると，銅酸化物系では，Cu が入ったことによって，Cu に局在するスピンからできる反強磁性的な短距離秩序のバックグラウンドがあり，それによって電荷揺動が強められて，銅酸化物系では T_c が 120 K 近くにあがるという都合のよいことを考えることもできるわけです．」
「そこがよくわからないのですが，Cu による反強磁性的なスピン揺動が，T_c の上昇に効くのか，もしくはそれとは逆に，単に磁気秩序が死んだ方が電荷揺動による T_c が丸まるでてきて，磁気秩序が死にきれないと T_c が抑えられて La 系のようになるかどうかということです．磁気秩序が超伝導を抑えるように働いているという従来からの見方もできるわけです．」
「そのような立場にたつと，今回の高温超伝導では，磁気秩序やスピン揺動にもかかわらず高い T_c が実現しているわけですから，メカニズムを考える上でクーパー対形成の引力は従来のものと比べて相当強いものを考えなくてはいけないわけですね．」
「キャリア濃度からみると，BPBO や BKBO，そして銅酸化物系もあまりかわらないで，なおかつ Cu の入ったものの方が T_c が高いので，磁性が超伝導に効いていないとは言えないんではないでしょうか．」
「しかし，それは他のパラメータが違うわけですから，そのように比較するの

は難しいてしょう.」

「単純に考えて, たとえば La 系について言えば, La_2CuO_4 では, 反強磁性的長距離秩序が残っていて, ホールをドープするに従って, その長距離秩序が消え, それに引き続いて超伝導がでてくるわけですから, 磁性は超伝導を弱めていると考えるのが自然だと思うのです.」

「いやそうではなくて, スピン揺動にクーパー対形成のメカニズムを求める立場としては, 揺動が大事なのであって, 揺動が抑えられて長距離秩序が生じてしまうと対形成に効かなくなるわけです. したがって, 磁気的長距離秩序がくずれたところで超伝導が出現すると言うのは, スピン揺動をメカニズムとする考え方とも矛盾しないと思うのですが.」

「それと同様に, 電荷揺動をメカニズムとする立場としても, CDW がでてきてしまってからでは対形成に寄与しなくなるわけでありまして, ちょうど強く電荷揺動している方が対形成には都合がよろしいわけですね.」

「なにごとも, ほどほどがよくてやりすぎはあかんというわけですね.」

「銅酸化物系での電荷揺動はどのように考えるのですか?」

「これは私見ですが, 銅酸化物系でも, BPBO や BKBO の Bi の $6s$ 電子のように, Cu の $3d$ 電子が電荷揺動していると考えるべきだとおもいます. といいますのは, 余分のホールをドープしていないとき, すなわち La_2CuO_4 などの反強磁性的長距離秩序が残っているような系では, Cu サイトでみると $Cu^{2+}(3d^9)$ が基底状態となっておりスピンは Cu サイトに局在しているとみなすことができます. つぎに La を Sr で置き換えて余分のホールをドープすると, "$Cu^{3+}(3d^8)$" の状態が出現して, Cu^{2+} と "Cu^{3+}" が共存する, 広い意味での多重荷電状態が出現しているわけです.」

「ちょっと待ってください. 銅酸化物系では, Cu^{2+} 中と Cu^{3+} が同時に存在するといわれましたが, 光電子分光でみるかぎり Cu^{3+} はほとんど存在しないのですが.」

「ここで申し上げました Cu^{3+} は, カッコ付きの "Cu^{3+}" でありまして, よく知られておりますように, Cu の $3d$ 原子内クーロン相互作用 (U_{dd}) は十分に大きいので, 余分のホールを Cu サイトにつめると U_{dd} のためにエネルギーが高

くなりすぎる．それを避けるためにホールはより低い電荷移動エネルギー（Δ）
をつかってより広がった酸素の p バンドに入り，Cu^{3+} のウェイトを減らした
方がエネルギー的に低くなるわけです．しかしながら，この場合でも，わず
かではありますが Cu^{3+} は存在していまして，しかも Cu^{2+} と共存しますので
"Cu^{3+}" と申し上げたわけです．」

「なるほど．いまおっしゃったような Cu^{2+} と "Cu^{3+}" の 2 つの荷電状態が同
時に同じ物質中に出現するような例は，シリコンなどの半導体中の遷移金属不
純物の場合の多重荷電状態とよく似ていますね．半導体の場合は，Anderson-
Haldane のメカニズム [1] と呼ばれているものです．」

「半導体中の遷移金属不純物の場合も，やはり U_{dd} が大きいために異なる荷電
状態では電子やホールは広がった伝導帯に入って多くの荷電状態が安定に存在
するわけですか？」

「そうだとおもいます．たとえば，シリコン中の Mn ですとバンドギャップが 1
eV くらいしかないのに，−1, 0, 1+, 2+, と 4 つの荷電状態が，ドーピングのぐあ
いによって次々と出現してくるわけです．普通自由原子や金属中では U が大きい
ためにこういうことは起こらないんですが，半導体中では起こるんです．これは
ホールや電子が価電子帯や伝導帯に入ることによって有効電子相関エネルギー
が小さくなっているわけです．このような半導体中の多重荷電状態も高温超伝導
体中の多重荷電状態もメカニズムとしては基本的には同じだと思います．」

異常な常伝導状態と正常な超伝導状態？

「超伝導状態に行く前に，常伝導状態でのフェルミ準位近傍のドープされた
ホールの電子状態を押さえておかないと，地に足のついた議論になりませんの
で，まずこれから始めましょう．」

「しかし，その点なんですが，今回の高温超伝導では，超伝導状態の方が正常
に見えて，常伝導状態の方が異常に見えますねえ．」

「だから，常伝導状態の理解の方が超伝導状態の理解よりも難しいように見え
るわけですね．はっはっはっはっ．」

「最近の Bi 系単結晶を使った光電子分光実験によって，常伝導状態の電子状態

は，かなりの足がかりが，つかめたわけですが，やはりバルクの酸素の p バンドからスプリットオフしたところでキャリアができているということが強く示唆されてきたわけですね.」

「そうですね.」

「そして，そのスプリットオフしたキャリアの状態がフェルミ準位に引っかかることもあるし，フェルミ準位まで来ない場合もありうるわけですね. 力及ばずして. これが undoped case でありまして，僕に言わせると，La_2CuO_4 でもそれがあるはずだと思うわけです. したがって，La_2CuO_4 や $YBa_2Cu_3O_{6.5}$ で実験すれば必ずやフェルミ準位より下のほうにそれが見えるはずだと思うのです.」

「そういえば，半導体である $Sr_2CuO_2Cl_2$，これは La_2CuO_4 で La を Sr に，LaO 面上の O を Cl に置き換えたものですが，一重項 $^1A_1$ に相当する状態がフェルミ準位の下 1 eV くらいのところに見えたという報告がありますね.」

「ところでドープされたホールは，主としてどの酸素原子のどの軌道に入ることになっているのですか？」

「現時点での偏極の実験では，フェルミ準位近傍で動いているホールは主として CuO_2 層に平行な成分 $2p_x$, $2p_y$ をもっていることがわかっていますので，CuO_2 層か Bi_2O_2 層や SrO 層かという問題は残るとしても，面内に広がった軌道にホールがドープされると思って差し支えないと思います.」

「ところで，これは超伝導のメカニズムとも深く関係しているのかもしれませんが，Cu の $2p$ XAS の偏極実験で見たとき，ホールをドープしたときもしないときも，両方とも，$Cu\ 3d(x^2-y^2)$ に $Cu\ 3d(3z^2-r^2)$ が 10 % くらい混じった状態がいつも基底状態になっていることなんです.」

「そうですね. 普通に考えると，余分のホールのドープされていない Cu^{2+} の基底状態では，$Cu\ 3d(x^2-y^2)$ に局在した $3d$ ホールがあると考えられているんですが，なぜなんですかねえ.」

「私にもわかりませんが，Dynamical Jahn-Teller 効果なんかを考えている人もいるようですね[2).」

「もっと，根の深い問題かも知れませんね.」

「バンド計算ではどうなんですか？」

「バンド計算では，Y系を例に取ると$YBa_2Cu_3O_6$から$YBa_2Cu_3O_7$にホールをドープすると0.8個分のホールは1次元のCuO鎖とBaO面にドープされ，残りの0.2個分のホールは，2枚のCuO_2面の軌道にばらまかれて動けるわけです.」

「量子化学のクラスター計算では日米ともどうしてみんな$p\pi$軌道にホールが入るのでしょうか？」

「とにかく，みんな同じ結論を出しているようですから，その理由を調べてみる必要がありそうですね.」

「ドープしたホールが酸素軌道に入ることに関連して，よくわからないのは，酸素のpホールでの電子相関エネルギー（U_{pp}）が実験ではかなり大きいと言うことなんです.」

「そうなんです，もしU_{pp}がオージェの実験で言われているように5〜6 eVもあると，酸素の$2s$-$2p$の共鳴光電子分光で，酸素の2ホール束縛状態が見えるはずなんですが，それが見えないというのが非常に不思議ですね.」

「原子内クーロン相互作用としてのU_{pp}は，オージェの実験で言われているように確かに大きいのかもしれませんが，固体中での有効電子相関エネルギーは，実際は，あまり大きくないんではないですかねえ．酸素だけ見ると酸素酸素間のホッピングは1 eVくらいありますのでバンド効果は十分に大きくてそれを取り入れた解析が必要ですね.」

「酸素によるバンド幅が5〜6 eVもあれば，U_{pp}は十分に減少するはずですね.」

「そうですね．生の酸素のU_{pp}が大きくても，実際は酸素のpバンドはドープしてできた不純物準位間のホッピングでできており，その波動関数は広がっており，そのため酸素サイトに1個ホールをドープしても酸素原子内での有効電子数（酸素原子当たりで定義し，Qとする．$Q\ll1$）は小さく酸素のホールの波動関数はひろがっているので有効な電子相関は$Q^2 \times U_{pp}$に減少するわけです.」

「Anderson-Haldane のメカニズムですね.」

「そうです.」

「メインには広がった酸素のネットワークなんですが，そのまん中にいる銅が

22　　　　第2章　座談会「高温超伝導のメカニズムを探る」

どういう役割を超伝導に対して果たしているかですね.」

「金属的に広がった酸素のネットワークがあって,そのバンド幅は広くても,それらの束縛状態のエネルギーはフェルミ準位から測って3〜4 eV くらい深いところにあるんですよ.」

「だって,フェルミ準位のところに引っかかっている状態があるじゃあないですか.」

「つまりそれは,どうでもよいのではなくて,銅があるからなんですよ.酸素のバンドの重心はフェルミ準位から測って4 eV くらいの深いところにあるために,かりに酸素のバンド幅が6 eV くらいにひろがっていても,酸素のバンドのトップはフェルミ準位の下1 eV くらいのところにくるのがせいぜいなんです.ところが銅が酸素のまん中にあると,銅はもともと Cu^{2+} による局在したホールがあるために,酸素の軌道にホールを開けると,これと強く相互作用して,フェルミ面のところに特定の軌道だけが Project out されると言うのが正しい描像ではないかと思うんです.」

「これはもう次のテーマに話が移行していますね.次のテーマは,Heavy Fermion との類似性と非類似性なんです.」

Heavy Fermion との類似性と非類似性？

「Heavy Fermion との,普通言われている類似性とは,酸素による自由電子の海があって,その中にいる銅の局在 d スピンが自由電子の海と結合していれば,Heavy Fermion とまったく同じではないかというわけなんですが,それはまったく素人の浅はかさでありまして,実際は,まったく違うんです.なぜかというと,酸素の p バンドの幅は十分に広いんですがすべて満たされていて,自由電子の海をもっていないわけです.つまり海は,乾ききっているというわけです.」[*3]

「そうですね,銅の局在 d スピンがあるときだけドープした p ホールとの相互

＊3　希土類やアクチナイド類を含むある種の化合物中では,伝導電子の有効質量が自由電子の数百倍に達する場合があり,Heavy Fermion と呼ばれている.

作用によって，乾ききった海にちょっとした潤いがでてくるところが，Heavy Fermion とは本質的に違うところですね.」

「だからあえて，Heavy Fermion の描像で言うとすると，銅酸化物系は，強結合の極限であって，近藤温度 T_K (10^4 K, 1 eV) が酸素のバンドホッピングの幅 (1 eV) より大きいわけです.」

「なるほど，だから d スピンと結合した酸素の p スピンは格子定数の程度でスクリーンアウトされるわけですね.」

「その通りだと思います.」

「Heavy Fermion では T_K が 10 K 程度でバンド幅が 10^4 K ですからその比が 10^{-3} から 10^{-4} になるわけで，その逆数は，mass enhancement にきいて，Heavy Fermion では，その mass が 1000 倍くらいに大きくなるわけですね.」

「銅酸化物系では，この議論に従うと，T_K とバンド幅が同じオーダーですから mass enhancement はあまりないわけですね.」

「あっても高々 10 倍程度なんですね.」

「そこが，Heavy Fermion と大きく異なる点なんですが，近藤効果という側面から言うと強結合の極限から弱結合の極限までその両端を押さえられていて，金の儲らないアカデミックな話としては，ここがおもしろいんですね.」

「ウラニウム系は，たぶんこれらの中間領域に位置しているんではないかというのが一つの考え方なんです.」

「ということは，高温超伝導体は，"Light Fermion" というわけですね. はっはっはっ.」

「最近はやりの，都会派のあまりしつこくない奴ですね.」

「ビールみたいですね.」

「しかし，素人は，Light Fermion で結構ですが，玄人好みなのはやはり，Heavy Fermion ですね. はっはっはっ.」

「ところで，ホールの数が少なくて十分 Cu の局在スピンを殺すほどないという点はパズルですね.」

「これは，S 氏 -like または，Super-dense Kondo System といって青葉山でローカルに使われていたんですが，最近は International な言葉になりつつあります

ね.はっはっはっは.」[*4]

「天才S氏の言葉を大衆向きに翻訳すると次のようになる.つまり,局在スピンは10^{22}個ある.かたやそれをスクリーンするキャリアは,局在スピンの数よりも2桁か3桁少ない.しかしひとたびその多数派の局在スピンをちょっとコンペンセイトしてやると,雪崩現象を起こして,全体のスピンが壊れてしまう.それを称して,Super-dense Kondo System という.」

「むちゃくちゃな言葉を考え出したもんだ.」

「それが天才のゆえんです.はっはっはっは.」

「なぜ雪崩現象が起こるのですか?」

「それがいまミステリーではあるんですが,d スピンを少しの酸素の p スピンで殺すと,あとのスピンは浮き足だって全然駄目になる.悪貨は良貨を駆逐するというわけですね.」

「外からの少しのホールでスピンが殺されて全体が浮き足だつには,たぶん元々の系にある種のフラストレーションのようなものがあって革命前夜のようになってないとそういうことは起こらないはずですね.」

「局在スピンどうしが,もともとは自分は多数派であったのですが,少数のキャリアのスピンによって全体のスピンが浮き足だって,自分の立場を忘れて体制に迎合しちゃうわけですね.」

「禅問答みたいで,ますますS氏 -like ですね.(一同大笑い)」

「Heavy Fermion はどっちにころんでも金属的で Fermi-liquid 状態を作るわけですが,高温超伝導体の方は金属と半導体の境界にあってそこがおもしろいわけですね.」

「ますます高温超伝導体は,S氏 -like ですね.」

Fermi-liquid or not ?

「つぎに,銅酸化物高温超伝導体は,Fermi-liquid かどうかについて話題をう

[*4] 青葉山の天才的実験家S氏のグループで作製した Yb_4As_3 では,キャリア濃度がきわめて小さいにもかかわらず,ひとたびキャリアが動き始めると Heavy Fermion 的な振る舞いをする.彼らはこれを,Super-dense Kondo System と名付けた.

つしましょう.」

「これはなかなかおもしろいんですが, 意見の分かれるところではあるんですね.」
Fermi-liquid でないという証拠はどこにあるんですか?」

「たとえば, 角度分解光電子分光で Fermi-edge が見えたというだけでは
Fermi-liquid と断定するにはまだ物足りないわけです.」

「でも Fermi-edge を示唆している実験がここにあるではないですか?」

「たしかに Fermi-edge は観測されたのですが, それは, Luttinger の Sum Rule
に対してなにもいっていないわけで, ただちに Fermi-liquid を意味しないわけ
です. つまり, Fermi-edge と言うのは, p ホールだけがフェルミ面を持ってい
てもでてくるわけですが, それを Fermi-liquid とは言わないわけです. なぜな
らば, Fermi-liquid と言うのは, オーダリングのない場合には, d ホールも動
いていないと駄目なんです. d ホールも動いている場合には同じように Fermi-
edge も出ますが, フェルミ面をド・ハースで測ったときにはその大きさが全然
違うわけです. 大きいわけです.」[*5]

「そうですね. いまの高温超伝導体のシステムでは, d ホールが動かないと
Fermi-liquid とは言えないわけです. そういう意味では, Fermi-liquid を明白
に示す実験はなにもないのです.」

「片や, Fermi-liquid らしいという証拠があって, Fermi-liquid ではないという
証拠がないんでは, Fermi-liquid といわざるを得ないのではないでしょうか?」

「いやそうではないんです. むしろ実験は, Fermi-liquid ではないらしんです.」

「それは, 何を証拠に?」

「低いエネルギーの実験, たとえばホール係数からです. 今のところ, 単純な
見方で言うと酸素のキャリアだけがホール係数にきいているように見えるわけ
です. ドーピングの濃度に比例してホール係数が増えるのですが, キャリアが
p だけというのでは, Fermi-liquid に矛盾するのです. すなわち Fermi 面が小

---

*5　液体 ^{3}He や金属中の電子では, フェルミ統計の効果が支配的であり, Fermi-
liquid と呼ばれる. Fermi-liquid では, 強い粒子間相互作用にもかかわらず, フェ
ルミ面の体積が, 相互作用のない場合と同じになっている. この同一性をさして,
Luttinger の sum rule ということがある.

さいことを示唆しているわけです.」

「しかし問題は，ホール濃度をもっと増やして基底状態がノーマルになったときにどうかということなんです．そうするとまた電子的になってしまうんではないでしょうか？」

「このような実験は La 系でやられていますね．しかし，基底状態がスーパーからノーマルへと転移するので，ホール濃度の少ないところではまだどっちに転ぶかわかりませんね.」

「ド・ハースで大きなフェルミ面が観測されればそれは，Fermi-liquid になるわけですが，なにぶん高温超伝導ですので．あはははは.」

「これは Heavy Fermion 系では十分確立していて UPt_3 では，f 電子が動いていて，フェルミ面は大きいわけです．ところが，CeB_6 ではまだよくわからないんですが，たぶんフェルミ面が小さくて f 電子は関与していないのかも知れませんね．そういう意味では，Fermi-liquid ではないわけですが，この系では実は，f 電子はオーダーしています.」

「これを今の高温超伝導体に当てはめると，d ホールがフェルミ面に関与しているかどうかまだよくわからないわけです.」

「ということは，銅酸化物高温超伝導体では，Cu をバンド的に取り扱ってよい状況と連続的につながっているか，もしくはその逆で，d は別物で局在電子として伝導に関与していないものとして取り扱っているものと連続的につながっているかどうかが，Fermi-liquid or not の分かれ目なんですね.」

「そうですね．たとえば，d 電子はスピン秩序を組んでいないとして，自分自身では揺動しているけれどもフェルミ面には関与していないケース，これをケース 1 としましょう．ケース 2 は，同様に秩序はないんですが，d 電子自身がフェルミ面に関与していて，d 電子まで含めて Luttinger の Sum Rule が成立しているケースを考えてみましょう．このとき重要なことは，ケース 1 とケース 2 は不連続なことです.」

「不連続でしかも 2 つの可能性しかないわけですね.」

「私見としてはキャリア数が圧倒的に少なくても，ひとたび動き始めると大きなフェルミ面ができて，Fermi-liquid を作るという立場を取りたいですね.」

「これを実験的にみるためには，準粒子を直接見る実験がどうしても必要なわけですね．そしてそれが d キャラクターをもつかどうかが criterion になるわけですね.」

メカニズム解明のために実験は何をすべきか？

「メカニズム解明のために，実験は何をするべきかというテーマに移りたいと思います.」

「それがわかっていたら，こんなところには来なくてもう実験をやっているはずですよ．はっはっはっは.」

「メカニズムを明らかにするために，まず第一には，超伝導の起こっている舞台である電子状態を実験的に明らかにする必要があるわけなんですが，先ほどの Fermi-liquid or not とも関係していまして，やはり問題の中心は，常伝導状態の準粒子の性質を，d キャラクターを持つかどうかをも含めて明らかにするような実験がどうしても必要になってくるわけです.」

「そのためには，高分解能の光電子分光，トンネル電流の測定や，STS (Scanning Tunneling Spectroscopy) などが考えられますね.」

「最近，スイスの Baer のグループが高分解能の光電子分光実験を行って超伝導ギャップを観測したという話を聞きましたが，どうして日本ではできないんですか？」

「そのために高分解能光電子分光装置を建設中ですが，なかなか大変だと思います．仙台でも，放射光リングができればすぐにでもやりたいですね.」

「K 教授がいつも，"やらんといかんがねー！"と言っていますよ.」

「Heavy Fermion なんか研究しているんでしたら当然そこを狙わなくてはいけないわけなんでしょうね．ど素人の僕たちが考えても思いつくわけですから」

「ところで，準粒子を見る実験で，STS の進行状況はいかがですか？」

「最近やっと，フェルミ準位近傍の電子状態を見ることができるようになり始めています[3].」

「STS のよいところは，フェルミ準位近傍の状態と結合し，しかもクーパー対形成にきいていると思われる非弾性散乱的な励起を見ることができる点にあり

ますね.」
「スピンフリップ・ラマンなんかもスピン揺動と電荷揺動の結合しているところを見ることができるのではないでしょうか.」
「銅酸化物系では, スピン揺動と電荷揺動が強く結合している可能性があるわけですから, 磁場と電場と光を組み合わせる実験によってメカニズムに迫るという方法もありますね.」

「オーソドックスには, 磁性的なメカニズムなどを確定するために現象論的に不純物をドープした効果を測定するのは十分に意義がありますね.」
「セミミクロスコピックな物理量を見ながらね.」
「いわば外堀から埋めて行くわけですね.」
「そうですね. 本丸を竹槍で攻めるのも1つの方法ですが, 従来から総合的にやっている大きなグループでは, 外堀から埋めていって, 状況証拠としてメカニズムを特定するというのが正統的ですね.」
「我々のようなゲリラは, 皆さんが外堀を埋めている間に竹槍で, 本丸を攻めるしかないですね. はっはっはっは.」
「BCSのときの, 同位体効果に相当するようなものを捜す必要があるわけですが, たとえばスピン揺動をメカニズムに取る場合は, 何を変えるとT_cに一番影響があるのかを仮定してやってみる以外にないのではないでしょうか.」
「それと実験データ, 特にサンプルの質が他の分野のスタンダードと比較して大変悪いと言うことですね. たとえば, Y系の光電子分光のスペクトルなんか見ますと, ほとんど酸素の抜けたスペクトルの形をしているのにそれを使ってFermi-edge を議論しているわけです. 半導体物理のセンスで言うと, 高温超伝導体の研究は靴の裏についた泥を拾ってきて物理量を測定しているようなものだと言う口の悪い人もいますが, ある意味では本当かもしれませんね.」
「ところで, 実験の方は, 国際的視野に立っても十分世界と対抗できるような独創的な研究が日本からもでて始めているんですが, これは近年になかった

ことですね．つまり，新しい分野がスタートしたとき普通は，Phys. Rev. Lett.
なんかを読みながら，欧米の情報をいち早くつかんで，そういう人たちがお
もに仕事をしていたわけなんです．ところが，今回の騒ぎでは，我が国からも
Bi 系などの新物質も発見されていますし，基礎実験的にも日本からおもしろ
い実験がでてき始めているわけで，日本の科学の有史以来こういうことは初め
てではないんでしょうか？もちろん個別的な例外はいくらでもありますが．」
「そうですね．私は，理論家ですが，日本の実験家は，高温超伝導の基礎研究
では，世界に十分通用するということですね．」
「それに情報という点でも今回の騒ぎでは，日本だけで閉じていても十分仕事
ができるというわけです．ちょうど米国の 1950 年代後半に似ていますね，と
くに科学と経済の状況が．」
「そうですね．」
「それに引き換え，日本の理論の方は，いま一つですね．特に，日本からでた
独創的なメカニズムがあまりないという点が寂しいですね．」
「そうですね．ほとんどのメカニズムのお手本は，外国にあってそれを解釈し
拡張するといった輸入物理学では，まだ米国の 1950 年代にも到達できていな
いわけですね．理論の方は．」
「外国のカリスマ的教祖が御託宣を述べて，それに追随して行くという時代は
もうそろそろ終わりにしたいですね．」

メカニズム解明のために理論は何をすべきか？

「もう理論の方に話題が移っていますが，次のテーマは，メカニズム解明のた
めに理論家は何をすべきかです．」
「理論的手法だけでメカニズムを特定するのは，現時点ではなかなか難しいん
ではないでしょうか？」
「そういう場合は，実験家になる．はっはっはっは．」
「理論は，現時点ではメカニズム解明と言うことにあまり捕らわれるとよくな
い面もありますね．つまり，あるモデルで正しい解というのがあるわけですか
ら，メカニズムからはなれてそれを目指したほうがよいのではないですか．」

「しかし気が弱いとついメカニズムに捕らわれてしまう.」

「それはまだ,手痛い目にあったことがないからなんです.泣きがはいらんとあかんわけです.」

「つまり,実験がつぶれても残るような理論を目指すべきなんですね.」

「理論の立場としては,Laughlin のようにもっと一般化した立場にたって独創的な基底状態を創造するか,もしくは,我々凡人としては,地道にノーマル状態の電子構造がどうなっているのか見ないとだめでしょうね.」

「そろそろ,お時間ですので御勘定をお願いします.(陰の声)」

「それでは,みなさんそろそろ時間ですし,予算もオーバーしてしまいましたので,今宵はこの辺でお開きにさせていただきます.皆さん本当にありがとうございました.この次は,原稿料でもう一度このような楽しい座談会をやりましょう.」

おわりに

　本座談会は 1988 年 12 月 15 日夜,仙台市北目町喜良久亭にて開催された「高温超伝導のメカニズムを探る」という主題での,N 宝会忘年会における放談をもとに,幹事である吉田博(東北大・理)が独断と偏見でまとめたものです.したがって,文責は,吉田博に帰することを付け加えます.

　最後に,本稿に目を通していただいた,藤森淳,山田耕作,寺倉清之,斯波弘行,小谷章雄の各氏に深く感謝いたします.

春夏冬二升五合

参考文献

1) F. D. M. Haldane and P. W. Anderson: Phys. Rev. B **13** (1976) 2553; または,吉田博:固体物理 **22** (1987) 326.

2) A. Bianconi *et al*.: Phys. Rev. B **38** (1988) 7196.

3) M. Tanaka *et al*.: 私信.

第3章

若きサムライたちの戦い

3.1 高温超伝導体の研究をしていた大学院時代

石田憲二

はじめに

　今回，高温超伝導研究の初期にお世話になった吉田博先生・高橋隆先生から今回の記事のお話をいただき，私にどんなことが書けるであろうかと一抹の不安を覚えつつもお引き受けした．銅酸化物高温超伝導体は，現在研究は行っていないものの，まだ現役真っただ中にある私にとっては魅力ある研究対象であり今後良質単結晶の提供があれば是非研究を再開させたいと考えている．また，超伝導の国際会議の中でも高温超伝導体のセッションは，いまだ多くの聴衆を集めるメインのセッションの一つであることには間違いなく，高温超伝導の物理は今なお多くの研究者の興味を引き付けている．現在の高温超伝導の研究の状況は，ブランド[*1]単結晶を用いての精密測定または世界的強磁場施設等でなされる測定が中心であり，高温超伝導研究初期のような素人の研究者が簡単に手を出せるような状況ではない．

　高温超伝導が発見された1986年は，私はまだ学部4年生であり高温超伝導体の発見の意味するところなどわかるはずもなかった．私は1987年4月より大阪大学大学院基礎工学研究科物性物理工学科の修士1年として入学した．こ

---

*1　東大内田研やUBCのD. Bonn研等，著名な研究室で育成された高温超伝導体の試料をさす．これらの単結晶試料は世界の有名な実験研究室で用いられ，実験結果はNature, Science等のHigh Impact Journalに掲載されている．

の本の多くの著者の方はすでに博士課程を修了され，すでに「研究者」として高温超伝導体の研究に主体的に取り組まれているのとは異なり，むしろ大学院の研究テーマとして受動的に研究に携わることになる．しかし後述のように博士論文は高温超伝導の研究で取得することになるので，大学院時代はどっぷりと高温超伝導研究に漬かっていた．以下では僭越ながら高温超伝導を研究していた自身の大学院生時代の様子を，私の思い出を元に書かせていただく．若干の記憶違いは御容赦いただきたい．

大学院入学

　私は，前述のように 1987 年 4 月に大学院に入学した．私が朝山邦輔教授の研究室を志望した理由は，4 年生の時に朝山先生の集中講義を受け，重い電子物質による超伝導や今までとは異なる超伝導状態の発見等，何か新しい研究をされている印象を受け志望した．決して強く超伝導の研究を希望したというわけでもなかったが，入学前には高温超伝導のフィーバーが訪れようとしていた様子は学部生にも感じられていた．当時の朝山研究室は，希釈冷凍機温度域の電気抵抗・磁化率測定をなされていた小田祺景助教授と，核磁気共鳴 (NMR) 測定をしていた北岡良雄助手，小堀洋助手がおられた．高温超伝導体が見つかる前は，小田先生は Nb-Cu 線材における超伝導近接効果のため 10 mK の低温域まで，北岡・小堀先生はそれぞれ重い電子系超伝導体 $CeCu_2Si_2$ (超伝導転移温度 $T_c = 0.6\,K$) や UPt$_3$ ($T_c = 0.5\,K$) の NMR 測定を 100 mK 以下まで行われており，当時では日本屈指の低温物性測定の研究室であった．ところが私が入学した時には，修士 1 年 (M1) の 4 名全員が高温超伝導研究テーマとなり，使用する実験室の装置，実験温度域が大きく変わった．当時の私にはわからなかったが，研究テーマを一変させるのは研究費を預かる先生方には勇気がいったことと想像がつく．たとえば，希釈冷凍機温度域の NMR 実験では，測定による温度上昇をできるだけ抑えるため，磁場や測定パルスをできるだけ小さくする必要がある．ところが高温超伝導では超伝導転移温度がそもそも窒素温度を越えた高温であり，電子状態を知るためには室温域以上までの測定が必要となる．また NMR の信号は高温にするにつれ温度に反比例して弱くなるため，少しで

も信号強度を強くするために高出力・高周波数のパルスを印加し，10 テスラ超の超伝導磁石を用いた NMR 測定へと変化していった．お気づきのように高温超伝導の初期の研究期と日本経済のバブル期は重なっていたこともあり，各研究室は競って高磁場超伝導磁石を購入することができた．大学にも「バブル」が来ていた．

当時高温超伝導体を研究していた日本の NMR 研究室は，東京大学物性研の安岡弘志教授の研究室，北海道大学の熊谷健一教授の研究室，高知大学の山形英樹教授の研究室と大阪大学の朝山・北岡研究室であった．安岡先生はバナジウム酸化物等の物性を NMR 実験により研究されていたので，後述のように高温超伝導体発見当初より常伝導状態の性質に興味を持たれ研究をなされていた．

ここで高温超伝導体における NMR 実験の意義について少し解説をしておきたい．

高温超伝導体の核磁気共鳴 (NMR)

NMR 実験は 1946 年に発見されて以降，物理はもちろん化学，生物学，医学の分野に広く用いられている実験手法である．構成元素の核スピンを通して微視的な電子状態を調べる NMR は複数の元素，結晶サイトからなる高温超伝導体の研究には特に重要と考えられた．たとえば図 1 に示す $YBa_2Cu_3O_7$ (YBCO7) には 1 次元 CuO 鎖の Cu(1) サイトと 2 次元 CuO_2 面の Cu(2) サイトが存在する．その 2 種類の Cu の信号を分けて測定できる NMR 測定は超伝導がどこのサイトで起こっているのか同定することのできる測定手法として注目されていた．また母物質は反強磁性秩序をしているため，磁気秩序の有無は核の位置に磁気モーメントが作る内部磁場が発生しているかどうかを調べれば正確に知ることができる．朝山・北岡研究室

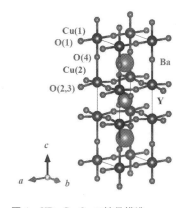

図 1 $YBa_2Cu_3O_7$ の結晶構造．

では，発見当初から超伝導状態，特に超伝導ギャップ構造の決定に重きをおき研究していた．これは，超伝導ギャップ構造を調べることにより超伝導発現機構に関して重要な情報が得られると考えていたからである．つまり重い電子系超伝導で見られた非 s 波超伝導の場合は，磁気ゆらぎ等による非フォノン機構による超伝導が実現していると考えられるからである．おそらく両先生は，重い電子超伝導の研究の延長から高温超伝導をとらえようと考えていたのだと推察する．よく知られているようにスリクター (C. P. Slichter) 先生による超伝導体におけるコヒーレンスピークの観測は，BCS 理論を決定づけるインパクトを与えた．高温超伝導体の場合も NMR 実験は多くの方，特に理論研究者の方に注目していただいた．研究者冥利に尽きることである．

大学院時代の研究室の様子

　私が大学院に入学した時，北岡先生は 30 代なかばで研究者として最も勢いのあったころだと思う．実験のトラブル等で夜遅くまで付き合ってもらっていたし，一緒に実験装置作製のため旋盤を回したりもした．いつもエネルギッシュ（せっかち（笑））で行動も素早く，サンプル取付の際などはネジを両手で回しておられた．頭の回転も速く，いつも新しいアイデアが思いつくと我々に早口で教えてくれていた．（後から聞いて知ったことだが，北岡先生は口に出して話すことにより自分の考えが正しいかどうか考えられていたようで，M1 の私の理解とは無関係のようであった．）これに対し，朝山先生は物事を 1 つ 1 つ正しいか確認して進んでいかれる方で，とても対照的であった．お 2 人の先生が議論されると，朝山先生はよく「北岡君，ちょっと待ってください．」と言って，そこまでの北岡先生の内容をじっくりと吟味されていた．研究室を訪れたある先生は，関西の落語界になぞらえ「米朝，ざこばコンビ」にたとえられる方もおられた．今思えば，大変バランスの取れた研究室であり，私の尊敬する先生方である．

　私は高温超伝導の研究は北岡先生のもと行うことになった．まずは La 系超伝導体 $La_{2-x}Ba_xCuO_4$ における相図づくりを La 核の核四重極共鳴 (NQR) 実験から行った．NQR 実験はゼロ磁場で行えるため超伝導磁石も使う必要もなく

初心者にはよい実験トレーニングになるのだが，通常 NMR 測定では周波数を固定し磁場をスイープすることにより磁場掃引スペクトルが自動で取れるのに対し，周波数掃引スペクトルは毎回チューニングを取る必要があり，装置に張り付いての測定となる．週2,3回は徹夜で実験をしていたのを記憶している（実験をはじめるのがおそいためであったが）．行った実験は，La サイトの内部磁場の温度依存性や Ba の濃度依存性より磁気秩序温度 T_N を求め，$La_{2-x}Ba_xCuO_4$ における相図を作成した．La 系におけるスピングラス相の存在や，反強磁性体 La_2CuO_4 がドープにより超伝導に移り変わっていく様子を早い段階に報告した．北岡先生は私の実験結果を見るなり論文の構想はできておられたようで，論文書きに専念されていた．大抵論文の大詰めに近づくと私は北岡先生から論文の内容についての説明を受け，「石田君，こんな感じの図をここにいれるから」と言って実験の細かい指示を受けた．そんなうまいデータが取れるのかと思いながら実験をしてみると，不思議と言われたようなデータが取れていた．私は実験データをまとめロトリング[*2] して図面が完成すると，北岡先生も論文が書き終えられており，でき上がった draft は朝山先生のところに持っていかれ論文添削を受けるという流れで論文が完成していった．北岡先生は，私以外にも院生の指導しており，同じような感じで実験データを次々と論文にまとめられていた．調べてみると 1988 年に北岡・朝山先生で発表された論文は日本物理学会欧文誌（JPSJ）だけで 15 編あり，前年が 4 編であったことを考えると驚異的な伸び数である．研究室の様子が高温超伝導を境に激変したことは容易におわかりいただけるであろう．

　M2 のある時，私は最適ドープの La 系の NMR 測定をしていて，今まで見ていた La の信号とは異なるところに緩和時間の短い幅広いスペクトルが存在することに気が付いた．色々調べていくと，これが La 系の Cu の信号であることがわかった．NMR 信号を解析し，電場勾配の周波数を求めゼロ磁場で測定し

＊2　この時期は論文の図は，トレーシング紙の上からロトリング社のペンを使って墨入れを行っていた．1 つの図を作るのに 1 日かかることも稀ではなかった．そんな貴重な図にタバコの灰を落として穴をあけた不届きな後輩もいた．

てみると Cu-NQR 信号が観測された. La 系超伝導体は高温超伝導体の中で最初に見つかっていたが, 銅の NQR 信号はなかなか観測されずにいた. 私も含め, 大抵は試料が不均一になることを嫌いアンダードープの試料の低温で Cu-NQR 信号の観測を試みていた. 後でわかったことだが, アンダードープの試料では磁気相近傍にあるため低温では緩和時間は NMR の観測限界を超えて短くなり, NMR 信号は観測できなかったのである.

La 系で Cu-NQR 信号の観測に成功したので, 常伝導・超伝導状態での核スピン−格子緩和率 $1/T_1$ の測定を行うことができた. その結果, 以前報告のあった YBCO7 の Cu(2) サイトの振る舞いと非常によく似たものであった. 常伝導状態は強い反強磁性ゆらぎに支配され, 超伝導状態は T_c 直下にコヒーレンスピークを持たず $1/T_1$ は急激に減少し, 低温で温度の冪的に見えるものの, 低温で弱い温度依存性に変わっていく振る舞いであった. 研究室では, 超伝導状態の $1/T_1$ の振る舞いは非 s 波的振る舞いで理解されるべきと主張していたが, 1990 年以前は後述の s 波を示唆するデータも多く混とんとした状態であった. 1989 年 1 月に掲載されたこの La 系の Cu-NQR の論文は私の記念すべき最初の First-author の論文となった. (と自分では記憶していたが, 実は次に述べる ^{17}O の論文が先に論文になっていた.)

^{17}O の NMR

高温超伝導体の研究が始まって以降, 研究を順調に続けてきたように思われるかもしれないが, 大きな挫折も味わった. YBCO7 の ^{17}O の NMR 測定では大きな過ちもしてしまった. YBCO7 の ^{17}O の論文の共著者には今回このお話をいただいた吉田博先生, 高橋隆先生が名を連ねる. ご存知のように吉田先生は理論の先生であり, 高橋先生は光電子分光が専門であり, 読者の方は両先生はバンド計算や光電子分光で寄与をなされたと思うかもしれないが, 実は両先生が我々のために酸素を ^{17}O に置換した YBCO7 の試料を準備してくださった. 通常の酸素 ^{16}O は核スピンをもたないため, 酸素の NMR を行うためには核スピンをもつ ^{17}O のガス中でアニールし酸素を置換する必要があった. 実はこの ^{17}O ガスは 1 リッター 100 万円以上もする代物で, 両

先生がどうやって準備することができたのか疑問に思っていた．今回論文を読み返してみると，東大の北澤宏一先生と岸尾光二先生から ^{17}O を提供していただいていたようである．高温超伝導にはドープされた酸素サイトのホールが重要であるという高橋先生の光電子分光の結果に触発されて，吉田先生が計画された実験であったことを記憶している．我々はこの ^{17}O に置換された試料で ^{17}O-NMR の測定を行った．サテライト構造ははっきりしないものの 1 種類の信号が観測され，酸素欠損の 60 K 相 YBCO6.6 の ^{17}O-NMR も似たようなスペクトルが得られたことから CuO_2 面内の ^{17}O の信号であろうと解釈し実験を進めて行っていた．その結果，常伝導状態は通常金属的な振る舞いと T_c 直下にコヒーレンスピークらしき異常を見出し，酸素の電子状態は銅の電子状態と大きく異なり，p ホールは s 波の対称性を持つという結果の論文を発表した．当時，銅の d ホールとドープされた酸素の p ホールはどのような状態にあるのか興味が集まっており，我々の結果は銅と酸素で異なる電子状態であることを示す実験結果として大変注目された．しかし 1 年後に，当時アメリカ・ロスアラモス研究所で博士研究員をなされていた瀧川仁先生らによる ^{17}O-NMR の研究により我々の結果は否定された．彼らは，多結晶 YBCO7 の試料を樹脂に溶かし磁場中で配向させた後，樹脂を固化するという手の凝った方法で，多結晶の試料でありながら単結晶試料に相当する NMR スペクトルの観測に成功した．彼らは結晶学的に異なるすべての酸素サイトの信号を同定したのち緩和率の測定を行い，CuO_2 面内の酸素は通常金属的な振る舞いはするものの，^{63}Cu と ^{17}O での $1/T_1$ の違いは両者の核の超微細相互作用の形状因子の違いで理解されること，超伝導直下にはコヒーレンスピークは存在せず ^{63}Cu と同様に温度のべき乗に従い減少したのち温度依存性が弱くなる振る舞いであることを報告した．つまり面内の酸素サイトは 2 つの銅サイトの中間に位置するため反強磁性ゆらぎはキャンセルという解釈であり，酸素は s 波的であるという我々の主張は誤りであった．おそらく我々は複数の酸素サイトを同時に測定していたため，超伝導になると観測していたサイトが変わりコヒーレントピークらしき異常が観測されたものと考えられる [*3]．最初にロスアラモスの結果を目にした時，これがアメリカ

最高峰の研究所の実験結果かと愕然としたものだった．瀧川先生は安岡研で博士取得後研究員としてキャリアを積まれアメリカに渡られており，ちょうどプロ野球に例えると，「FA権取得後のメジャーリーグ選手」で，方や私は研究を始めて1年目の「高校球児レベル」なので差は歴然とあり，自身では納得した．その後，朝山先生から後追いでいいから，ロスアラモスの結果をこちらでも再現するようにとの指導を受け，彼らの結果を追いかけた．ちょうどM2・博士課程1年 (D1) の頃である．彼らと同じ結果が出るようになると，彼らはその先の結果を論文にしており，なかなか論文になる結果は得られなかった．その後La系の ^{17}O-NMR を行い，この内容は論文にまとめることができた．YBCO7 の ^{17}O-NMR の実験では大変苦い思いをしたが，その時の経験は10年後ルテニウム酸化物の ^{17}O-NMR の実験に活かされた．

不純物効果

1990年ころは，安岡先生のグループがアンダードープの試料でスピン励起にギャップ的振る舞い（スピンギャップ）が観測されることを報告し，P. W. Anderson が提唱する RVB 理論との関連から大変注目を集めた．この時期高温超伝導の研究に2つの潮流ができてきたように記憶している．1つは，母物質のモット絶縁体にホールをドープした電子状態を解明しようとする流れと，オーバードープや最適ドープを元に超伝導状態を理解しようとする流れである．前述のように朝山・北岡研は元々低温の研究室であったので，主に後者の研究を行っていた．1990年ころはミュオンやトンネル分光から s 波を支持する結果や前述のこともあり，高温超伝導は s 波か d 波かという問題は物理学会のシンポジウムでもしばしば取り上げられていた．

私が D2 の時，当時実験を指導していた M2 の学生が，銅をわずかに亜鉛 (Zn) で置換した超伝導を示す試料の低温で $1/T_1$ に通常金属的な振る舞いが見られ

---

*3　我々の論文の後，パリ南大学の Jerome 先生のグループも我々と同じような T_c 直下にコヒーレンスピークらしき異常を示すデータを発表した．多結晶の試料をそのまま測定すると似たような結果が得られることは確信した．

ることを見いだした．研究室では高温超伝導体発見当初より不純物効果を研究しており，朝山先生は非磁性不純物 Zn が超伝導転移温度を大きく下げることに注目されていた．試しに同じ試料で超伝導状態のスピン磁化率を測定すると，金属的振る舞いの見られる低温域ではスピン磁化率が一定になり，Zn の濃度を増やすにつれこのスピン磁化率の値も大きくなった．そして，Zn 濃度が濃い試料のスピン磁化率の方が，s 波に近い温度依存性が見られることに気づいた．両先生や数名の理論の先生と議論を重ねた結果，これらの結果は，Zn により残留状態密度が誘起されることを意味し，非磁性により残留状態密度が発生するのは超伝導ギャップが波数依存性を持つ d 波超伝導体と考えると自然に理解できる．当時 s 波の意見が大勢を占めていたので，研究室ではこのアイデアは早急に論文にした方がよいであろうということになり，「Possibility of d-wave superconductivity」の副題を付けた論文を Physica C に投稿した．1991年 5 月のことである．私は高温超伝導体の色々な系の NMR 実験を行ったが，結局実験指導していた修士の学生のテーマであった YBCO7 の不純物効果が私の博士論文の内容となった．何か不思議なものである．非磁性不純物効果の実験は当時 d 波を主張する理論の先生から多くの引用をいただいた．1991年 7 月に金沢で開催された高温超伝導体の国際会議 (M^{2}S91) で私の poster 発表にパインズ (D. Pines) 先生が来られ，実験結果をじっくりとご覧になり，去り際に「Good job!」と声をかけていただいた．とてもうれしかった．その後，非磁性不純物で誘起された残留状態密度は STM 等からも観測され，通常超伝導体の磁性不純物効果とのアナロジーから現在では「Shiba bound state」として理解されている．当時の私には全く予想もしていなかった進展である．

高温超伝導の研究会

　当時を振り返って楽しかったなと思い出されるのは，高温超伝導研究で開催されていた研究会である．最近の科研費の研究会は，大抵，大学のホールや会議場などで開催されるが，当時はそのような会議施設もなかったせいか，温泉旅館や青少年センターのような，参加者が同じ宿泊施設に泊まっての研究会がよく開催されていた．研究グループも多かったせいか，研究会は 3 日に及び，

夕食後も発表セッションが続いた．お歳の先生の中には，夕食後のセッションには，温泉に入られ，浴衣で参加される方も多かった．普段温泉などに泊まる機会がない若手研究者にはとてもいい待遇である．もちろん自身の成果発表はちゃんと行い，関連の研究者の発表は興味を持って聞いて質問もするように心がけていた．参加者はそもそも研究オタクであり，似たような人の興味ある講演が聞けて研究の情報も得られ，その上いいところに泊まらせてもらえるのでこの上ない楽しみであった．また夜は歳の近い研究者で「般若湯」を片手に，物理の話から始まって色々な関心ごとについて夜遅くまで語り合った．まさに大人の修学旅行である．「大学院生になって研究するようになるとこんなに楽しいのか」と思い，研究者を目指すようになった．その時，知り合った先生方や同年代の方とは今も親しくお付き合いをしている．最近ではこのような研究会も少なくなり，大学院生は自身の研究を心から楽しんでいるのかと心配に思っている．

若い研究者へ伝えたいこと

　上記の高温超伝導研究フィーバーは今から 30 年以上も前のことであり，今と比べると社会や大学のシステムも大きく異なり単純には比較はできない．ただし前述のように，日本のバブル期と高温超伝導フィーバーの時期に重なりがあり，日本経済と同様に日本の科学のレベルを世界に示す絶好の機会となったのは間違いない．1990 年には重い電子超伝導 UM_2Al_3 (M = Ni, Pd) もドイツのグループにより発見された．当時の日本の研究のことを，「いい研究はするものの新しい物質を探す力に乏しい」と言われる方も居られたが，90 年中盤以降は，ルテニウム酸化物，二ホウ化マグネシウム，水和物コバルト酸化物，そして鉄ヒ素の超伝導と分野の中心となる超伝導体は日本の研究者から発信されている．幸い私はこれらの超伝導体の NMR 実験の機会をいただいたが，これはひとえに高温超伝導世代のつながりの恩恵である．私は試料作成の知識もなく何も言える立場ではないが，是非若い人にはこの発見の流れを受け継いでほしいと切にお願いする．測定に関していえば，高温超伝導の初期は研究室にはパソコンは数台しかなく，自身の手で実験データを取ってプロットする時代で

あった.したがって常に実験データと向き合い実験を行っており,実験データを見ながら考える時間がたっぷりあった.最近は測定環境もよくなり下宿にいながら実験も行える時代であり,膨大なデータが短い時間に取れるようになった.このような時代だからこそ,若い方には自身が測定したデータとじっくり向き合い,色々と考えてもらいたい.データの奥にある真理を突き止めるのが科学であると信じているので.

　本稿を書いている期間(2019年2月)に,新しい超伝導の発見の連絡を受けた.どんな信号が見えるか大変楽しみである.

追記 (Note Added in the Proof)

　本原稿提出後,UCLAのNMRのグループより1998年に発表したルテニウム酸化物(Sr_2RuO_4)超伝導体の^{17}O-NMRナイトシフト測定に誤りがあるとの指摘を受けた.Sr_2RuO_4は超伝導状態のナイトシフトが変化しない実験結果などから,平行スピン対を持つスピン三重項超伝導体と考えられてきたが,近年超伝導上部臨界磁場近傍の物理量の振る舞いなどから,スピン一重項の可能性も指摘されていた.我々も早急に彼らと同じ測定を行った.その結果,ナイトシフトが超伝導状態で明確に減少すること,以前の測定では,試料は希釈冷凍機内の^{3}He-^{4}Heの混合液の中に浸され数十ミリケルビンまで冷却されているが,NMR信号観測のためのRFパルスを印加したのち,電子系の温度は即座に超伝導転移以上の温度まで上昇し,超伝導が壊れた状態でナイトシフトを測定していたことが明らかになった.最近修正論文をcond/matに掲載したので興味の方はご覧いただきたい(https://arxiv.org/abs/1907.12236).まだまだ,研究者としては道半ばである.

いしだ　けんじ

1964年岡山県生まれ.1992年大阪大学大学院基礎工学研究科博士課程修了,大阪大学助手,京都大学助教授を経て,2007年京都大学大学院理学研究科教授.ここに記した話は,筆者が大学院修士・博士時代の20才代半ばの顛末記.

Column 1

カマリン・オネスのヘリウム液化機

　巨視的量子現象である超伝導はカマリン・オネスにより1911年に水銀で発見された［本文第1章］．背景には，欧州を中心とした極低温を目指す国際競争があり，1877年にフランスとスイスで窒素と酸素の液化に成功し，1898年にはイギリスで水素が液化された．後れを取りつつも，起業家精神旺盛なカマリン・オネスは，先行グループの知見利用と起業家的チャレンジ精神により，「先の先より後の先(せんのせんよりごのせん)」をモットーに，1908年ヘリウム液化に世界で初めて成功し，絶対温度4.2 Kに到達した．写真はオランダ・ライデン大学物理教室にある当時のヘリウム液化機のレプリカである［吉田博撮影］．そして1911年，液体ヘリウムを使った極低温での水銀の電気抵抗の計測中，驚くべき超伝導現象を発見した．その微視的超伝導発現機構は，半世紀近くを経て1957年の米国イリノイ大学のジョン・バーディーン(B)，レオン・クーパー(C)，ジョン・シュリーファー(S)らによる，その頭文字を取ったBCS理論により，電子格子相互作用を起源とするものとして解明された．カマリン・オネスのヘリウム液化機の開発により，低温物理学という新しい量子物質相を探索する物性物理学の世界への扉が開かれ，1913年ノーベル物理学賞を受賞した．

3.2 高温超伝導体 $YBa_2Cu_3O_{7-\delta}$ 発見記

門脇和男

カナダからオランダへ

1986年3月初旬，私は妻と2歳の息子，生後4カ月の娘を連れてアムステルダム空港ロビーで寒さに震えながら立っていた．この年のヨーロッパは記録的な寒さだったのである．私たち一家は前任地のカナダ，アルバータ州立大学での4年半の研究生活を終え，新天地としてのアムステルダムに初めて上陸した瞬間であった．

まもなく，研究所からの迎えの車で，予定通り研究所の所長の留守宅に向かった．ひとまず数日間，ここに滞在し，その後，アパートを探すまでの1週間ほどを，上司であるヤープ・フランゼ(Jaap Franse)教授宅の3階の屋根裏部屋で過ごすことになった．

彼の大邸宅はアムステルダム市の郊外で，美しい町並みの住宅街の一角にあった．フランゼ教授は毎朝，朝食の支度を奥様と一緒になさるのであった．ご夫妻は，少しでも合間を見つけると，私の娘を抱きかかえてあやしたり，私の妻が食事をしている間に，手早くミルクを飲ませたりしてくださることもしばしばだった．

私たちはフランゼ教授ご夫妻とともに朝食を済ませ，彼の車で研究所に向かった．そこはアムステルダム市の中心である旧市街の東端にあるアムステルダム大学のファンデアワールス・ゼーマン研究所(Van der Waals・Zeeman Laboratorium)だった．ここが次の赴任地であった．

カナダのアルバータ大学からこのアムステルダム大学への移動にははっきりとした目的があった．それは，ウランやその化合物のいわゆる重い電子系といわれる物質の極低温での研究を行うためだった．「高品質な単結晶が作れ，その低温物性の研究ができるからアムステルダムに来ないか」，とフランゼ教授から，前年の夏の国際会議の後に声をかけられたのだった．私はその国際会議での発表には準備が間に合わなかったのだが，その直後，シカゴのアルゴンヌ国立研究所で1週間にわたり開催されたインフォーマルミーティングには参加することができ，私の関係式[*1]についての発表の機会が与えられたのだったが，それを高く評価してくださったことがきっかけのようである．アルゴンヌではフランゼ教授とは初対面だったが，私は即断したのである．

このような経緯でアムステルダム大学へ移動し，これで思う存分ウラン化合物の研究ができると高揚感に満ちあふれ，研究所へ赴いたわけだが，初日，フランゼ教授室で話を伺ったところ，実は肝心の極低温を発生させる希釈冷凍機が予定外の予算不足で購入できていないことを知らされたのだった．これは私にとってはまったくの想定外であった．約束では私がアムステルダムに移動する前に購入済みで，実験がすぐにできるというのが移動の条件であったのだが，見事に裏切られたのである．今後の予算の見通しはというと，来年以降になるが，それについてもいつになるか未定ということであった．

私は極度に落胆したし，憤りさえあった．しかし，我々の当時の身分ではそ

---

*1　現在では「門脇-ウッズ則 (Kadowaki-Woods law)」と呼ばれ，固体物理学において，金属のフェルミ液体状態を特徴づける重要な法則の1つとして知られている．この仕事内容は，シカゴでの発表の直後，論文として米国の Physical Review Letters (PRL) 誌に投稿されたが，拒絶され，審査委員との間でやりとりを行っている最中に，他の研究者がこの関係式を使い始めたため，急遽，投稿先を Solid State Communications に変更し，出版を急いだという経緯がある (K. Kadowaki and S. B. Woods: Solid State Commun. **58** (1986) 507.)．審査過程で情報のリークが行われたのである．このようなことはあってはならないのであるが，その後，1年ほど経過した時点で，ウッズ教授からアムステルダムの私に電話があり，PRL 誌の当時の審査委員が PRL 誌への掲載を拒否したことについて謝罪してきたと連絡を受けた．投稿論文の採否問題で審査委員から謝罪を受けたのは，私の研究歴において後にも先にもこれだけである．

んな泣き言を言っている余裕はなかった．とにかく，今できることを100％，いや200％実行する以外に道はないのである．このような境遇に陥るととかく愚痴や不平不満を言う人をよく見かけるが，それを少しでも態度に現すようなら「その後のチャンスはないものと思え」というのが私の教訓である．まず，第1は，「郷に入ったら郷に従え」が成功の必須条件である．特に，ヨーロッパで名声を上げ，地位を築きたいと思うならことさらである．ヨーロッパ大陸は北米大陸よりはるかに外国人に対して厳しいのである．1986年当時，物理分野の日本人でヨーロッパの大学教授は知る限り1人，しかも長い間ヨーロッパに在住していた方であると聞いた．それほど，永住権を取り，大学教授になることは難しかった[*2]．これは日本人のみというわけではなく，東洋人やアフリカ人，アラブ人など全般についていえることである．ロシアを含む西欧米系（イギリスにおいては旧大英帝国圏を含む）とは一線を画すのである．

　私は，この先の見えないアムステルダムでの空白ともいえる時間を，これまでカナダで行ってきた研究の整理のために使おうと決心した．特に，まだ完成されていなかった「門脇-ウッズ則」を，より多くの実験データから検証しようと実験を繰り返した．

偶然の出会い

　時の流れは速く，極寒の冬も過ぎ，初夏が訪れ，夏とは言っても肌寒さも残るヨーロッパのバケーションシーズンもあっという間に終え，やがて秋を迎えていた．10月のある日，近所に住む日本人家族のTさん夫妻からホームパーティのお誘いをうけたので家族でお邪魔し，楽しい時間を過ごしていた．彼はかつて東京のホテルオークラで仕事をしていて，アムステルダムに移住し，ダイヤモンド商に転職したビジネスマンであった．仕事柄，日本に帰国することが多く，この日のパーティーも日本からの土産話を理由に開かれた．彼は私に，

[*2]　現在では近年のグローバル化のため，各国が外国の人材の登用に寛容で，国籍の違いがかなり緩和されている．日本もこれを追従しているため，外国籍の教授も増えている．

「日本では週刊誌やテレビで高温超伝導とかいうのが話題になっていたが，先生はご存じですか？　一体，高温超伝導って何ですか？」と尋ねた．私はまったくその話は知らなかったので，「知りません」と答える外なかったが，超伝導については私の専門分野でもあったので詳しく説明をした．私はそれに加えて，「大体，アメリカでは毎年，必ず何件かそういうクレームが NBS という政府の研究機関に依頼されるようだが，私の友人の話によると，政府機関という職業柄，サービスとして測定はするけれど，いまだかつてそのようなクレームが正しかったと言うことはないらしい」，とお話したことを覚えている．そのようにわたしが自信満々に断言するものだから，それ以上，超伝導の話は続かなかったが，私がその後まもなく虜となる「高温超伝導」を耳にしたのはこれが最初であった．Tさん夫妻には感謝の気持ちで一杯であるが，彼が親切にも持ち帰ってくれた新聞記事や週刊誌に目もくれなかったことを今でも後悔している．

　12月に入って，オランダの物理学会が開催されるというので研究室が慌ただしくなってきた．学会は主にオランダ語で行われるので私は出席しなかったが，ちょうどクリスマスイブの日の夕方，フランゼ教授が実験室に現れ，オランダ物理学会での土産話を，立ち話であったがしてくれた．その中で，「高温超伝導が発見されたという話題があったがどう思うかね？」と尋ねられ，目の前の黒板に小さくその証拠とされる電気抵抗のデータ図を描いてくれた．その図は温度の下降とともに抵抗が一旦増えていき，やがて 30 K 付近で幅広い山を持ち，その後，だらだらと下降に転じてやがてゼロになるという，簡単なものである．私は間髪入れず，「No!，そんなことはあり得ません！」，と自分でも不思議なくらい力強く即答した．フランゼ教授は私の熱い否定を冷静にうけとめ，うなずき，「これから，クリスマス休暇に入るから」と一言言い残して部屋を出て行った．それは，「正月明けまではもう会えないよ」というサインでもあった．

得体の知れない物質

　翌日，私はいつも通り研究所へ出て行くと，案の定，実験室は閑散としていた．昨日のフランゼ教授の描いた図が目の前にあるせいか，なぜかそれが気

がかりで仕方なかった．彼と交わした会話の中で，彼が重要と思って持ち帰ったに違いない話題を「No!」と一蹴してしまった自分を後悔していた．

私は地下の実験室から2階の図書室まで階段を一気に駆け上がり，夢中で高温超伝導が掲載されているというその論文を探した[1]．しかし，そこにはその号だけが抜けていて見つからなかった．本来，持ち出しは禁じられているのだが，おそらく，誰かがこの長い連休中に読むために密かに持ち出したのであろう．急に，体の力が抜け，再び実験室に戻ったが，入手できなかった論文が気がかりで実験に手が付かなかった．その悶々とした状態が，年明けまで続いたことを覚えている．

正月元日はさすがにオランダも休日であるが，2日からは普段と変わらない．2日の早朝，再び図書室に行ってみると，目的の雑誌が戻っていた．急いで論文のページを開き，その場で読み始めたが皆目理解できなかった．1時間も過ぎたろうか，気を取り直して，とりあえずコピーをとってオリジナルは書棚に戻した．自室に戻って再び読み直したが，やはりよく理解できない．物理的な内容はそれほど難しくないが，彼らの測定した物質，La-Ba-Cu-O という物質が皆目理解できなかった．これまで扱ったことのない物質であった．それぞれの元素もわかるが，どういう物質なのかが皆目見当も付かなかった．そこで，私は化学科の図書館へ出かけて一からこの物質を調べることにした．次の日もまた次の日も朝から閉館時間まで図書館に入り浸りである．昼食も持参した．それで，ほぼ1週間後，ようやくこの物質が大体どのような性質のものであるのか，どのように作製するか，全貌を理解することができた．大体という意味は，多くの文献が19世紀から20世紀初頭と古く，しかも，ほとんどがフランス語で書かれているのである．酸化物の研究ではかつてはフランスが抜きんでていたこともわかった．

試料を作らねばと，原料を探し始めたが，物理研究所の薬品室には原料となる該当する炭酸塩や酸化物は置いてなかった．化学科の薬品室に行くとさすがに桁違いにたくさんの薬品が置いてあり，分厚い帳簿にそれが記載されていた．それを丹念に見ていくと，お目当ての La_2O_3, $BaCO_3$, CuO が容易に見つかった．薬品室には直接研究者の立ち入りが禁じられており，門番のような係の男

に依頼して探してきてもらうのである．そこで，これらの３つの物質を門番の
ような男にお願いすると，そのリストをチラリと見るや，「そんな物質はここ
にはないから帰れ」，と無愛想に言うのである．私も，その言葉にさすがにムッ
ときたので，「このリストに載っているから，ここにあるはずだ．探し出して
くれ．」と頑張るが，もはや私の主張などは無視して，次の客の相手をする始
末である．この態度の落差にはあきれ果ててしまったが，海外ではしばしば見
られることなので，ある程度落ち着いていられた．そして，ここで喧嘩しても
得にはならないと考え，いったん，退散することにした．なぜなら，複数の係
員が担当していることがわかったから，しばらく時間を置けばきっと別の係員
に代わると思ったからである．

　しばらくして再び薬品室に戻ってみると，案の定，別の係員が担当していた．
早速，彼に同じことをお願いした．ところが，私の予想に反し，彼は前任者と
全く同じ反応を示したのである．私は驚いたが，それを抑えつつ，どうしてこ
れがないのか？　と訪ねると，単に「ありません」というだけである．私は食い
下がった．「ここにリストがあるじゃないか！なぜないんだ!?」というと，彼
は不機嫌そうに渋々立ち上がり，無言で薬品庫の中に入っていった．この怠慢
男が！と内心思ったのだが，待てども待てども彼が出てこないのである．私
は，ひょっとして，この薬品室には裏口があり，そこから脱出したのではな
いかとさえ思った．何度も表の入り口から声をかけたが，中からは返事がな
かった．あきらめて帰ろうとしていたそのときである．彼がにやにや笑いなが
らやっと薬品室から現れた．彼は両手にいくつかの小瓶を携えていた．「ほら，
これは 1930 年代のものだよ，こっちは 1950 年代だよ」，と自慢気である．レ
ストランでよく聞く年代物のワインの説明のように誇らしげに話すのである．
確かに，見るからに古くて，ラベルも読むことができないところもあるが，目
的の物質であることはなんとか判別できたので，それを持ち帰るために帳簿に
サインをしようとすると，「あげるから持ち帰っていいよ！」と言いながら私
にウインクするのである．「こんなものは誰も使わないからね」と彼は付け加
えた．ここに至ってようやく彼らのとった態度の理由が理解できたのである．
彼らにとってはこれらの試薬品は，ゴミのような存在だったのである．私は彼

に感謝の言葉を残し，それらの小瓶を抱え，急いでそこを離れた．途中，確認のためラベルをよく見ると純度が 90％程度であったので，これでは十分な試料ができるかな，できてもテストぐらいには使えるかな，などと先行きが大いに不安であったことを思い出す[*3]．

嘘でなかった高温超伝導

　薬品を入手した直後，直ちに試料の合成に取りかかった．作成法はすでに調査済みであり，試料の秤量と混合，プレス成形といった単純なものばかりだったので，ちょっと工夫すれば 1 時間ほどで終了できた[*4]．後は電気炉で，しかも，大気中で焼成するだけだ．その晩は期待に気持ちが高揚し，よく眠れなかったことを覚えている．

　翌朝，試料を取り出してみると，色は真っ黒．直ちに試料に銀ペーストで電極をつけ，前日準備しておいた電気抵抗装置に試料をセットし，液体ヘリウムに徐々に挿入し，パソコンを起動して測定を開始した．なんと，1 年ほど前から測定はパソコンでできたのだった．これは当時としては画期的であった．日本では実験装置にパソコンを接続して測定するのは見たことがなかったからである．実は，このパソコンは当時研究室のマーリス・ファン・スプラング (Maris van Sprang) という大学院生が持ち込んだ個人の NEC 製のパソコンだった．彼は大のパソコン好きで，自分でプログラムを作り，趣味で株の取り引きに使っていたのだった．新しいパソコンに換えたので，古いパソコンを実験室に持ち込み，自分の実験のためにインターフェースからすべて自作し，しかもスクリーン上にリアルタイムで測定結果を描画するプログラムや，そのほか，実験結果を解析するプログラム，データをグラフ化するプログラムなども自分で

[*3]　オランダでは新たに物品を購入すると，納品までに大体 4, 5ヵ月，時間がかかるのが普通である．したがって，通常よく使用する薬品はすべて大学で確保している．

[*4]　この 1987 年の 1 月初旬の時点ですでに Bednorz と Müller の超伝導体は $La_{2-x}Ba_xCuO_{4-\delta}$ (x は約 0.15〜0.20 で最大の $T_c \simeq 30$ K を示すし，転移は幅が広く低温側に長い裾を引く）であり，斜方晶の結晶構造であることが知られていた．

作っていたのだった．それを借用して私も実験に大いに活用させてもらった．
大変便利だったのである．

　実験開始から30分くらいすると，温度は先の論文で示されていた温度領域
に近づいてきたので，さらにゆっくり下げながらパソコンに表示される抵抗値
を見ていると，突然，あっという間にゼロになった．私の隣で見ていたマーリ
ス君も興奮気味に，「Congratulations!」と叫び，そして2人で固い握手を交わ
したのだった．再度，実験データを確認していると，やがて，研究所の人たち
がこれを聞きつけ，集まってきたので最後は実験室に入りきれないほどの人で
ごった返しの状態になった．しばらくしていると，フランゼ教授も現れ，握手
し，祝福してくれた．これが我々の高温超伝導体の第1号である．

何番煎じの物まね？ オリジナリティはどこに？

　1987年1月の第2週後半に高温超伝導体を自分たちの手で実現できたこと
は良かったのだが，実は年末から年始にかけて，同様の報告が毎日のように
何10通とファックスで届いていた．だから，この結果は世界的に見たら何10
番目，いや何100番目であったことだろう．わずか数週間遅れで，すでに我々
の結果は陳腐化していたわけである．

　後追いをしていてもだめで，何かオリジナルなことをしなければならない，
これがいつも私の頭から離れなかった．何ができるのか？ そして，それはど
のようにやるか？

　このような重い課題を抱え，思い悩んでいたとき，同じ研究所のH. B.教授
の下へやってきた新しい中国人の留学生，ホアン イン カイ（Huang Ying Kai）
さんが，私の成功を聞きつけ，やってきた．そして，自分は中国瀋陽の製鉄工
場で仕事をしていたので物作りは得意だから自分にやらせてほしい，と名乗り
出てきてくれたのである．それまで，すべて1人で行っていたので，それは大
変ありがたく，彼には本人の希望通り直ちに試料作りを担当してもらった．早
速，彼は，「何か作りたいが何がいいですか？」と聞いてきたが，私にはこれ
と言った明確なアイデアは実のところなかったので，苦し紛れに，「Laを他の
13の希土類元素で置換してみよう」と提案し，彼に告げると，彼は意気揚々と

部屋を出て行ったが，やがて1時間もしないうちに戻ってきて，「原料があり
ません．どうしましょうか？」と言うのである．私が最初，希土類酸化物の原
料を探しに，化学科の薬品庫まで出かけて行って，かろうじて歴史的な希土類
酸化物を見つけることができたわけだったので，当然，物理研究所には他の希
土類の酸化物の在庫はなかった．

　化学科の薬品庫もあのような状態では望み薄であった．しかしながら，我々
の物理研究所には高純度金属としての希土類金属はウラン化合物など，重い電
子系の高純度試料を作るために在庫していたのである．結局，我々はこの大変
高価な高純度希土類金属を酸化させ，原料にすることにしたのである．酸化を
防ぐため超高真空の石英管内に封じ込められている純金属の塊，100gほどを
取り出し，アルミナのボートに入れ，空気中，1000℃で，電気炉で一晩加熱
した．翌日になるとそれはちょうど，火葬場で火葬されたお骨のように，真っ
白な粉末の塊と化していた．手で触るとはらはらと砕ける．これを目の当たり
にしたとき，私は涙が出そうであった．なんたることか！これまで，金属間化
合物の良質の結晶を作るために，どれほどの努力を重ね，酸素を排除し，高純
度化してきたのか．今，あの高価で，貴重な希土類金属をあえて酸化物に変
えてそれを原料にしようとしていたのである．

失望のどん底へ

　そんな感傷に浸っている時間的な余裕などない．直ちにホワン君は試料作製
に取りかかった．彼は1日に数10個の試料を一気に作っていたので，2,3日
後にはほとんどすべての試料ができたのである．ところが，測定の方はそうは
いかない．せいぜい1日4個くらいしか測定できないので，ホワン君は私の
ところにやって来て，「早く測定してくれ」とせかすのだった．私も一生懸命，
それに応えようと努力したが，結局，測定結果はすべて超伝導にならなかった．
これを見たホワン君は「あなたの言うことは信用できない！もう一緒に仕事
はしたくない！」，と怒りを爆発させた．私は返す言葉がなく，結局，私とホ
ワン君の友好関係はわずか2週間ほどで破綻したのだった．

　やがて時は2月に入り，その初旬のある日，アメリカの新聞，ニューヨーク

タイムズ紙に液体窒素の沸点 77 K を超える新超伝導体が発見されたという記事が出たという噂を耳にした．その翌日はたしか日曜日だったのでアムステルダム中央駅まで行き，駅のニューススタンドでニューヨークタイムズを探したが，残念ながらすでにすべて売り切れで，手に入れることができなかった．私は失望して，小雨のそぼ降る中を中央駅から研究所の方向に向かって歩き始め，飾り窓の一角を抜け，大学の医学部の中を通り，迷路のようなアムステルダム旧市街をさまようように歩き，ようやく研究所にたどり着いた時はずぶ濡れになっていたことを覚えている．途中，ただただ「黄緑色」という言葉だけが頭の中を駆け回っていた．それは，ニューヨークタイムズ紙の中の「試料が黄緑色をしている」という内容であり，それが唯一の手がかりだったのである．

　研究所に着いて私は試料室へ向かった．実はどこかで黄緑色の試料を見た記憶があったからだ．試料室に入ると，休日にもかかわらずホワン君もやはり実験室に来ていた．彼は一生懸命何か自分の考える試料を作っていたが，私が入っていくと目を合わせるのを拒むように後ろ向きになって作業をするのだったが，私は気にしなかった．棚の上にはこれまで彼が作った試料が入ったたくさんの小瓶が並んでいたが，それらを目で追いながら，ホワン君に尋ねた．「たしか，黄緑色をした試料があったと思うが，おぼえている？」と聞くと，無愛想に，「No.」の一言しか返事は返ってこない．わたしは，少し間を置いてから，おもむろにさらに「どこか，この辺にあったと思うけど覚えていない？」と再度，問いかけると，ようやくこちらを振り返り，試料の入ったたくさんの小瓶の中から，手早く探し出し，薄い緑色の試料の入った小瓶を片手で，無愛想に私の前に無言で差し出した．「あ，そうそう，これ！」と，私はその小瓶をそっと受け取り，蓋を開け，中をのぞいてみた．試料は紛れもない黄緑色の細かい粉末だった．直感的にこれが超伝導になるとは思わなかったが，一応，顕微鏡の下で観察して見た．そして，「やはりこれは超伝導にならない」と確信した．しかし，残念なことに，私にはこれ以外にもう他に手がかりはなかった．私は，ホワン君に，「これ，物質は何だっけ？」と訪ねると，彼は渋々，試料ノートを乱暴にめくりながら試料番号と照合して，「$Y_{1.85}Ba_{0.15}CuO_4$」とぶっきらぼうに答えた．実は，Y も他のランタン系の元素と同様に純金属の Y を電気炉

3.2 高温超伝導体 $YBa_2Cu_3O_{7-\delta}$ 発見記

で酸化し，原料として作っておいたのだった．私は，内心，「こんな物が本当に超伝導になるんだろうか？ いや，絶対にならないぞ，それなら，どうしてこれを取り上げるのだ？ それは，これしか我々には手がかりはないじゃないか！」，などと自問自答をくり返していたが，気を取り直して，ホワン君のところに行き，「この物質をもう一度，作ってくれないか」とお願いしていたのである．この前にすでにホワン君との関係が悪化していた状況の中で，自分でもなぜこの物質に踏み込んで彼にその話を持ち込んだのか，後で考えると不思議でならない．ホワン君は案の定，「あなたが測定して超伝導でないものをなぜまた作る必要があるのか？」と怒りを込めた声で問い返してきたが，それも当然のことと私も納得せざるを得なかった．しかし，私は，少し間を置いて，「我々にはこれしか手がかりはないではないか，なぜ，緑色が超伝導に関与するのかわからないが，とにかくこれをやる以外にアイデアはあるのかい？」と逆に問うと，彼はしばらく黙って，「I have no idea, too!」と短く答えた．それじゃ，これを一緒にやろうよ，とついに彼を口説き落としたのであった．

　彼は再び私と仕事をすることになり，渋々ではあったものの，試料の準備に準備室に入って行ったが，すぐ戻ってきて，「前と同じ組成の試料を作っても意味がないので，組成を変えたいが，どういう組成比にしたら良いのか？」と尋ねてきた．私も，彼を口説き落とした安堵感にしばらく浸っていて，そこまで考える余裕がなかったので，彼の不意打ちに戸惑ったが，「1：1：1で作ったら？」と反射的に答えてしまった．実はこれは考えるまでもなく，カチオン（陽イオン）比を等量にすることを意味するので，彼もすぐに私が口から出任せで言ったことを直感したのだったが，それ以上議論することはなく，そのまま試料室に戻り作成に取りかかったのだった．私は，ホッとはしたものの，ホワン君にまた結果の出ない仕事を与えてしまったかもしれないということが気がかりだったので，しばらくしてから彼の様子を見に行った．すると，彼は秤量した薬品を例の試料保存用の小瓶の中に入れ，ちょうどカクテルのシェイカーを振るようにして，歌を口ずさみながら片手で振っているのである．私は笑いが出そうだったが，ぐっとこらえながら彼の歌を褒めてあげた．その歌は，歌詞は中国語でわからなかったがメロディは歌手の千昌夫が歌った歌謡曲だっ

た．彼によると一時期，中国で大ヒットしたらしい．試料をプレスにかけ，アルミナボートに移し，電気炉にセットして実験室を彼と一緒に出て帰宅の途についた．すでに夜中の12時を過ぎていた．

女神現れる

翌朝，実験室へ行くとホワン君はすでに試料を電気炉から取り出し，測定室へ持ってきてくれていた．そして，僕と一緒に試料に銀ペーストで電極を付け，クライオスタットに入れ，コンピューターにつないだ．次に，液体ヘリウムにゆっくり入れ，温度を下げながら測定を開始したのである．温度は200 Kを過ぎ，やがて100 Kも過ぎて来るとどんどん抵抗が大きくなり，4.2 Kに到達する前に測定ができないくらい大きくなっていた．明らかに超伝導ではない．「やっぱりだめか…」，という気まずい無言の時間が私とホワン君の間に流れていた．

諦めかけたとき，データをよく見ると，77 K付近にわずかではあるが抵抗のくぼみに気づいたので，ホワン君に，「これは何かな？」と私が沈黙を破ると，彼は，すぐさま，「Noise, Noise!」と頭から否定した．私も，「そうかもしれないね．それじゃ，温度を上げながら再度，この辺をチェックしてみよう．」と言いながら，温度を上昇させ，その抵抗のへこみを再測定した．多少のずれはあったが，全体としては何となく再現しているように見えたが，確信はなかった．

実験はそこまでで中止し，試料を常温に戻しながら，どうしてもそれが気になったので，私はホワン君に，断わられるのを覚悟で「もう一度，この試料を作ってくれないか？」と頼み込んでみた．彼は，不思議そうな顔をして，「Why? This is not superconducting!」と声を荒げて言った．当然である．超伝導ではなかったのになぜ再び作る必要があるのか？ 気でも違ったのかと言いたそうである．私は，ホワン君を落ち着かせてこう言った．「ホワン君，よくこの試料を見てくれないか．ほとんど真っ黒で，最初の黄緑色の試料とは全然違う．もちろん，組成を変えたことによると思うが，電気抵抗もずっと小さいし，低温での上がり方もそれほど大きくない．試料を顕微鏡で見てみよう！」と彼を試料室に連れ出した．そして顕微鏡下で調べてみると，黒色の大きな粒子と，

その中に黄緑色の点のような結晶が混じった少なくとも2相混在した物質であることが明瞭にわかったのである．そして，黄緑色の結晶にテスターの電極をあて抵抗をはかるとほとんど絶縁体であるのに対し，真っ黒のその他の部分は抵抗がずっと小さく，テスターでは100オームほどの抵抗であることもわかった．私は，ホワン君に，「緑色の物質はおそらく絶対に超伝導にならないだろうが，この黒い物質はおもしろそうじゃないか？」と話すと，彼も頷きながら納得し，「もう一度，この試料を作ってくれ」と言う私の要求を理解し，飛び出すようにその場を立ち去り，すぐに次の試料の準備に取りかかったのである．

その後，しばらくして私も試料室へ行き，今回は試料作製の一部始終を，彼に指示し確認し，間違いのないように準備し，電気炉に入れ，タイマーをセットし，一緒に帰宅の途についた．その夜も12時をとうに過ぎていた．

その翌日，やはり朝9時頃，実験室へ行くとホワン君は試料をすでに電気炉から取り出し，実験室のテーブルの上に置いてあった．試料の入った小瓶を開けると真っ黒な，しかし，わずかに深緑がかったつやのある固く引き締まった試料が入っていた．私は，その試料が昨日の試料と何かが少し違うことを直感した．それを取り出し，昨日と同様に銀ペーストで電極をとり，クライオスタットにセットしてコンピューターに接続し，測定を開始した．

何かが昨日の試料と違うという直感が的中した．抵抗が昨日の試料の数分の1しかない．しかも，温度が徐々に下がるにつれ，抵抗がどんどん小さくなって行くのである．ほとんど温度に対し直線的である．これは何かが起こると強く予感した．胸騒ぎがした．温度が100Kを切るとさらに抵抗は加速度を増し小さくなって行き，90K少し手前であっという間にゼロになった．抵抗が消えた！ゼロだ！え？これだ，やったぞ！気が一気に動転し，喜びの余りその場を何度か飛び回ったような記憶があるが，現場は私一人だけだったのでそれ以上はわからない．確認のため，4.2Kまで温度を下げたが，その間ずっと抵抗はゼロだった．私は，やった！と直感した．

すぐに所内電話でホワン君を呼び出した．彼は急ぎ足で入ってきてスクリーンに見入って，「何かの間違いだ！」と叫んだ．なぜか，彼は素直に喜ばなかったのだ．私は，「喜べ，間違いない！」と彼に何度も言ったが，彼は信用しなかっ

た．私は，信用しない彼に「それじゃ，これから温度を上げながら測定するからスクリーンを見ていてくれないか」と指示し，温度を上げ始めた．やがて抵抗は90Kの転移温度に近づくと突然現れ始め，はじめの測定点をなぞるように増えていった．それを見ていたホワン君は，呆然と立ち尽くしていた．よく見ると顔が引きつっていて，ガタガタ震えているのである．何か必死に話そうとするが，声が出ない様子だった．私は彼に，「間違いないだろう？」と促すと，ぎごちなく首を何度も前に振りながら，依然としてガタガタ震えている．これほどまでに興奮し，ガタガタ震えている人間を私はいまだかつて見たことがなかった．私は彼に，次のように話した．「ホワン君，このことは絶対に他の人に話してはだめだぞ．いいかい？ 今日，これからもう一度，同じ試料を作り，同じ結果が得られたら公表しよう．いいね．それまでは絶対に誰にも話してはならないよ，約束してくれ．」と．彼は，私のことばに小さく何度もうなずいて，無言で試料室に飛んで帰ったのである．

　私はその後，しばらく呆然とスクリーンを見つめていたが，ふと我に返り，これは重要なデータなのでファイルをセーブしようと思い，キーボードでファイルネームを打ち込もうとしたが手の指が動かない．手の指が固まっていて動かそうとしても思うように動かないのである．こんな経験は初めてであった．やむを得ずキーボードを人差し指1本で1文字ずつ打ち込み，やっとデータを保存できたのである．

　私は実験室の後片付けをしながら，いろいろ考えていた．なぜなら，矛盾だらけだったからだ．なぜ，最初と2番目の試料は組成が同じなのに，一方は超伝導で，もう1つは超伝導でないのか？ 測定の問題だろうか？ いや，そんなはずはない．私の測定に間違いはないはずだ．実は測定はロックインアンプを使用しているので，抵抗の値が大きく変わると位相の問題があるので注意が必要であるが，それは前もって規定の抵抗値を使ってチェックしてあった．装置自身の問題は，コンピューターを含めて100％ないと確信していたのである．

　片付けを終え，すぐホワン君に合流した．そして，昨日と同様に注意しながら試料を準備し，電気炉に入れ，タイマーをセットし帰宅した．

　その次の朝，昨日と同様に朝9時過ぎにはホワン君は試料を持って来て，実

3.2 高温超伝導体 YBa$_2$Cu$_3$O$_{7-\delta}$ 発見記

験室の片隅の机の上に置いてあった．試料の入った小瓶を開け，取り出し，よく見ると昨日の試料とほとんど色つやを含め同じであった．「これはいけるぞ！」と直感した．

すぐに電極をつけ，測定に取りかかった．電気抵抗の振る舞いは昨日の試料とほとんど一緒だった．100 K を下回った頃から急に小さくなり始め 91 K でゼロになった．私は，「やっぱりそうか」と確信した．その自信をかみしめていたら，ホワン君が部屋に飛び込んできて，その結果をみて，「これはすごい，やったぞー！」と今日は，昨日とは反対に満面の笑みを浮かべ率直に喜んだ．私も「良かった，良かった，これで公表できる！」と彼に話し，その場で公表に踏み切ったのである．再び実験室は，ひと目 90 K の高温超伝導を見ようと，入りきれないほどの人だかりができた．もちろん，フランゼ教授にも連絡し，実験室に来ていただいた．皆さんから，大きな祝福をいただいた．

このビッグな発見がオランダの NRC Handelsblad という新聞に取り上げられ，1 面の記事となった．発見から数日後の 1987 年 3 月 12 日の新聞だった．その記事を図 1 に示す．この新聞が出ると日本の在東京オランダ大使館から祝電が入った．その内容は実におもしろいもの

図1　1987年3月12日の新聞に掲載された写真．中央下に示されている実験データが3月5日最終結果として公表された電気抵抗の結果．向かって左から2番目が1987年当時の筆者，左端がホワンさん，右端は大学院生のマーリス君，右から2番目はアロイス・メノフスキー氏．

だった.「おめでとう！この偉大な仕事はすべてのオランダ国民の誇りである.」
とあった. 写真からおわかりのように, メインプレーヤーは私が日本人, ホワ
ン君は中国人, かろうじて大学院生のマーリス君がオランダ人だが, 彼はメイ
ンプレーヤーではなかった. もう一人, 写真に載っている右から2番目の男は
アロイス・メノフスキー (Allois Menovsky) といって, チェコ人. このように,
メインプレーヤーにはオランダ人はいないのは明白なのだが, このウイットは
さすがオランダ人といえるものだった.

　その後, 磁気帯磁率の測定も行い, 超伝導に伴うマイスナー反磁性も確認し,
騒ぎはその日のうちに終了したのだが, 私の中にはいくつかの未解決の問題が
残されていた. 第一に, どうして最初の試料は組成が同じにもかかわらず超伝
導を示さなかったかと言うことだった. これに関しては, すぐ問題は解決した.
実は, ホワン君は3つめの試料を測定した後, 帰りがけにこう話してくれた
のだ. 初日の試料は, 朝, 試料室へ来てみると, 停止しているはずの電気炉が
まだ動作していたというのだ. すなわち, 初日の試料は, 電気炉のタイマーを
セットしたのだが, そのセットにミスがあり, 電源が切れずに, そのままになっ
ていたというのである. それで, 彼は測定に間に合わないと思い, 試料を直接
電気炉から引き出し, 常温に急冷して, 私のところに持ってきたという. その
後の2つの試料は予定通り, 電気炉のタイマーが動作していて, 200℃以下に
温度が下がった状態で取り出したというのだ. この違いが超伝導の有無の違い
を生じた原因ではないかということだった. 私もその通りだと直感した. すな
わち, 超伝導にするためには徐冷が不可欠であるということである. その真偽
は, その後の簡単な実験ですぐ実証でき, 我々の推測が正しいことが理解でき
た. すなわち, これらの物質では酸素が高温では脱離しており, その状態で急
に常温に戻すと酸素不足の試料ができ, 超伝導にならないと言うことなのであ
る. このことから, 当時私たちはこの超伝導体は酸素呼吸をして超伝導になる
という例え話を超伝導の説明に使っていた.

　しかし, さらに大きな問題が私には残されていた. それは, すでにおわかり
のように, この超伝導体は複数の相が混在したマルチフェーズの物質で, 本当
の超伝導相が何であるか, まだ理解できていなかったのである. 事実, ホワン

君が行ったその後の粉末X線回折実験からは，この90K超伝導体は単相でないことが明らかだった．これを単相化する必要があったのである．

単相化への熾烈な競争

　この段階になると，毎日，山のように送られてくる世界各国の研究情報はまったく目に入らなかった．なぜなら，90K超伝導を報告するプレプリントはまったく見当たらなかったからである[*5]．我々の目標はただ1つ，この90K物質を単相化することだった．90Kの超伝導の発表を行った翌日からホワン君とその話をしていた．では，どうするか？ホワン君はもう仕事をしたくてうずうずしていた．私のところへ何度も来ては，「どんな試料を作ったらいいか早く教えてくれ」という．私も気持ちは焦っているのだが，どのように進めたらいいのか名案がなかった．結局，最初にカチオン比を1:1:1にと決めたのだから，次は当然，2:1:1，1:2:1，1:1:2，…と1:1:1を中心として周囲に拡張していく方法が自然ではないだろうか，と思うようになった．そこで，ホワン君にこの話をすると，すぐに水を得た魚のように，意気揚々と試料室へ行き，試料作りを開始した．そして，私は彼が合成して持ってくる大量の試料を次から次へと測定することになるのだが，これではまったく先が見えなかったので，電気抵抗や磁気帯磁率を測定することに加え，単相かどうかを判断する材料として粉末X線の測定を同時にすることにした．

　X線の測定はホワン君の役目だった．すなわち，試料を合成したら，まずX

[*5]　先に述べたニューヨークタイムズ紙で取り上げられた黄緑色の90K超伝導体に関する論文は3月2日付けのPhysical Review Letter誌に掲載された．（M. K. Wu, J. R. Ashburn, C. R. Torng, P. H. Hor, R. L. Meng, L. Gao, Z. J. Huang, Y. Q. Wang and C. W. Chu: "Superconductivity at 93 K in a New Mixed-Phase Y-Ba-Cu-O Compound System at Ambient Pressure", Phys. Rev. Lett. **58** (1987) 908.）我々はそれに気づかなかったが，その時点ですでに独自に90K超伝導を実現できていたし，ほぼ$YBa_2Cu_3O_{9-\delta}$の構造までつかんでいた．後にわかったことだが，この論文のプレプリント原稿ではYがYbと記されていた．これは著者が情報の盗用を避けるために意図的にYbに書き換えたとされるが，実はYbも少し転移点は低いが，90K超伝導体となることが知られている．

線を測定し，相を確認し，その後，超伝導性を測定してその相関を見るという戦略である．X線装置はフィリップス製の優れた粉末X線回折装置が2台あったので，それを研究所の許可を取ってホワン君が2週間独占使用できるようにした．これによって，ホワン君は24時間，2台のX線装置を自由に使うことができるようになったわけで，大変便利になった．当時は装置の性能が現在の装置の1/10程度だったことから，1回スキャンするのに大体2～4時間かかった．しかも，結果はチャートレコーダーで出てくるわけで，10個，20個と試料が増えていくとチャートを処理できなくなってくる．そこで，X線室へ繋がっている廊下の片方を封鎖して，チャートを床の上に測定順に並べ，比較していった．そうすると，おもしろいことに，組成比がY：Ba：Cu＝1：2：3になると回折パターンがいきなりきれいな立方晶に近い斜方晶のパターンを示したのである．ここに到達するまでにさほど時間はかからなかった．この試料を顕微鏡観察すると，まったく黄緑色の物質は見えない．予想通りである．ホワン君はこの結果を見

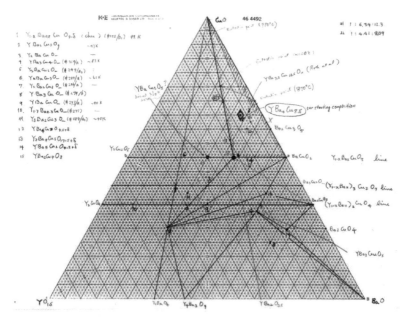

図2 Y：Ba：Cuの3元相図．

つけると直ちに私の実験室に飛び込んできて，熱く説明してくれた．私は当然のようなふりをして聞き入っていた．そして，ホワン君は焦って早口に言うのである．「私がこんなにたくさんの試料を毎日作っているのに，なぜ，もっと早く測定してくれないのか！」私も精一杯測定しているのだが，せいぜい1日，4，5個しか測定できなかったので，試料の作成スピードに追いつかなかったのだ．それからは次第に，まずX線をとってこれぞと思われる試料を選んで測定した．図2に当時の指針となった3元相図を示す．

　この段階で$Y:Ba:Cu=1:2:3$の試料を測定すると当然のように実にきれいな直線的な電気抵抗と91 Kの超伝導転移点が得られた．もちろん，マイスナー効果による反磁性も最も強くなることから，この相が超伝導の原因となっている相であることに疑いの余地はなかった．1:2:3の発見は，実は単相化を始めてから2日目か，3日目だった．予想外に早く単相化できたので，その週の後半にはデータをできるだけ精査して良いデータにすることに専念した．

　しかしながら，まだホワン君を最後まで悩ませていた問題が1つ残っていた．それは，酸素の位置だった．結晶内の酸素の位置を決められなかったのである．少し専門的になるが，酸素はX線の散乱断面積が小さくX線の反射強度が弱いので，カチオン比は1:2:3，すなわち，YBa_2Cu_3までは決まるのだが，その後のOの数が決まらなかったのである．酸素は多くの場合，-2価なので，電荷の総和がゼロという制約からすれば，Y^{3+}, Ba^{2+}, Cu^{2+}とすると$O_{6.5}$である．この酸素の値が最小値で，酸素が増えるにつれ，Cuの価数も$+2$価からその比に従って増えるはずである．結晶の母体を安定なペロブスカイト型とし，すべての酸素位置に酸素を配置すると，O_9になるのだが，そうするとCuの価数が大きくなりすぎて合わなくなるので，結局，この物質には多くの酸素欠損があることがこの解析からわかるのである．Cuは多くても$+3$を大きく超えることはないだろうから，我々は最大値からyだけ欠損していることを強調してO_{9-y}と表記した．後になって，より正確な値として$YBa_2Cu_3O_7$がほぼ最適値であることがわかったのである．

　結局，我々はこの単相化作業を1週間で完全に終了した．ホワン君はこの間に大奮闘し，150個位の試料を作り，X線の測定をした．私は30個くらいの

試料を測定した．そして，この極限状態の時，ホワン君は1週間もアパートに帰らなかった．朝，試料室に行ってみると椅子に座って仮眠をとっていた．1週間，この状態を通し続けたのである．彼の気魄と精神力，体力には今でも敬服するとともに，それだけ勇気を持って仕事をしてくれたことに心から感謝している．

そして，その週末，ホワン君に試料作成の部分の原稿をまとめてもらい，私がそれを修正し，さらに実験結果を加えて全体を整えた上で，翌月曜日，フランゼ教授の許可をいただいてから投稿する予定だった．

ところが，思いがけない事件が起こったのである．月曜日，早朝8：30過ぎに大学へ出てみると私のメールボックスに1通のプレプリントのファックスが入っていた．それはなんと，アメリカのベル研究所のカバ(Cava)が90Kの超伝導体を単相化したという論文で，まったく我々の結果と同じ内容だった．そして，3月5日付けでPhysical Review Lettersというアメリカで最も評価の高いジャーナルに投稿されていたのだ[2]．これには本当に驚いた．

先を越された！これまで，我々は世界で最初だろうと思っていたのだったが，そうではなかったのだ．このことをまず，研究所に到着したばかりのフランゼ教授に伝えた．そして，彼は，「今日の月曜定例ミーティングを早めに切り上げ，それから，この問題を議論しよう．」と決断したのである．

波乱の作戦会議

幸いにして定例ミーティングでは特に重要な議題はなかったので，早めに切り上げた後，あらかじめミーティングの際，募っていた関係者数人を集め，直ちに問題の議論に入った．

まず，この間の事情を私が手短に説明し，いずれにしろ，早急に論文をPhysical Review Letters (PRL)誌に投稿したい旨を伝えた．すると，直ちに理論家のペーター・ドゥ・シャテル(Peter de Chatel)教授は，この論文を今，アメリカのPRL誌に投稿しても，カバの論文がこのプレプリントの日付だとすると3月5日にすでに投稿されているし，2番煎じ，いやそれ以下かもしれない．しかも，彼らの論文の情報以上の情報が我々の論文にないとすれば，その

3.2 高温超伝導体 YBa$_2$Cu$_3$O$_{7-\delta}$ 発見記 65

理由で却下され兼ねない，と一気に述べた．そして，PRL は論文受理から出版まで 2 週間という異例の早さで対応しているようである[*6]．我々の Elsevier 社もこの 2 週間という時間で対抗するつもりであるし，もし，我々がこの論文を Elsevier 社の雑誌に投稿するなら，必ず 2 週間以内に出版することを約束する，とたたみかけるように言い，電話の受話器を取った．実は，当時，彼は世界一大きな科学雑誌の出版社である Elsevier のサイエンスエディターでもあったのである．彼は，ハンガリー出身と聞いていたが，その場で英語から直ちに流暢なオランダ語に切り替え，次の原稿の印刷への発送日は何時かと聞いているようであったが正確にはわからなかった．彼は受話器を持ったまま，我々に，「ぎりぎり今ならまだ間に合う，今日の昼の 12：30 までにアムステルダム空港にある Elsevier 社のセスナ機まで原稿を持ってきてほしい．印刷はアイルランドで行う．それが可能なら直ちに受理し，2 週間以内に出版する．これでどうか？」と皆に同意を求めたが，一瞬，誰もそれに返答する者はいなかった．彼は，あたかもこの様子を予想していたかの如く一瞥し，間髪を入れず，「それでは，これでいいですね？ Good luck! チャオ！」と言うや否や，いかにも自信満々の仕草でスッと席を立ち，その場を去ってしまった．どうやら，彼はもう自分の予想通りに事が運ぶものと確信したかのようだった．それはたしかに事実でもあった．残された我々は，さらに少し細かい議論をし，原稿を出版社の形式に合わせ，印刷し直し，ドゥ・シャテル教授の言うとおり，私が原稿を空港まで持っていくことで決着したのだった[*7]．その間，わずか 15 分足らずである．この決断力の早さと的確な判断力はまさに神業であると感心させられた．

　ところがそのとき，この議論のメンバーの重要人物であるフランク・ドゥ・ボア (Frank de Boer) 教授が，「ちょっと待ってくれないか．一応，ライデン大学の JM 教授にも連絡しておきたい．このプレプリントを送ってくれたのは彼

[*6] 科学雑誌の編集者 (Journal Editor) に投稿された論文は，通常，未公表の複数の審査委員に送られ，その雑誌に掲載可能かどうか内容を審査されるが，その審査結果が出るまで早くて 1～2 カ月かかるのが普通である．

[*7] 投稿先の雑誌社によって原稿のスタイル（フォーマット）がちがうため，投稿先を変えるとそれに合わせて原稿を作り直す必要があった．

だし，ライデンとは密接な協力体制をとっているからね」と自らを説得するかのように言いながら，受話器を取った．JM 教授に電話が繋がると，ドゥ・ボア教授はこの一連の話をはじめたが，話を切り出すや否や，受話器の向こう側からこれまで一度も聞いたこともないような怒号がするのである．ドゥ・ボア教授は「これはたまらん」といった表情で受話器を耳から離し，全員に聞こえるようにしたので，その内容を理解することができたのだった．つまり，ライデン大学の JM 教授は，「この論文は，今朝私が送ったプレプリントを元に作成したはずだ．それなら，私の名前を共著者として含めなければ投稿してはならない！」というのである．何ということか！ 彼は我々の結果などまったく知らないのであるから，こんな馬鹿な話はそもそもあり得ない．しかも，我々でさえ，送られてきたプレプリントをまだ完全に読んでもいないのだから，プレプリントを元に，論文を書くことなどできるはずがないのである．しかし，彼は何時間でも怒鳴り続けているような勢いでがなり立て続けるのだった．ドゥ・ボア教授は，閉口しながら，「わかった，わかった，なんとか意向に合うようにする．」と何度も言いながら，最後は受話器を強制的に置いたのであった．

　この JM 教授の激しい剣幕にしばらく全員が茫然としていたが，やがて，ドゥ・ボア教授は，「仕方ないよ，名前を共著として入れるのはどうしても無理だが，どこかに acknowledgement（謝辞）として入れよう．」と切り出し，私の原稿に手書きで，一文を書き始めた．そしてそれを読み上げ，「これでどうだ？」と賛同を求めた．誰も，反対意見を述べるものはいなかったので，私に，「それでは，この一文を原稿に追加修正して，空港まで届けるように．それで決着！」といってミーティングを強制的に終了に持ち込んだのであった．

　この間，さらに 20 分ほど費やしただろうか．私はこの経緯をとにかく呆然と見守る以外になかったのである．私は今でもこのときの議論の運び方，決定の早さと的確な決断力には驚かされる．日本で，もしこのような事が起こったらどうなっただろうか．おそらく解決の方向が見えないまま議論が空転すること間違いなしである．たとえ解決策が出されたとしても果たして何日かかるのだろうか？

　私には残された時間がなかった．すでにその時，11 時を過ぎていたからで

3.2 高温超伝導体 YBa$_2$Cu$_3$O$_{7-\delta}$ 発見記

ある．空港までは，混雑がなければ車で 30 分足らずである．私は，ドゥ・ボア教授が書いた文章を，2 階のワープロ室で急いでタイプし*8，原稿のフォーマットを変える修正をした．追加した文章は，次のようであった．"During our investigation of the single-phase YBa$_2$Cu$_3$O$_{9-y}$ compound we have received a preprint describing similar results obtained at AT&T Bell Laboratories. We deeply appreciate receiving this information prior to publication" ご覧のように，この文章には JM 教授の名前やライデン大学から送られてきたプレプリントであることなど一切触れられていなかったのである．すなわち，ドゥ・ボア教授は JM 教授の暴論を冷静に封じ込めたのであった．私は彼らからこの辺の戦いの綱引きのセンスを学ぶことができたと思っている．

すべてを準備した後，最終的にフランゼ教授にすべてをチェックしていただき，空港へ向かった．空港に到着すると，果たしてどこに Elsevier のセスナ機がいるのか皆目見当が付かない．滑走路に無断で入ることはもちろん禁止されている．そこで，事情を空港職員に尋ねて回ると，実に丁寧に対応してくれ，わざわざ案内までしてくれた．そして，滑走路の端に出ると，小型のセスナ機が 1 機見えた．機体に近づくと，中から 1 人の背の高い男が現れ，"Are you Dr. Kadowaki？" と聞くので，"Yes, I am" と答えると，"I am waiting for you" と言い，私は，"This is our manuscript" と言いながら原稿の入った封筒を差し出すと，中身を確認して，"OK！Very Good！Thank you" と言い，握手を求めてきた．そして，握手が終わると再び，機内へ戻っていった．これですべてが終わったと私は思った．

その後，論文は予定通り出版されたのである[3]．

エピローグ

結局，我々の論文は最終的に出版されたのが 10 日ほどカバの論文より遅

---

*8 　1987 年当時，現在のようなワープロが一般には普及していなかったが，アムステルダム大学の私が所属していた研究所では VAX というコンピュータシステムが全所的に導入されていて TeX 形式のワープロが共通コンピュータルームで利用することができたのである．これは当時の日本に比べて格段に進んでいた．

かったのである．そのせいもあってか，カバの論文は引用数も多く有名だが，我々の論文は，高温超伝導の専門家でもほとんど知らないと思う．やはり2番煎じは「有って無きが如し」であるのだ．残念だがこれが研究の厳しい現実であり，競争に敗れたことの意味するところなのである．

　しかし，1つだけ私たちの救いは，オランダ政府の経済省が我々の研究のため，高温超伝導研究に大型予算を緊急に出してくれ，さらにその後の研究のために，ポストを2つ作ってくれたことであった．これらのポストは実験と理論の新人に与えられることになったのである．そして，実験のポストは私に，理論のポストはJ. Z. 氏に与えられたのである．このため，私はオランダ在住2年目から，パーマネントビザに変更になった．

　その後，1990年の10月，妻子3人をつれて私は日本に帰国し，金属材料技術研究所（現 物質・材料研究機構）に赴任した．ここで5年ほど高温超伝導の研究を続け，1995年，筑波大学へ異動した．日本でも一貫して高温超伝導体の，特に磁束状態の研究を行って，ある程度成功したと思っている．高温超伝導が出現する以前の磁場中での超伝導の理解は非常に浅く，かつ荒い近似の下での話であり，実は，高温超伝導に適用すると実験結果をうまく説明できなかった．高温超伝導体という，ある意味で特殊な超伝導体が発見されたことで，従来の磁場中の超伝導状態の理解が不十分であることが明らかとなって，その後行われたより深い研究で本質的な理解の飛躍的な進歩に発展したのである[4]．

　この磁場中での超伝導体の基礎となる量子化磁束の予言者であるアブリコソフ（Alexei Abrikosov）博士に2003年，ノーベル物理学賞が与えられたことは関係者の1人として，大変うれしい出来事であった[5]．彼はロシア人であり，多くの優れた業績で1991年，ロシアの科学アカデミー会員の中でも数少ない最高地位の正会員[*9]の1人として選出されたが，その直後，アメリカ合衆国に亡命し，アルゴンヌ国立研究所に特別著名研究者（acclaimed physicist）として

＊9　The full member of the Russian Academy of Sciences

＊10　A Foreign Honorary Member of the American Academy of Arts and Sciences

3.2 高温超伝導体 $YBa_2Cu_3O_{7-\delta}$ 発見記   69

採用され，直ちにアメリカ合衆国の芸術科学アカデミーの海外名誉会員[*10]に
選出されるなど，多くの輝かしい経歴を持っており，日本でもなじみ深い著名
な研究者である．

　私はアルゴンヌ国立研究所には共同研究のため，毎年，1，2度は訪れてい
たが，彼がアメリカへ移住し，ノーベル賞を受賞したちょうどその年の冬，偶
然にもアルゴンヌに滞在していた．そして，彼のノーベル賞受賞講演会が研究
所内の大講堂で開かれるというので，この講演会を聞く幸運に巡り会うことが
できた．ノーベル賞受賞後，最初の講演ということでアルゴンヌの研究所から
も数多くの聴衆が参加していて，会場は満員状態であったが，幸い最前列で私
の友人数人と拝聴することができたのである．

　彼の講演を聞くのは初めてではなかったので，ある程度予想はしていたが，
講演が始まると，まずありきたりの簡単な謝辞を話すと，直ちにストーリー
がほとんど物理とは関係ないところに飛ぶのである．ロシア人独特のシニカル
で，しかも，その奥には強烈な体制批判をにじませる比喩を延々と述べるので
ある．実はその内容は高温超伝導の研究に根底で繋がっていることを理解する
にはかなりの想像力と彼のストーリーの概要を知っておく必要があるので，一
度聞いただけでは理解が難しい．話の中には数式がほとんど出てこないが，こ
のような理論家の講演というのは聞いたことがない．

　あの頃，OHP フィルムが講演でよく使われていたが，それが至る所に真っ
赤になるほど赤ペンで書き込んであるのである．これもロシア人独特のプレ
ゼン方法だが，その最初の OHP スライドを見て私は驚きのあまり仰天した．
その OHP の中央部，右端のところに青色の手書きのペンで，私の名前と
$YBa_2Cu_3O_{7-\delta}$ の化学式が書かれており，この無名の男がこの高温超伝導物質
$YBa_2Cu_3O_{7-\delta}$ の第一発見者だと言うのである（図 3 参照）．私は，それは明ら
かに史実とは異なり間違いであると思ったが，その場では雰囲気の都合で何
も言うことはできなかった．講演が終了し，しばらくするとアブリコソフは
自室に戻るところだったので，彼を追いかけ，歩きながら，私があの OHP
スライドの第 1 ページ目の Kadowaki であると自己紹介すると，彼は驚き，
目を輝かせて私に握手を求めてきたので，私も思わず彼の手をきつく握った

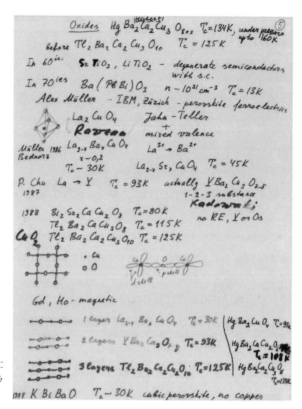

図3 アブリコソフ博士の手書きの講演用スライド.

のを覚えている．それが私にとってアブリコソフとの初対面だった．私はそれ以前の1990年，ある国際会議の会場で彼を見かけたが，そのときの彼は，アメリカへ亡命する前だったため，両脇に筋骨隆々のボディーガードが2人，常時ぴったりと付き添っており，とてもうかつに近づけるような雰囲気ではなかったのである．ソビエト連邦の共産主義体制においては科学者は自由に国外へ出国することができなかった．ましてや，アブリコソフのような重要人物は常にKGB[*11]の監視下に置かれていたのだ．

[*11] ソ連国家保安委員会と言い，ソビエト社会主義共和国連邦の秘密情報機関・秘密警察．アメリカ合衆国のCIAに相当する．

3.2 高温超伝導体 YBa$_2$Cu$_3$O$_{7-\delta}$ 発見記   *71*

私は，その後，彼の居室に招かれ，彼がなぜ私の名前を OHP に書き込んだかの真相を詳しく伺うことができ，私はロシアの情報収集力のすごさに驚かずにはいられなかった．彼は，我々の研究がどのように行われたのかを，手に取るように知っていたのである．そしてさらに重要なことは，彼らは私の方がカバより早く 90 K 超伝導体の YBa$_2$Cu$_3$O$_7$ を見つけていたと考える根拠を持っていたのである．彼はあの OHP でそれを表現したかったのである．

それ以後，アブリコソフ氏とはお会いするたびに大変親切にしていただいたが，残念なことに，2017 年 3 月にカリフォルニアで永眠された．

若い研究者に伝えたいこと

私が 1987 年正月明けから，まったくゼロの状態から高温超伝導体を手がけ，Bednorz-Müller の結果の追試に始まり，黄緑色の物質が Y を含む物質であることに半月くらいの間でたどり着き，そこからさらに 91 K 超伝導体の発見，そしてその物質の構造決定，超伝導相 YBa$_2$Cu$_3$O$_{7-\delta}$ の同定と，ほぼ 2 カ月余りの間にこれらすべてを成し遂げることができたことはほとんど奇跡に近いことだった．そして，この功績によりオランダ政府より大きな予算が与えられ，さらに先へ進むことを許されるという幸運に巡り会うことができたのである．この先の研究の進展については機会を改めることにして，このような展開は，今振り返って考えてみると，ほとんどすべてが私とホワン君の 2 人で行ったオリジナルな研究であった．誰から指図されたわけでもない．すでに高温超伝導に関する論文は数え切れないほどあったが，我々のアプローチとはまったく方向性が違っており，参考にすべき論文は皆無だったと思う．第一，それらの詳細を検討している時間的余裕などなかったのである．ほとんど不眠不休の 2 カ月余りだった．

我々のオランダにおける大成功のポイントはどこにあるのだろうか？我々の不眠不休の努力とオリジナルな研究のやり方はもちろん重要な要素だと思うが，それだけではないことを私は強く感じている．それは，私とホワン君のようないわば無名の外人部隊を 100 ％信頼し，限りない自由を与えてくれ，その中に勇気を持って飛び込んでいける研究環境を与えていただけたこと，これこ

そが，我々がこれほどまでに成功したポイントであったと思う．このようないわば理想的な研究の機会を無尽蔵に与えてくれたフランゼ教授とアムステルダム大学の多くの関係者に心から感謝したいと思う．

　さらに付け加えるなら，このような高い研究に対する自由度はオランダという国の特殊な国民性にあることは間違いないが，このような国民性はオランダという小国の長い歴史の中で育まれてきたものである．日本人には大変理解しにくいのだが，オランダでは「1人の優れた人材が国を救う」とよく言われ，「そのような人材を育てるのが教育の役割である」という考え方が国民1人1人のレベルまで浸透しているのである．どんなに時間がかかろうと選ばれた優れた人材を信頼し，身を任せ，彼の考えを実現するために全員で彼をサポートする，という精神構造が彼らの根底に根付いているのだ．これは政治，経済，芸術，文化などのあらゆる分野で着実に行われていることに驚かされる．たとえば，オランダは国土の1/3は海面下だが，その国土は海岸線を沖に拡大し，堤防を築き，湖に変え，その中にある水を100年単位の時間を掛けてくみ出し，自国を築き上げるのである．このような国家事業はある一時の政治家の力でできるわけではなく，いったん決めたなら，その建設に携わる土木建築技術者を信じ，100年単位の時間をかけ，最後には完成させ，成功に導くのである．

　科学においても考え方は同様である．すなわち，オランダは国が小さいため（ちょうど日本の九州くらいの面積，人口1700万人ほど），大国と対等に戦うためには優れた者を厳選し，彼らに全力投資する以外に道はないことをよく心得ている．したがって，日本などのように重複した大型予算は決してあり得ないばかりか，予算配分が許されない分野さえ数多く存在しているのである．我々がいただいた高温超伝導関連の大型予算は，幸運にもアムステルダム大学とライデン大学の共同体制だけのためであって，他のところではゼロなわけである．世界トップレベルで世界をリードできる研究でなければそのような予算は一切あり得ない．日本を見ていると，大型予算もいろいろ理由付けすることで何種類もあるし，集団で同じ研究テーマを行うことも許され，しかも，必ずしも世界トップレベルでなければならないなどという制約があるわけでもなく，きわめて恵まれているといっても良いだろう．逆に言えば，評価が

3.2 高温超伝導体 $YBa_2Cu_3O_{7-\delta}$ 発見記

甘く，厳しい査定がなされていないともいえるのである．日本ではこの甘えの構造が研究者のレベルを下げているのではないだろうか．逆にこのような厳しい環境にありながら，お互いの評価を，個人的感情を排除し客観的に，しかも positive にする制度がオランダでは確立している．いわば科学研究に対する高いモラルが多くの研究者で共有されている．そして，大学での教育の最終目標は，まず，このような優れた倫理観を持つ人材を育成することにあることは間違いない．業績があってもこれができない研究者は professor にはなれないのである．このような事情のため，組織的な腐敗も起こりにくいし，そうならないための自浄作用と浄化機構をもっている．この点は日本の大学や研究所と雲泥の差があり，うらやましい限りである．

これは，日本とオランダの研究体制の違いに顕著に現れる．たとえば，同じ研究分野で数年研究を続けていると誰が能力的に（倫理観も含めて）優れていて，誰がそうでないかはほぼ判断が付くようになるわけだが，日本では残念ながら，世界的に優れた研究者がリーダーとなるケースが少ない．オランダではそのようなきちんとした人格，倫理観を持った有能な人材であれば，どんなに若くてもその分野のリーダーとして活躍でき，優れた業績を継続できる限り絶大なサポートを受けることもできるし，何年でもリーダーとして活躍できるのだ．年齢制限などまったくない．日本も，早くそのようになってほしい，そうでないと，無駄が多く，国益に著しく反することになる．

欧米では個人名の付いた大学や研究施設がよく見られるが，これはその個人の設立意思や研究そのものを支えるために，国，あるいは財団などが出資して創立したものがほとんどである．たとえば，ライデン大学には極低温研究で世界的に有名なカマーリン・オンネス研究所[*12] があるが，これはカマーリン・オンネスの優れた研究業績をたたえて，彼の研究のために設立された研究施設であり，全盛期には 100 人以上の研究者を擁していたわけである．要するにカ

[*12] Heike Kamerlingh Onnes（1853～1926，液体ヘリウムの液化に伴う極低温領域の開拓によって 1911 年，ノーベル物理学賞受賞）の業績をたたえて設立された極低温研究所で極低温研究のメッカとして知られている．日本の極低温技術のほとんどは 1950～1970 年代にオランダに渡った研究者によってもたらされたものである．

マーリン・オンネスの個人経営の研究所のようなものである．同様な研究施設はアムステルダム大学ではゼーマンの業績をたたえて設立されたゼーマン研究所[*13]などがある．

　研究者の評価に関してもオランダは大変ユニークなので紹介する．当時，オランダでは研究者の評価は研究者が行うピアレビュー以外に，情報調査会社数社が，さまざまな観点（確か，20項目くらいだったと思う）から行う評価がある．このシステムによって我々も毎年評価され，それがオランダ国内のランキングとして1年に一度，各研究者個人に知らされるのだが，幸いにして，いつも我々は少なくとも高温超伝導体の研究においてはトップクラスだった．こうすることで，研究者のクオリティを研究者同士のみで判断するのではなく，より広い見識と価値観で評価できるシステムになっているのである．このようなやり方は，ノーベル賞の対象候補者選びとレベルは多少違うかもしれないが，考え方としてはよく似ている．これも我が国にはない評価の仕方ではないだろうか．研究者の評価法として一考に値すると思う．

参考文献

1) G. Bednorz and A. Müller: Z. Physik B **64** (1986) 189.

2) R. J. Cava, B. Batlogg, R. B. van Dover, D. W. Murphy, S. Sunshine, T. Siegrist, J. P. Remeika, E. A. Rietman, S. Zahurak, and G. P. Espinosa: Phys. Rev. Lett. **58** (1987) 1676.

3) K. Kadowaki, Y. K. Huang, M. van Sprang, and A. A. Menovsky: Physica **145B** (1987) 1. また，この結晶構造の結果はこれまで発見されたことのない新物質であったためASTM の powder diffraction data file (#00-039-1189) として登録されている．

4) 門脇和男編：「超伝導磁束状態の物理」裳華房 (2017) を参照のこと．

5) A. A. Abrikosov: Zh. Eksp. & Teor. Fiz. **32** (1957) 1442, English translation JETP 5 (1957) 1175. アブリコソフによれば，この論文は1953年にすでになされた仕事で

---

*13 Pieter Zeeman (1865〜1943，Zeeman 効果の発見により 1902 年，ノーベル物理学賞を受賞）．後に van der Waals-Zeeman Laboratorium と変更になる．

あったが，師のランダウ (Lev Landau) の理解が得られず，原稿がランダウの机の引き出しの中に放置されていたようである．アブリコソフはファインマン (Richard P. Fynman) の超流動液体 He の渦の量子化の仕事 (Progress in Low Temp. Phys. ed by D. F. Brewer, North Holland, Amsterdam, 1955 vol. 1, Chapter II, p. 17) を，ランダウに伝えると，ランダウは事の重要性に気づき，論文の公表が許されたとのことである．この辺の事情についてはアブリコソフのノーベル賞受賞講演を参照のこと．また，先のロシア語の論文とほぼ同時期に英語でほぼ同じ内容の論文が出版されている．A. A. Abrikosov: "The Magnetic Properties of Superconducting Alloys", J. Phys. Chem Solids **2** (1957) 199.

かどわき　かずお

1952 年生まれ．1975 年東京理科大学理工学部物理学科卒業，1980 年大阪大学大学院理学研究科博士課程単位取得退学，日本学術振興会奨励研究員，同 9 月 理学博士（大阪大学），1981 年湯川奨学生（大阪大学），1982 年 カナダ アルバータ大学（ポスドク），1985 年同リサーチアソーシエイト，1986 年 アムステルダム大学研究教員，1987 年ライデン大学カマーリン・オンネス研究所と兼任，1990 年アムステルダム大学高等研究員，1990 年科学技術庁金属材料技術研究所（現 物質・材料研究機構）主任研究官，1995 年筑波大学物質工学系助教授（金属材料技術研究所と兼任），1997 年同教授．2000 年日本原子力研究所先端基礎研究センターグループリーダー（兼任），2007 年イギリス Loughborough 大学客員教授，2015 年筑波大学藻類バイオマス・エネルギー開発研究センター副センター長，2017 年同センター長．

| Photo 1 | 「第37回 岡崎コンファレンス」の集合写真

1987年11月に岡崎の分子研で開かれた「第37回 岡崎コンファレンス」の集合写真．日本で開かれた高温超伝導に関する国際会議としてはかなり初期のもので，その後の研究を大きく牽引していく"若きサムライたち"の顔々が見える．

3.3 若きサムライたちを追いかけて

小池洋二

はじめに

「高温超伝導の若きサムライ」の1人として当時のことを書いてほしいとの依頼を受け，大いに躊躇した．確かに，当時私と同世代の助手たちには，先陣を切るべく日夜研究に邁進していた人が少なからずいた．私はそのようなサムライたちを見て，すごい人たちだと畏れていたが，サムライたちに付いていけば高温超伝導を楽しむことはできるだろうと思っていた．幸い，当時の私の上司深瀬哲郎教授は物理が大好きで，しかも研究室のスタッフや学生には自由に研究をやらせてくれていたので，私は深瀬教授と楽しく議論しながら，マイペースで高温超伝導の研究をスタートさせた．したがって，私はサムライではない．そこで，編者にお伺いを立てたところ，「それでもいいよ．見たこと，考えたこと，やったことを自由に書いてくれれば，それが歴史そのものだから」と温かい言葉をいただいたので，当時のことを思い出して書いてみたい．

高温超伝導フィーバーの幕開け

酸化物で高温超伝導が見つかったことを初めて知ったのは，1986年11月19日，熱海の温泉宿で行われた文部省科学研究費助成事業（通称・科研費）の特定研究「新超伝導物質」の研究会であった．この特定研究は，超伝導のさらなる実用化のために超伝導転移温度 T_c の向上を目指して組織されたものだった．私は大学院生の時に超伝導の研究を始め，1970年代後半はグラファイトのイ

ンターカレーション化合物[*1]，助手になった 1980 年からは磁性超伝導体[*2]，
そして重い電子系化合物[*3] と対象物質を替えながら超伝導の研究を続けてい
たので，この研究会にも参加させてもらっていた．その会場で，東大の物理工
学科の田中昭二教授が，ペロブスカイト型構造[*4] らしき酸化物で観測された
高温超伝導のデータを披露した．それを見た長老の教授たちは，「これで特定
研究の成果は大丈夫だ」と歓喜の声を上げた．特定研究の研究代表者である超
伝導の理論家中嶋貞雄教授は，「田中先生！こりゃあ，ゴルフをやっている場
合じゃないよ」と言って，ゴルフ好きの田中教授を揶揄していた．折しも，伊
豆大島の三原山の大噴火があり，参加者たちは温泉宿からそれを眺めながら，
高温超伝導フィーバーの幕開けを予感していた．

　田中教授たちは，スイスの IBM チューリッヒ研究所のベドノルツ氏とミュ
ラー氏が半年前に発表した高温超伝導を示すランタン (La) とバリウム (Ba)
と銅 (Cu) から成る酸化物の組成を $La_{2-x}Ba_xCuO_4$ (La 系と呼ばれ，$T_c = 30$ K)
と決定したのであるが，この年の暮れに新聞を見て驚いた．東大の工業化学科
の笛木和雄教授たちは，Ba をストロンチウム (Sr) に変えるだけで，T_c を 30 K
から 37 K に上げたのだ．高校の化学で習ったように，周期表の上下に並んで
いる Sr と Ba の化学的性質は似ている．それゆえ，「$La_{2-x}Ba_xCuO_4$ が超伝導に
なるのであれば，$La_{2-x}Sr_xCuO_4$ が超伝導になっても不思議ではない」と化学を
習った高校生なら気付いてもよいことである．正に「コロンブスの卵」である．

---

*1　インターカレーションとは，層状物質において，結合の弱い層間に異種の原子
　　や分子が挿入されることをいう．インターカレーションによってできた化合物では，
　　層間が広がり，挿入された原子や分子と母体の間の電荷移動によって母体の電気的
　　性質が変化する．
*2　磁性超伝導体とは，局在した電子の磁気モーメントを有する超伝導体のことを
　　いう．超伝導の振る舞いが，磁気モーメントの秩序化によって大きく変化する．
*3　重い電子系化合物とは，遍歴性の強い s 電子と局在性の強い f 電子がかけ合わ
　　さって重くなった電子が伝導を担う化合物のことをいう．
*4　ペロブスカイト型構造とは，化学式が ABX_3 で示される化合物に見られる一構
　　造である．高温超伝導体の結晶構造は，いずれも B を銅，X を酸素とするペロブ
　　スカイト型構造を基礎とした層状構造である．

私はまだ高温超伝導の研究を始めてはいなかったが,「周期表をよく眺めれば,素人でも新しい高温超伝導体を発見できるかもしれない」と少し心が騒いだ.

年が明けて1987年になると,騒ぎが一気に大きくなった. イットリウム(Y)とBaとCuから成る酸化物で, T_c が液体窒素温度77 K を超えたという噂が入ってきたのだ. 高価な液体ヘリウムを使わなくても安価な液体窒素に浸ければ超伝導が実現するというのだ. 超伝導の実用が極めて容易になる. すごいことである. そして, 新聞にも, その結晶構造を日本の研究者が決定したというニュースや, 新しい高温超伝導体発見のニュース, T_c 更新のニュースが載るようになった(図1). 私は毎朝, まずは新聞を開いて, 超伝導のニュースはないかとチェックしていた. 一方, 私が勤めていた東北大の金属材料研究所(通称・金研)では, 特定研究の研究分担者でもあった武藤芳雄教授から, 毎日のように, 高温超伝導関係の新着論文のコピーが研究室に届いていた. さらに, 毎週土曜日の午後,情報交換の場として,「酸化物懇話会」が開かれるようになった. 当時, 土曜日の午前は通常の勤務時間であったため, 誰でも参加できる時間帯として土曜の午後が選ばれたのだ. 当時の私にとって, 土曜日の午後は助手仲間や学生たちとテニスやマージャンをやってリフレッシュする貴重な時間であったので, 最初は渋々参加したのが, 懇話会では最新情報に胸をときめかせることが多く, これまた貴重な時間であった. 液体窒素温度を超す T_c を持つ酸化物の組成が $YBa_2Cu_3O_7$ (Y系と呼ばれ, $T_c = 90$ K) であることも懇話会で知った. その試料作製は簡単で誰でもできるが, 原料を高温で反応させた後にゆっくり冷やすことが

図1 高温超伝導フィーバーが始まった頃の新聞.

重要であるということも懇話会で知った．懇話会には，学生から助手，助教授，教授まで，超伝導に関係のない研究室の人たちも興味津々で参加していた．実際，懇話会で刺激を受けて超伝導の研究に参入してきた研究者も少なくなかった．

何か一発当てたいな

新聞記事を見たり，新着論文を読んだり，懇話会に出たりしていると，私にも何か一発当てたいなという気持ちが湧いてきた．元来電気を通さない酸化物が超伝導になるなんて，普通の人には考えられなかった．高温超伝導の発見の前から酸化物（比較的高い $T_c = 13\,K$ をもつビスマス (Bi) と Ba と鉛 (Pb) から成るペロブスカイト型構造の酸化物 $BaBi_{1-x}Pb_xO_3$) に注目していた東大の田中教授の先見の明には恐れ入るが，ほとんどの人は酸化物を超伝導にしようとは考えていなかった．ところが，銅の酸化物が超伝導になったわけで，そうであれば，超伝導を示す酸化物は銅や Bi の酸化物の他にもたくさんあり，我々人類が知らないだけだと思った．そこで，遷移金属元素[*5]である銅の代わりに他の遷移金属元素の酸化物を探してみることにした．そして，2種類の元素から成る酸化物は既に研究されているから，3種類か4種類の元素から成る未知の遷移金属酸化物の中に超伝導体が隠れているはずだと考えた．3種類，4種類の元素ともなると，構成元素とその組成比を考えれば化合物の種類は無限に考えられる．そこで，何か指針を立てて絞らなくてはならない．まず，遷移金属元素としては直感でクロム (Cr) を選んだ．そうすると，$La_{2-x}Ba_xCuO_4$ と $La_{2-x}Sr_xCuO_4$，$YBa_2Cu_3O_7$ で高温超伝導が実現しているのだから，$La_{1-x}Ba_xCrO_3$ や $La_{1-x}Sr_xCrO_3$，$Y_{1-x}Ba_xCrO_3$ あたりが候補になる．x の値としては，まずは0から1まで0.1刻みに11種類で十分だろう．そう考えて，原料となる La_2O_3, $BaCO_3$, $SrCO_3$, Cr_2O_3, Y_2O_3 の粉末を試薬メーカーから買って，秤量し，乳鉢に入れて混合し，プレスを使って粉を錠剤のようにペレット化し，電気炉に入れて焼いた．翌日，電気炉から取り出し，ペレットの色を見

[*5] 遷移金属元素とは，周期表で第3族元素から第11族元素の間に存在する元素の総称で，電子の磁気モーメントを有して特徴的な磁性を示すものが多い．

てテスターで電気抵抗を測った. 色が黒く[*6], テスターの針が振れれば金属の可能性があり, 一次試験合格である. 作業は簡単で, 高校の化学の知識があればできることだった. しかし, 遷移金属元素をひとつ選んだだけでも, 膨大な数の試料を作ってチェックしなくてはならない. そのとき, 幸いなことに, 4月になって大学4年生が2人, 研究室に配属されてやってきた. やる気満々に見えた花栗哲郎君 (現 理化学研究所 (通称・理研)) と野本哲夫君 (現 ソニー) は, 新しい高温超伝導体発見という夢のある研究を喜んで手伝ってくれた. しかし, ひと月が経過してもテスターの針が振れることはなく, 単純作業を繰り返す2人から笑顔が消えていった. さすがに可哀想になって, この試みは中止した. よくよく考えてみれば, 化学や材料の素養のない物理の研究者が闇雲にやってもまったく新しい金属酸化物を作れるはずがない. できる確率は, 1万分の1もない. でも, 当時, 私の頭も熱くなっていたのだろう. そんな確率も考えずに, ひょっとしたらできるかもしれないと思って始めていた.

　次は, もう少し確率を上げようと考え, 銅を含む酸化物に狙いを定めて新物質を探索した. 当時の実験ノートをめくってみると, $Ti_{1-x}A_xCuO_3$ (A はアルカリ金属元素), $Zr_{1-x}A_xCuO_3$, $CeA_2Cu_3O_y$, $InAE_2Cu_3O_y$ (AE はアルカリ土類金属元素) のような名前が並んでいる. 花栗君と野本君にさらにひと月頑張ってもらったが, すべて失敗に終わり, この試みも中止した. 一方, 金属材料技術研究所 (現 物質・材料研究機構) の前田弘氏は, 我々と同じように銅を含む新物質を探索し, 翌年の1988年, $T_c = 105\,K$ の銅酸化物 $BiSrCaCu_2O_y$ (Bi系と呼ばれる) を発見した. この快挙の後, 前田氏は探索の方針を以下のように述べていた. 「これまで発見されている高温超伝導体 $La_{2-x}Ba_xCuO_4$, $La_{2-x}Sr_xCuO_4$, $YBa_2Cu_3O_7$ の結晶構造は, 銅と酸素から成る平面 (CuO_2 面と呼ばれる) がブロック層によってサンドイッチされたものと見

[*6] 試料の色が黒ければ金属である可能性が高く, 試料の色が緑色や茶色や黄色であれば, 絶縁体である可能性が高い. 試料中の電子の励起状態 (励起エネルギー) が連続的に存在している金属では, あらゆる波長の可視光を吸収してしまうので, 黒色になる.

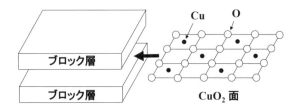

図2 高温超伝導体の結晶構造．銅 (Cu) と酸素 (O) から成る CuO_2 面がブロック層にサンドイッチされている．

ることができる (図2)．このブロック層を構成する +3 価にイオン化する La や Y に代わるものとして，+3 価にイオン化する Bi を選択した．また，ブロック層に必要なアルカリ土類金属元素としては Ba と Sr とカルシウム (Ca) が考えられるが，イオン半径[*7]の異なる2つの元素を使って，その比率を変えることによってブロック層のサイズを調節し，CuO_2 面のサイズとのマッチングを図った」と．実際に発見された Bi 系銅酸化物の結晶構造は，Sr と Ca によるサイズマッチングによるものではなく，もっと複雑なものであったが，アルカリ土類金属元素を2種類使うという発想は極めて斬新であった．前田氏の本職は磁性の研究であり，高温超伝導体の探索は午後5時以降に楽しんでいたらしい．高温超伝導を楽しむところは私と同じであったが，前田氏のセンスに脱帽し，自分の凡庸さを痛感した．

それ以後，リスクの高い新物質の探索は諦めて，既成の絶縁体の銅酸化物にキャリア[*8]を注入することによって金属化し，超伝導化することを目指した．なかでも比較的うまくいったのは，CuO_2 面とアルカリ土類金属元素 (AE) が交互に積層した無限層化合物と呼ばれる絶縁体の銅酸化物 $AECuO_2$ へのキャリア注入だった．$CaCuO_2$ も $SrCuO_2$ も超高圧下でしか合成できないが，Ca と

[*7] イオン半径とは，原子が結晶中でイオン化した時の大きさ (半径) を表す．周期表で上 (下) にある元素ほど電子数が少ない (多い) ので小さい (大きい)．

[*8] キャリアとは電気を運ぶ粒子であり，電子とホールの2種類がある．ホールは，負の電荷をもった電子が満杯に詰まったところにできた穴であり，実効的に正の電荷をもったキャリアとして，電子のように結晶の中を動き回ることができる．

Srを混ぜたCa$_{1-x}$Sr$_x$CuO$_2$は常圧で合成できるという論文を大学院修士1年の松尾英樹君が見付けてきた．「これなら，僕らでもできますよ」とやる気満々であった．そこで，早速，+2価のAEの一部を+3価のYで置換することによってCuO$_2$面に電子キャリアを注入し，超伝導にしようということになった．松尾君は，来る日も来る日もCa$_{1-x-y}$Sr$_x$Y$_y$CuO$_2$のxとyの値を替えた試料を作製しては，電気抵抗を測定していた．そして，ある日，図3のようなデータを持ってきた[1]．「先生，電気抵抗が急に落ちました」確かに落ちて

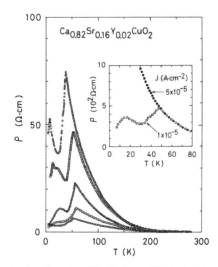

図3　Ca$_{0.82}$Sr$_{0.16}$Y$_{0.02}$CuO$_2$の試料5個における電気抵抗の温度依存性[1]．60 K以下の低温で，異常な温度変化が観測されている．

いる．「おう，よくやった．これは超伝導に間違いない．何とかして電気抵抗をゼロまで持って行こう」と言って，松尾君にあと一歩の頑張りを促した．松尾君はその後幾度となくトライしたが，結局，電気抵抗をゼロまで持って行くことはできず，卒業を迎えてしまった．そうこうしているうちに，アメリカのテキサス大の研究者が，超高圧下でSr$_{1-x}$Nd$_x$CuO$_2$（+3価のネオジム（Nd）を置換することによって電子キャリアが注入されている）を合成し，T_c = 40 Kの超伝導を実現した．このとき，超高圧の威力を実感した．

　超高圧の威力を実感した出来事が，もうひとつあった．銅の酸化物にSr$_{14}$Cu$_{24}$O$_{41}$というtelephone number compoundと外国人が呼んでいた化合物があった．この酸化物には銅と酸素からなるCu$_2$O$_3$面（高温超伝導体にあるCuO$_2$面とは少し異なる2次元面）があり，「この面にホールキャリアを注入すれば高温超伝導が発現するかもしれない」とスイスのチューリッヒ工科大の著名な理論家ライス教授たちが予言したため，注目されていた．この酸

化物は常圧で簡単に合成できるため，4年生の塩田和教君（現 アドバンテスト）に実験してもらった．Sr の一部をイオン半径の小さな Ca で置換していくと，結晶に化学的圧力がかかって，ホールが結晶中の CuO_2 鎖から伝導面である Cu_2O_3 面に移動し，電気抵抗が下がった．どんどん Ca を置換していき，$Sr_{14-x}Ca_xCu_{24}O_{41}$ の $x = 9$ まで置換することができた．電気抵抗はかなり下がった．しかし，超伝導にはならなかった．Ca をそれ以上置換することはできず，修士2年まで頑張った塩田君も卒業してしまったため，超伝導化は諦めた．しかしながら，青山学院大の秋光純教授は諦めなかった．高温高酸素圧下で試料合成できる装置を使って，$x = 13.6$ まで Ca が置換した試料を合成し，金属化を実現した．しかし，超伝導にはならなかった．そこで，秋光教授たちは，金属化した試料に3万気圧の超高圧を印加し，ついに 10 K で超伝導にしてしまった．超高圧の威力に驚くとともに，超伝導が出るまで粘る秋光教授の根性に敬服した．秋光教授は，「困った時の高圧頼みだよ！」と笑っていたが，自分には秋光教授のような根性がないことを認識させられた．

地道な物性研究を始めよう

　新しい高温超伝導体の探索は，誰でも簡単に取り掛かることができるが，発見できなければ何も残らない．論文も書けないので自分の将来も危うくなる．手伝ってくれる学生も研究に嫌気がさしてくるだろう．元々，私は物性研究者なので，何かを測定して新しい知見を得るという研究スタイルでやってきていた．幸い私がいた金研には30テスラまでの強い磁場を発生できる施設があったので，高温超伝導体の磁場に対する振る舞いを調べれば何かわかり，論文を書くことはできるだろうと考えた．そして，$La_{2-x}Sr_xCuO_4$ や $YBa_2Cu_3O_7$ の多結晶[*9]試料を使って，超伝導状態での磁場下の振る舞いを調べた．しかし，今ひとつクリアな結果が得られなかった[2]．ちょうどその頃，金研から東大に移った単結晶作り

＊9　単結晶試料とは，試料中で結晶の方向がきちんと揃っている試料のことをいう．一方，多結晶試料とは，小さな単結晶の寄せ集めから成る試料であり，各単結晶の方向は揃っていない．

の名人，武居文彦教授が作った $YBa_2Cu_3O_7$ の単結晶試料[*9] を使って磁場下の振る舞いを調べた論文を，東大の若きサムライ家泰弘助教授が発表した．磁場を CuO_2 面に平行に印加するか垂直に印加するかで振る舞いが大きく異なる見事な結果だった．高温超伝導体では，結晶構造が CuO_2 面とブロック層が積み重なった層状であるため，いろいろな性質が異方的であり，試料中で結晶の方向が揃った単結晶試料でなくてはクリアな結果が得られないことを認識した．

そこで，前田氏が発見した $BiSrCaCu_2O_y$（直後に $Bi_2Sr_2CaCu_2O_{8+\delta}$（$T_c = 75$ K）と $Bi_2Sr_2Ca_2Cu_3O_{10+\delta}$（$T_c = 105$ K）の混合物であることがわかった）に目を付けて，この単結晶試料を作製し，磁場下の振る舞いを調べることにした．しかし，発見直後であったため，この単結晶については報告がなく，しかも，私自身単結晶というものを作製した経験がなかったので悩んでいた．すると，上司の深瀬教授が，「$YBa_2Cu_3O_7$ の単結晶と同じようにやってみたらどう？」と言うので，同じように酸化銅をフラックスとしたフラックス法[*10] で作ってみた．数日後，恐る恐る坩堝を電気炉から取り出してみると，坩堝の底で黒光りしている小さな単結晶が数個目に飛び込んできた．「万歳！できましたよ！深瀬先生」まさかこんなに簡単にできるとは思わなかった．「案ずるより産むが易しだ！」早速，1 mm 角もない小さな単結晶を取り出して，顕微鏡の下で電極を 4 個付けて，電気抵抗を測定してみた．電気抵抗は 80 K あたりでシャープに落ちてゼロになり，磁場下での振る舞いは $YBa_2Cu_3O_7$ 以上に異方的であることがわかった．急いで論文[3] を書き，"Growth and Very Anisotropic Upper Critical Field of Single-Crystal $Bi_2Sr_2CaCu_2O_y$"というタイトルを付けて投稿した．すると，論文のレフェリーから，「タイトルは研究の contents を表すものであり，決定された状態を表すものではない」と文句を言われた．"Very Anisotropic"が余計だと言うのである．確かに，当時の論文のタイトルは，今と違って控え目であり品がある．でも，決定された状態をアピールしたいという思いが強く，このタイトルで押し通した．

---

*10　フラックス法とは，単結晶の作製方法のひとつである．原料を融点の低いフラックスとともに高温に上げて溶かし，溶けた液体を高温から徐冷して，フラックスの中に単結晶を析出させる方法である．

基本は物性相図作りだ

　新しい高温超伝導体を発見することは大変なことであったが，一度誰かが発見すると，必ずいくつかのグループが物性相図（T_c のキャリア濃度依存性）の作成に取り掛かった．$La_{2-x}Ba_xCuO_4$ や $La_{2-x}Sr_xCuO_4$ のような高温超伝導体では，$x = 0$ の母物質 La_2CuO_4 は反強磁性[*11]の絶縁体であり，+3 価の La を +2 価のアルカリ土類金属元素（Ba や Sr）で置換していくと伝導面である CuO_2 面にホールキャリアが注入され，金属的になり，超伝導が現れることがわかってきた．そして，T_c はキャリア濃度に強く依存し，キャリアが少なくても多すぎても超伝導にはならず，適度なキャリア濃度で T_c は最大になる（すなわち，T_c 対キャリア濃度の図がドーム型になる）ことがわかってきた．したがって，新しい高温超伝導体が発見されると，T_c のキャリア濃度依存性を明らかにすることが基本であり，高温超伝導体の構成元素をイオン半径が同程度の価数の異なる元素で部分置換していくことによってキャリア濃度の異なる試料を作製し，その T_c が調べられた．比較的簡単な研究であり，研究活動を始める 4 年生に格好のテーマであった．

　私は，前田氏が発見した $Bi_2Sr_2CaCu_2O_{8+\delta}$ の T_c のキャリア濃度依存性を調べるよう，4 年生の岩渕好博君（現 岩手県高校教員）に指示した．岩渕君は，ホールキャリアを減らすために +2 価の Ca を +3 価のルテチウム（Lu）に置換した試料，また，+2 価の Sr を +3 価の La に置換した試料を作った．しばらくして岩渕君が持ってきたデータを見て驚いた．「キャリアを減らしていくと T_c は下がるんですが，初めは 72 K から 90 K までちょっと上がるんです」意外だった．$Bi_2Sr_2CaCu_2O_{8+\delta}$ の試料は最適のキャリア濃度ではなかったのだ．「よし！じゃあ，今度はキャリアを増やしてみよう」岩渕君は，+2 価の Ca を +1 価のナトリウム（Na）に置換した試料，また，+2 価の Sr を +1 価のカリウム（K）

[*11] 反強磁性とは，結晶中の原子が有する電子の磁気モーメントの向きが隣の原子のものと反対向きになって整列している状態のことをいう．一方，すべての原子の磁気モーメントが同じ向きになって整列している状態を強磁性という．

に置換した試料を作った．しばらくして岩渕君が持ってきたデータを見ると，キャリアが増えてもT_cはほとんど下がっていなかった．これを見た深瀬教授が，「ホールキャリアを増やしたつもりでも，酸素が抜けると打ち消し合ってキャリアは増えないんじゃないの？[*12]」と指摘した．確かにそうだ！そこで，抜けた酸素を補うべく，試料を高酸素圧下でアニールしてみようということになった．研究室にはそのような装置はなかったので，よく高酸素圧下でアニール

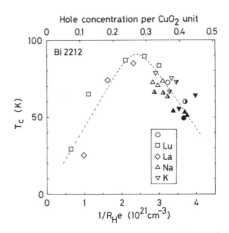

図4 $Bi_2Sr_2Ca_{1-x}A_xO_{8+\delta}$ (A = Lu, Na) および $Bi_2Sr_{2-x}M_xCaCu_2O_{8+\delta}$ (M = La, K) における T_c のキャリア濃度依存性[4]．半分または全部塗りつぶした記号は高酸素圧下でアニールした試料．

していた金研の細谷正一氏に手伝ってもらった．そうすると，T_cは見事に低下した．大喜びして，直ぐに論文[4]を書いて投稿した．この論文に載せたT_c対キャリア濃度の相図（図4）は，3年後にアメリカのIBMワトソン研究所の研究者が出版した英語の教科書[5]に引用された．自分たちの研究が初めて認められたような気分になり，大満足であった．

我々よりも早く$Bi_2Sr_2CaCu_2O_{8+\delta}$の相図を調べて論文を出していた東大の若きサムライT氏は，過剰なキャリアによるT_cの低下までは見つけておらず，我々の結果を見て悔しがった．当時，このような簡単な研究はスピードが大事であった．誰かに先に論文を出されると，同じ結果を出しても，論文としてのオリジナリティがなくなるからである．だから，皆急いで実験し，急いで論文を書いて投稿していた．春と秋の年2回開催される日本物理学会の大会では，このよ

[*12] 酸素が欠損すると，CuO_2面に電子キャリアが供給されるため，CuO_2面のホールキャリアが一部キャンセルされて減少する．

うな元素置換による T_c の変化を調べた研究が，数多くポスター発表されていた．ポスター会場で，自分たちよりも先に結果を出したポスターを見てがっくりしたある大学の若い教授は，「T 大の学生はもっと難しいことをやれ！」と叫び，周りの人たちの失笑を買っていた．我々のところでは，岩渕君が慎重に実験を進めていたため T 氏に先を越されはしたが，少し難しい領域まで実験を進めて新しい結果を得ることができたので論文として発表することができた．ラッキーであった．

1989 年に東北大の工学部応用物理学科に移った私は，そこで，研究室で最上級生であった修士 2 年の升澤正弘君（現 リコー）が，1 年前に発見された鉛を含んだ高温超伝導体 $Pb_2Sr_2Y_{1-x}Ca_xCu_3O_8$（Pb 系と呼ばれる）の良質な試料の作製に成功しているのを目の当たりにした[6]．この銅酸化物の良質な多結晶試料の作製はかなり難しいことであったが，升澤君はよく考えて，黙々と試行錯誤を繰り返し，成功にたどり着いたようだった．升澤君の粘り強さに感心した．早速，4 年生の砂川啓君にも手伝ってもらい，この銅酸化物の物性相図を完成させた[7]．この Pb 系の良質試料は，他の物性研究者からも求められ，メスバウワー効果[*13]や核磁気共鳴（NMR）[*14]，ラマン散乱[*15]等の実験に供された．このようにして共同研究の輪が広がっていくと，物質に対する理解は深まり，共同研究者との共著論文の数は増え，学生はやりがいを感じて益々頑張るので，一石で二鳥も三鳥も得ることができた．これ以降，学生の粘り強さを信じて，難しい試料の作製を学生の研究テーマにすることが多くなった．

＊13　メスバウワー効果とは，結晶中にある原子核から放出される γ 線が他の同種の原子核に共鳴的に吸収される現象であり，結晶内部の磁場や電場勾配等の測定に用いられる．

＊14　核磁気共鳴（nuclear magnetic resonance：NMR）とは，磁気モーメントをもつ原子核に静磁場を印加し，電磁波を照射すると，特定の周波数の電磁波に共鳴してその放射エネルギーを吸収する現象であり，物質中の電子状態や磁気的状態等を調べるのに用いられる．

＊15　ラマン散乱とは，物質に入射された光が散乱されて，散乱後の光に入射された光の波長と異なる波長の光が含まれる現象である．物質中の原子の振動や分子の回転のエネルギー，あるいは，磁気的な励起エネルギーの測定に用いられる．

ユニークな研究をしなくては

高温超伝導の発見以降，超伝導の研究者が急増したので，普通に考えてゆっくりやっていたのでは誰かに先を越されてしまう．高温超伝導をゆっくり楽しむためには，他の人が思いつかないようなユニークな研究をしなくてはいけないと思うようになった．そこで思い付いたのが，大学院生の時にやっていたインターカレーションを使うことだった．私が何も知らずに作った Bi 系銅酸化物 $Bi_2Sr_2CaCu_2O_{8+\delta}$ の単結晶は，前述の通り極めて異方的で，劈開性が非常によかった．劈開性の良い物質には，結合の弱い劈開面に何かをインターカレーションすることが可能である．そこで，大学院時代に樋口行平先輩（修了後 NEC）が，臭い臭素 (Br) の入ったビーカーの上にグラファイトをさらして，グラファイトに Br をインターカレーションしていたのを思い出し，Bi 系銅酸化物への Br のインターカレーションを試してみることにした．これをやることになった修士 1 年の大久保猛君は，初めは少し試行錯誤していたが，ほどなく，Bi 系銅酸化物の多結晶試料と Br をガラス管に封入し，試料の温度を摂氏数百度に挙げることによって Br がインターカレートした試料を作ることに成功した．「やった！」と喜び勇んで電気抵抗を測ると，インターカレーションによって電気抵抗は低下したが，T_c も低下してしまった．通常，T_c が低下する場合は，電気抵抗は上がるのだが，この場合は下がってしまった．えっ？ と思ったが，よく考えると，Br のインターカレーションによって CuO_2 面にホールキャリアが注入され，ホールキャリアの入り過ぎによって電気抵抗が低下し，T_c も低下したことがわかった．「高温超伝導体の T_c がドーム型になっている証拠だ！」と大喜びしていたら，学生が Bi 系銅酸化物に Br と同じハロゲン元素であるヨウ素 (I) をインターカレーションした論文を持ってきた．アメリカのカリフォルニア大学の研究者の論文である．粉末 X 線回折のデータを見ると，我々のものより美しい．より良質なインターカレーション化合物ができていることがわかって[16]，がっくりき

＊16　ヨウ素は臭素と比べて反応性が低いため，母体の原子と直接反応して母体の構造を乱すということがなく，理想的にインターカレーションが進んだものと思われる．

た.「世の中，似たようなことを考える人はいるんだ」と実感した．しかし，その論文には我々が測定した電気抵抗のデータもホール効果[*17]のデータもないので，気を取り直して論文[8]を書いた．インターカレーションの研究は，昔研究室の先輩がやっていることを見ていたお蔭で，簡単に取り掛かることができたものである．それ以降,研究室の学生にはこうに言っている.「周りの人がやっていることもよく見ておけよ.いつか役に立つことがあるかもしれないから」と.

高温超伝導のメカニズムの解明に向けて

　物性研究者としては，高温超伝導のメカニズムが一番気になるところである．果たして，従来の超伝導体と同じなのか，違うのか．理論家は自分の信じるメカニズムを自由に発表するが，実験家はメカニズムの解明のためにどのような実験をすればよいのか，若くて経験も少なかった私にはよくわからなかった．そこで，日本物理学会の大会では，高温超伝導の講演を朝から晩まで[*18]真剣に聞いた．ポスター発表も，メモを片手にできる限り聞いて回った．口頭講演の会場もポスター会場も大勢の人の熱気で満ちており，気分が悪くなることもあった．高温超伝導フィーバーが始まる前は，4日間の大会に参加しても講演を聞くのは正味2日間くらいで，残りの2日間は観光をして英気を養うことができた．しかし，高温超伝導フィーバー後は，高温超伝導関連の発表が4日間フルにあったため，連日会場に出かけざるを得なかった．そのため，大会が終わるとどっと疲れが出た．

　しかしながら，日本物理学会の大会で得た情報は大変貴重だった.たとえば，Y系の銅酸化物を使ってある実験をして，おもしろい現象が発表されたとする．そうすると，La系の銅酸化物ではどうなるだろう．Bi系ではどうか．Pb

---

＊17　ホール効果とは，試料に電流を流し，電流方向と直角に磁場を印加すると，電流方向と磁場方向の両方向に直交する方向に電位差が生じる現象である．この電位差の大きさから試料中のキャリア濃度を見積もることができる．

＊18　1987年春の大会は，高温超伝導が発見されて最初の大会だったので，もの凄く盛り上がった．超伝導のシンポジウムは，当日受け付けた発表が48件加わり，1件の発表時間は2,3分に制限されたが，午後11時過ぎまで続いた．

系ではどうかと考えた．別の系の酸化物を使って同じ実験をして，おもしろい現象に普遍性があるかどうかを調べれば，論文をひとつ書くことができた．実際，私は工学部に移ってからは多くの学生を抱えていたので，大会でネタを仕入れては，学生に実験してもらい，論文数を稼いだ．

　当時の日本物理学会の大会において，私が一番ショックを受けたのは，広島大の藤田敏三教授たちの不純物効果の実験だった．従来の超伝導は，非磁性不純物[19]には強いが磁性不純物[19]に弱いということが常識であった．しかし，藤田教授たちはこの常識を疑って，La 系と Y 系の高温超伝導体に対して，銅の一部をさまざまな遷移金属元素で置換した試料を作製し，T_c の低下を調べた．その結果，非磁性の亜鉛 (Zn) の方が磁性を持ったニッケル (Ni) よりも T_c を著しく下げるという，従来の超伝導体とは正反対の結果を得た．この発見により，高温超伝導のメカニズムは従来のものとは異なることが明らかになった．著名な理論家が「藤田先生は高温超伝導にがぶりと食らいついたね」と高く評価していた．その頃，私も高温超伝導体の構成元素の一部を別の元素で置換して T_c を調べることは考えていたが，銅のところを置換することは考えていなかった．伝導面である CuO_2 面の銅を別の元素で置換すれば T_c が下がってしまうことは誰しもわかっていたからである．しかし，メカニズム解明のためには非常に意味のあることであったのだ．残念ながら，私はそこに気付かなかった．

1/8 異常の起源を解明すれば高温超伝導のメカニズムに繋がるかな

　高温超伝導のメカニズム解明のために何かやりたいと考えていた私は，その頃完成された La 系銅酸化物 $La_{2-x}Ba_xCuO_4$ の物性相図に注目した．この系は +3 価の La を +2 価の Ba で置換しているので，x が銅あたりのホールキャリア濃度に対応している．したがって，T_c 対 x の関係は基本的にはドーム型であるが，$x = 1/8$ 付近で超伝導が著しく抑制されていたのだ．「1/8 異常」と呼ばれた現象で，北大の若きサムライ熊谷健一助教授たちとアメリカのブルックへ

＊19　非磁性不純物 (磁性不純物) とは，電子の磁気モーメントをもっていない (もっている) 不純物である．

ブン国立研究所の研究者が同じ頃発見し，日本では，分子科学研究所（通称・分子研）の若きサムライ佐藤正俊助教授たちが目を付けて研究を始めていた．私もこの1/8異常の起源がわかれば高温超伝導のメカニズムの解明に繋がると考え，この研究に参入した．

　最初に行った実験は，上記の藤田教授たちが行っていた銅の一部を他の元素で置換する研究にヒントを得たもので，銅を1%だけ他の元素で置換すると，1/8異常がどのように変化するか調べてみようと考えた．藤田教授たちは $La_{2-x}Ba_xCuO_4$ の T_c が最も高い $x = 0.15$ の試料でのみ銅を他の元素で置換し，その置換量を変化させて T_c が低下する様子を調べたが，我々は銅を置換する元素の量を1%に固定し，$x = 0$ から 0.4 までの広い範囲の x で試料を作製し T_c を測定することにした．置換する元素として，磁性を持つ Ni と非磁性の Zn とガリウム (Ga) を選んだ．どのような結果になるか予想できなかったが，4年生の渡辺直樹君は膨大な数の試料を黙々と作製し，T_c を測定してくれた．単調な作業を数カ月続けた結果，銅を他の元素で1%置換したために T_c は少し下がったが，Ga を1%置換した試料のみ，1/8異常が起こる x が 1/8 から 0.135 にずれていることを発見した．通常，銅も Ni も Zn も酸化物の中では +2 価にイオン化するが，Ga だけは +3 価にイオン化する．したがって，銅を1%だけ Ga に置換すると，電子キャリアを1%注入したことになり，CuO_2 面のホールキャリアが1%キャンセルされて減少する．そのため，Ba によるホールキャリアが1%多い $x = 0.135$ で1/8異常が現れたのだ．これは，正に1/8異常には Ba 量ではなくキャリア濃度が重要であることを示す結果である．私は，黙々と頑張ってくれた渡辺君に感謝し，早速論文[9] を書いた．

　実はその頃，渡辺君と同級のY君には，キャリアがホールではなく電子である銅酸化物 $Nd_{2-x}Ce_xCuO_4$（Nd 系と呼ばれる）で，同様に銅を1%だけ他の元素で置換することによる物性相図の変化を調べてもらっていた．Y君は実験の効率化を図って，膨大な数の試料を一気に作製した．そして，すべての試料が出来上がった後，T_c を測り始めた．しかし，超伝導は現れなかった．いずれの試料も $T_c = 0$ である．これでは，物性相図の変化はわからない．Nd 系は特別

不純物に弱いのだろうかと思っていたら，Y君がうなだれてやってきた．「すみません！1％置換するのを間違って，10％置換してしまいました」「えっ？10％も置換したらT_cがなくなるのは当然だよ」納得した私は笑わざるを得なかったが，試料と時間と労力を無駄にしてしまったY君は落ち込んだ．これに類した間違いから大発見をし，ノーベル賞を獲得した日本人研究者[*20]も少なからずいるので，一概に彼の失敗を責

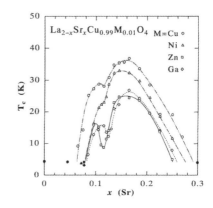

図 5 $La_{2-x}Sr_xCu_{0.99}M_{0.01}O_4$ ($M=Cu$, Ni, Zn, Ga)におけるT_cのx依存性[11]．

めることはできない．怪我の功名で，研究室の学生たちは，それ以降，原料の秤量には十分に注意を払うようになった．Y君も捲土重来，おもしろい結果を出して[10]，無事卒業した．

　1/8異常は$La_{2-x}Ba_xCuO_4$では顕著であったが，Baの代わりにSrでホールキャリアを注入した$La_{2-x}Sr_xCuO_4$では，異常はわずかであった．そこで，卒業した渡辺君に代わって研究室に入ってきた4年生の小林淳史君(現 NTT東日本)に，$La_{2-x}Ba_xCuO_4$で行った実験と同じ実験を$La_{2-x}Sr_xCuO_4$でやってもらった．すると，図5のように，Znを1％置換した試料では，1/8異常がなぜか$x=0.115$付近で顕著に現れ，さらに，Gaの場合はxの値が1％だけずれた$x=0.125$付近で顕著になることがわかった[11]．ZnとGaの違いは，$La_{2-x}Ba_xCuO_4$の場合と同様に，1/8異常にはキャリア濃度が重要であることを示す結果である．驚いたのは，Znを1％置換するだけで，1/8異常が顕著に

[*20] 白川英樹博士は，研究員がポリアセチレンの重合に必要な触媒の濃度を(メモに記されていた「m」に気付かないで)1000倍にしたため，新しい現象を発見し，ノーベル化学賞を受賞した．また，田中耕一博士は，タンパク質を質量分析にかける時に，間違ってグリセリンとコバルトを混ぜてしまったが，「捨てるのはもったいない」と考えて実験したところ，見事に成功し，ノーベル化学賞を受賞した．

なったことであった．ちょうどその頃，1/8異常の発見者である熊谷助教授たちは，1/8異常が顕著な $La_{2-x}Ba_xCuO_4$ の $x = 1/8$ の試料でミュオンスピン緩和（μSR）[21] の実験を行い，この試料が低温で磁気秩序[22]を示すことを見付けていた．磁気秩序は超伝導とは相性がよくないので，磁気秩序の形成が 1/8 異常を誘起したのだと結論していた．そうであれば，我々の Zn を置換した 1/8 異常が顕著な試料でも磁気秩序が形成されているはずであると考え，μSR 実験の経験のない私は熊谷助教授に相談した．熊谷助教授とは我々が作った $Sr_{14}Cu_{24}O_{41}$ の試料を使った共同研究をしていたので，話が速かった．「μSR 実験をやれば，磁気秩序があるかないかは簡単にわかりますよ．近々 KEK（現高エネルギー加速器研究機構）で実験することになっていますから，直径 10 mm，厚さ 1～2 mm のペレット状の試料を 15 個作ってくれれば測定してあげますよ」と言われた．15 個という数字に驚いたが，「うちの学生は頑張りますから，すぐに試料を用意できます」と答え，μSR 実験をお願いした．数週間後に熊谷助教授からファックスで送られてきた測定データは，明らかに磁気秩序の形成を示すものであった．予想通りの結果に，大急ぎで大量の試料を作ってくれた小林君と一緒に祝杯を挙げた．

　数年後，東大の内田慎一教授たちが作製した 1/8 異常を示す大型の単結晶試料を用いて，アメリカのブルックヘブン国立研究所のトランコーダ氏らが中性子回折[23]実験を行い，この磁気秩序は，図 6 (a) のような，銅のスピン[24]とホールキャリアのストライプ秩序（磁気秩序と電荷秩序が複合した秩序）であ

---

*21　ミュオンスピン緩和 (muon spin relaxation: μSR) とは，素粒子であるミュオン（ミュー粒子とも呼ばれる）を物質に撃ち込んで，ミュオンが感じる内部磁場の大きさやゆらぎを捉える手法である．磁気秩序[22]が形成されていると，時間スペクトルが回転するので一見してわかるが，磁気秩序の詳細はわからない．多結晶試料でも測定可能であるという利点を有する．

*22　磁気秩序とは，電子の磁気モーメントの結晶全体に広がった秩序のことである．磁気秩序には，反強磁性[11]秩序と強磁性[11]秩序の他に，らせん磁性秩序などがある．

*23　中性子回折とは，結晶に照射した中性子線の回折現象である．この現象を利用して，物質の結晶構造や磁気構造を調べることができる．単結晶試料を使えば，磁気秩序[22]の詳細を知ることができる．

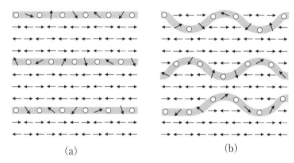

図6 (a) CuO_2 面における銅のスピン（→）とホールキャリア（○）のストライプ秩序．(b) ゆらいでいるストライプ．

ることが判明した．すると間もなく，このストライプ秩序が図6(b)のようにゆらいでいる状態が高温超伝導に好都合であり，ゆらぎが停止してしまってストライプ秩序が形成されてしまうと超伝導は壊れると主張する理論がアメリカの研究者によって提唱された．$La_{2-x}Ba_xCuO_4$ では，低温で現れる特殊な結晶構造がゆらぎを停めていると考えられた．特殊な結晶構造をとらない $La_{2-x}Sr_xCuO_4$ においては，何がゆらぎを停めているのだろうと考えると，不純物として導入された Zn だということになる．そこで，私は，ゆらいだストライプが高温超伝導を引き起こしているのであれば，他の銅酸化物系でもゆらいだストライプは存在し，少量の Zn を導入すれば，ゆらぎがピン止めされ，ストライプ秩序が形成され，1/8異常が出現すると考えた．そして，$La_{2-x}Sr_xCuO_4$ において小林君がやったような実験を，今度は修士1年の阿子島めぐみさん（現 産業技術総合研究所）に Bi 系銅酸化物 $Bi_2Sr_2Ca_{1-x}Y_xCu_2O_{8+\delta}$ の系でやってもらった．阿子島さんは猛烈な勢いで実験を進め，あっという間に1/8異常を出してきた．予想は当たった．「高温超伝導の起源はゆらいだストライプだ！」[25] やっと高

---

[24] スピンは，電子の磁気モーメントの起源であり，微小な磁石のようなものである．上向きと下向きの2種類がある．

[25] 現在，高温超伝導の起源はスピンのゆらぎであるとする説が有力であるが，完全な解明には至っていない．ゆらいだストライプはスピンのゆらぎの一形態と考えることもできる．

温超伝導のメカニズムに迫ることができたと大喜びし，大急ぎで論文[12]を書いた．

何か特殊なノウハウを持たなくては

これまでのストーリーが正しいとすると，この1/8異常が観測されたBi系銅酸化物の試料でも磁気秩序が観測されるはずである．ちょうどその頃，偶然，日本物理学会の大会のポスター会場で理研の渡邊功雄氏に会った．渡邊氏は，北大の熊谷助教授の研究室の学生であった時に，我々の試料のμSR実験をKEKで実際にやってくれた人だった．「今回，イギリスのラザフォード・アップルトン研究所で，世界最高強度のミュオンビームを使ってμSR実験ができる施設を立ち上げました．何かおもしろいテーマはありませんか？イギリスまでの交通費と宿泊費は理研でサポートしますよ．学生の分も」と言われた．当時，私が自由に使える研究費は少なかったので，理研のサポートは非常に魅力的だった．早速，阿子島さんと一緒に試料を持ってイギリスに渡り，μSR実験をした．μSR実験のテクニックはまったく知らなかったので，渡邊氏にμSRの一から教えてもらった．この時，μSR実験を渡邊氏に任せるのではなく自分でもやろうと考えたのには理由があった．1/8異常の研究を我々より早く始めていた分子研の佐藤助教授の研究室の若きサムライ世良正文氏が，当時一緒に酒を飲みながらこんなことを言っていた．「物性研究者として生きていくための3原則がある．第1は，物理がよくわかっていること．第2は，特殊なノウハウを持っていること．第3は，人柄がよいこと．3つのうち最低2つあれば，何とか生きていける」私はこれを聞いて，自分に第1と第3が備わっているかどうかはわからないが，ともかく，特殊なノウハウを持たなくてはいけないと強く思っていたからである．渡邊氏の指導のお蔭で，Bi系銅酸化物の試料でも，めでたく磁気秩序の兆候を観測することができた[13]．大学院の博士課程に進学した阿子島さんは，今度はY系銅酸化物の1/8異常を示す試料においてμSR実験を行い，Bi系と同様の磁気秩序の兆候を観測し[14]，博士の学位を取得した．阿子島さんは私が初めて指導した博士課程の学生であったが，無事責任を果たすことができて，ホッとした．そして，特殊なノウハウを持

つと強いことを実感した．これ以降，μSR は私の研究室の柱のひとつになったが，我々に μSR 実験を懇切丁寧に教育・指導してくれた渡邊氏と金銭的にも学問的にもサポートしてくださった彼の上司の永嶺謙忠教授には今でも頭が上がらない．

高温超伝導フィーバーのお蔭で論文をたくさん書くことができた

　ここまで，高温超伝導フィーバーが始まって 10 年位のことを思い出して書いてみたが，読み返してみると，「論文を書いた」という記述が多い．実際，「論文が書けた！」と大喜びしていたのだと思う．私は，金研の助手になった当初は，教授 1 名，助教授 2 名，助手 7 名の大所帯の低温実験グループの一員であった．お蔭で，多くの実験技術を先輩たちから教えてもらうことができた．非常に恵まれた環境にいたのではあるが，このままずっといても助教授には上がれそうもないので，研究を楽しみながらも，ある程度の数の論文を書いて出て行かなくてはならないという意識が常にあった．運よく工学部に助教授として採用してもらってからは，多くの学生の研究を指導するようになった．そこで，大学 4 年生から大学院の修士課程修了までの 3 年間研究指導した学生に関しては，その学生の名前の入った論文を最低でも 1 編書くことを自分にノルマとして課していた．それは研究を進めてくれた学生に対する感謝の印であり，私が大学院の頃，自分の名前が初めて論文に載った時に味わった感激を学生にも味わってほしいと思ったからである．さらに，自分にノルマを課して論文数を増やしていけば，自分の将来も開けてくると考えたからである．

　このように考えていた私の前に突如現れた高温超伝導フィーバーは，正に天からの恵みであった．1987 年から私の論文数は急激に増加した．私だけでなく，高温超伝導の研究者全般に，論文数は他分野の研究者に比べてかなり多いはずである．その理由のひとつは，高温超伝導を示す銅酸化物のバリエーション，すなわち，CuO_2 面をサンドイッチするブロック層のバリエーションが豊富であったことである．上でも述べたが，誰かがある銅酸化物系でおもしろい現象を見つけると，早速他の系で調べてみて，新たに論文を書くことができた．「二番煎じの研究だ」と言われても，論文として発表する価値はあった．さら

に，多くの銅酸化物は試料作製が容易であったことも研究のスピードを速め，論文生産を加速させた．学会で発表した後にのんびり論文を書いていると，すぐに真似されて論文を先に出されてしまう危険性があった．それゆえ，論文発表したことしか学会発表しない注意深いサムライもいた．ともかく，高温超伝導フィーバーのお蔭で論文を絶え間なく出し続けることができたのはラッキーであった．

高温超伝導フィーバーのお蔭で多くの研究者と親しくなり，いろんなことを学ぶことができた

　また，高温超伝導フィーバーのお蔭だと思われるのは，多くの研究者と知り合うことができたことである．1986年時の科研費の特定研究「新超伝導物質」が終了した後，重点領域研究「高温超伝導の科学」が立ち上がり，日本中の高温超伝導の研究者を集めた大規模な研究グループが組織された．幸い，私もその一員に入れてもらった．重点領域研究の研究会は年に数回開かれたが，情報交換の場として大変貴重であった．そこでは，各研究者の最新の研究状況を知ることができた．自分がこれからやろうと考えていたことがすでに行われていることを知ることもあった．また，学びの場としても貴重であった．研究会には高温超伝導のメカニズムを解明するためにさまざまな実験手段をもった研究者が集まっていた．私は物性の中でも輸送現象[*26]を主な実験手段としていたので，中性子散乱[*27]やラマン散乱，NMR，光電子分光[*28]等による実験結果の発表は，当初はなかなか理解できなかった．しかし，研究会の回を重ねて聴

[*26]　輸送現象とは，運動量・エネルギーの輸送によって生じると考えられる現象であり，ここでは，電気抵抗，磁気抵抗効果，ホール効果，ゼーベック効果，熱伝導度等を指す．

[*27]　中性子散乱とは，物質に撃ち込まれた中性子が散乱される現象であり，中性子回折[*23]も含む．中性子の非弾性散乱は，物質中のフォノン（結晶中の原子やイオンの振動の粒子的描像）やマグノン（結晶中の磁気的な励起の粒子的描像）などの分散関係（エネルギーの運動量依存性）を調べるのに用いられる．

[*28]　光電子分光とは，物質に一定の波長の短い光を照射し，光電効果によって外部に出てきた電子のエネルギーを測定し，物質内の電子状態を調べる方法である．

いていくうちに，少しずつ理解できるようになった．お蔭で，私の物性研究者としての幅が随分広がったように思う．

　研究会はしばしば参加者全員が同じ宿に泊まり込んで行われたが，そのときには時間をかけて丁寧に教えてもらうことができた．X線回折による結晶構造解析しか知らなかった私は，そこで，酸化物の結晶構造解析に有効な中性子回折データのリートベルト解析[*29]を教わった．また，昼間聴いてもよく理解できなかった発表については，夜，酒を飲みながら理論家に噛み砕いて説明してもらった．初歩的な質問にもわかりやすく答えてくれる理論家は大変有難かった．難しい英語の論文を何編か読むよりも効率的に，研究の最先端の状況を認識することができた．同世代の若きサムライたちとは，酒を飲みながら研究の裏話や悩みを語り合い，また人の噂話に花を咲かせた．ライバルでありながらも，だんだん親しくなっていった．そのお蔭で，「ちょっとラマン散乱の実験をしたいので試料を提供してくれませんか」と頼まれたり，「うちの試料でNMRの実験をしてもらえませんか」とお願いしたりして，共同研究を容易に始めることができた．また，研究室の阿子島さんが日本物理学会の大会で行った1/8異常の研究の発表に対して厳しい意見を言っていた私より少し年上の分子研のサムライ佐藤助教授を私は少し恐れていたが，一緒に酒を飲むと大変フレンドリーで，イメージが変わった．「小池君，レター論文[*30]は1日で書くもんだよ」と教えてくれた．これは非常にありがたい教えであり，それ以降，レター論文を書くたびに佐藤助教授の顔が浮かんでくるようになった．宿の部屋の割り当てがランダムに行われることもあった．$YBa_2Cu_3O_7$の高温超伝導を独自に発見していた東大の若き理論家サム

[*29]　リートベルト解析とは，粉末X線回折実験や粉末中性子回折実験により得られる回折ピークの位置と強度から，結晶構造と各原子サイトにおける原子の占有率や変位の大きさ等を精密に求める手法である．

[*30]　論文には，大きく分けると，フルペーパー（full paper）とレター論文の2種類がある．前者には長さの制限がないので，研究の詳細を記述することができる．後者には論文のページ数に制限があり，また，投稿から出版までの時間が短くなるように配慮されている．したがって，大変重要で速報性の高い論文は，レター論文として出版されることが多い．

ライ氷上忍助教授と2人っきりの部屋に割り当てられたことがあった．初めは
緊張したが，いろんな話をしてもらった．印象に残っているのは，「4年生の
卒業研究には，理論より実験をやらせているんですよ．理論をやるより実験を
やる方がよっぽど役に立つよ」と言われたことだ．理論家の先生も学生も一緒に
なって高温超伝導を探索していたのだ．試料作製が簡単であったからだろうが，
今では考えられない，高温超伝導フィーバー時ならではのエピソードである．

　日本にこのような大規模な研究グループができたお蔭で，実験家と理論家と
の交流や試料作製者と物性測定者との交流が盛んになり，多くの共同研究が生
まれ，高温超伝導の研究において，日本は世界のトップ集団の中で走ることが
できたのだと思う．

高温超伝導フィーバーで得た教訓

　高温超伝導フィーバーで得た教訓はたくさんある．これまで書いてきたこと
をまとめてみると，

(1)「ともかく，やってみよう．案ずるより産むが易し！」

(2)「やると決めたらとことんやる．自分の持っている装置でできなければ，
　　周りの人に協力してもらってやる．諦めるな！」

(3)「粘り強い学生は，試行錯誤しつつ，難しい試料も作ってしまう」

(4)「周囲の人がやっていることをよく見ておくと，いつか役に立つことがあ
　　る」

(5)「人とのつながりは大事である．研究で助け合うこともあれば，会話から
　　学ぶこともある」

自らを省みて

　最後に，定年退職した今，高温超伝導フィーバーを振り返って思うことは，
若きサムライたちに付いていったお蔭で，サムライたちから研究のやり方を学
び，サムライたちの心意気を学び，そして，高温超伝導を十分に楽しむことが
できたということである．それは，一生懸命に研究を進めてくれた学生たちに
負うところが大であった．その学生たちと一緒に出掛けた国内の会議や海外で

の国際会議では，昼は物理を議論し，夜は食事を楽しみながら，学生たちとともに充実した時間を過ごすことができた．また，高温超伝導フィーバーの経験は，2008年の東工大の細野秀雄教授たちによる鉄系超伝導体の発見に端を発した鉄系超伝導フィーバーでも活き，そこでも研究を楽しむことができた．したがって，過去を振り返って「あの時，こうすればよかったのに……」と思うことは多々あるが，後悔することはあまりない．強いて挙げれば，私が書いた論文の中でまったくのオリジナルであると自慢できる論文が少ないことである．ある銅酸化物系で見出されたおもしろい現象を他の系でも存在するかどうかを調べ，現象の普遍性を示した論文が多い．そのような論文にもそれなりに意味があり，また，学生に研究のおもしろさを感じてもらうためには十分であるが，残念ながら，その波及効果はそれほど大きくない．今の世の中，研究者個人の評価のために，それぞれの段階である程度の数の論文を残していることは大事であるが，ある程度の数があれば，次は論文の質が問題になる．定年までに研究できる時間は，実はそんなに長くはなかった．したがって，何をやるべきか，何をやるべきではないかをよく考えて研究を進めるべきであったと思う．

若い研究者に伝えたいこと

　若い研究者に向かって偉そうなことは言えないが，ある本*31を読んでいると，「一流のプロ野球選手の7つの条件」が書かれてあった．実際に一流のプロ野球選手をたくさん育てた打撃コーチ高畠導宏氏が言っていたことであり，かなり説得力がある．どれかひとつが欠けても駄目だという7つの条件とは，

　(1) 素直であること
　(2) 好奇心旺盛であること
　(3) 忍耐力があり，あきらめないこと
　(4) 準備を怠らないこと

---

*31　門田隆将著『甲子園への遺言』(講談社文庫)であり，平成20年にNHKによって「フルスイング」というタイトルでドラマ化され放映された．

(5) 几帳面であること

(6) 気配りができること

(7) 夢を持ち，目標を高く設定することができること

　この7つの条件は，「一流の研究者の7つの条件」と置き換えても通用する話であり，早い話，どんな仕事のプロにも当てはまる話であるので，よく学生にも紹介していた．学生たちを見ていると，(1) と (3) を備えた学生は確かに伸び代が大きいと思える．(4) と (5) は当然のことであろう．私が一番感激したのは (7) であり，特に「目標を高く設定することができる」というところである．今の豊かな日本では，なかなか難しいことかもしれないが．

　目標を高く設定して頑張ることは立派なことであるが，私には救われた言葉があった．私が金研に助手として赴任するときに，大学院時代の恩師田沼静一先生からこんな餞の言葉をいただいた．「小池君，実験やっていれば，何かおもしろいことが出てくるよ」と．知らぬ間に肩に力の入っていた私は，それを聞いてすごく気が楽になった．確かに，自然界には人間が知らないことがまだまだたくさんある．電気を通さないと考えられていた酸化物が高温超伝導体になったのだから．強磁性を示す鉄を含んだ化合物が 50 K を超える T_c を持つ超伝導体になったのだから．我々人間が頭で考えることは必ずしも当たっていない．「研究は頭で考えればできる」だけであれば，頭のよい人だけが研究をすればよい．実際は，予期せぬ発見があるから研究はおもしろいのである．楽天家であった田沼先生からいただいた有難いお言葉だった．東北大の若きサムライだった山田和芳氏が「小池君，おもしろい作家がいるよ」と教えてくれた伊集院静氏も，紫綬褒章の受章時に同じような趣旨のことを言っていた．「小説は基本的には体で書くもの．頭で考えても限度がある」

　定年退職時の最終講義の後，ある若い研究者から次のような質問を受けた．「先生は，μSR 実験に行くといつも楽しそうに実験していましたが，どうしてそんなに楽しそうに実験できたのですか？」想定外の質問に，ちょっと面喰った．少し考えて，「研究は本来楽しいはずですが，何らかのプレッシャーがあると，研究を楽しむ余裕がなくなるのかもしれません．幸い私はあまりプレッシャーを感じることがなかったので，楽しめたのかもしれません」と答えたが，

現在の日本の研究環境を象徴している質問であったと思う．今の若い研究者の多くは，5年とかの任期付で雇われている．そのため，任期の間に成果を出して次のポストを見つけなくてはならないというプレッシャーを感じながら[*32]，研究をゆっくり楽しむ余裕なく頑張っているのだと思う．そういう若い研究者を常日頃見ている大学院生が大学の職に就くことに躊躇し，博士課程への進学を諦めることは当然のように思える．それは日本の研究力の低下に繋がる大問題である．若い研究者にはもっとゆっくり研究を楽しんでほしいと思う．序に言えば，若い研究者を雇った教授にはその人が感じるプレッシャーが少しでも軽くなるような配慮が必要であり，研究組織としても行き過ぎた任期制の導入は見直すべきであると思う．

謝辞

　私が行った高温超伝導の研究は，研究室の学生たちと多くの共同研究者の協力なしには成しえなかったものである．改めて，協力してくれた学生たちと共同研究者に厚く感謝したい．また，昔を振り返って考える機会を与えてくださった編者の高橋隆氏と吉田博氏に心よりお礼申し上げる．（なお，本文に登場した研究者の職位は当時のものである．）

参考文献

1)　H. Matsuo, Y. Koike, T. Noji, N. Kobayashi, and Y. Saito: Physica C **196** (1992) 276.

2)　Y. Koike, T. Nakanomyo, T. Hanaguri, T. Nomoto, and T. Fukase: Jpn. J. Appl. Phys. **26** (1987) L2069.

3)　Y. Koike, T. Nakanomyo, and T. Fukase: Jpn. J. Appl. Phys. **27** (1988) L841.

4)　Y. Koike, Y. Iwabuchi, S. Hosoya, N. Kobayashi, and T. Fukase: Physica C **159** (1989) 105.

5)　G. Burns: *High-Temperature Superconductivity: An Introduction* (Academic Press,

---

[*32]　私も助手時代は「次のポストを見付けなくては……」と思っていたが，任期付ではなかったので，プレッシャーはそれほど大きくなかった．

Inc., 1992)

6) M. Masuzawa, T. Noji, Y. Koike, and Y. Saito: Jpn. J. Appl. Phys. **28** (1989) L1524.
7) Y. Koike, M. Masuzawa, T. Noji, H. Sunagawa, H. Kawabe, N. Kobayashi, and Y. Saito: Physica C **170** (1990) 130.
8) Y. Koike, T. Okubo, A. Fujiwara, T. Noji, and Y. Saito: Solid State Commun. **79** (1991) 501.
9) Y. Koike, N. Watanabe, T. Noji, and Y. Saito: Solid State Commun. **78** (1991) 511.
10) Y. Koike, A. Kakimoto, M. Yoshida, H. Inuzuka, T. Noji, and Y. Saito: Physica B **165&166** (1990) 1665.
11) Y. Koike, A. Kobayashi, T. Kawaguchi, M. Kato, T. Noji, Y. Ono, T. Hikita, and Y. Saito: Solid State Commun. **82** (1992) 889.
12) M. Akoshima, T. Noji, Y. Ono, and Y. Koike: Phys. Rev. B **57** (1998) 7491.
13) I. Watanabe, M. Akoshima, Y. Koike, and K. Nagamine: Phys. Rev. B **60** (1999) R9955.
14) M. Akoshima, Y. Koike, I. Watanabe, and K. Nagamine: Phys. Rev. B **62** (2000) 6761.

こいけ　ようじ

1952 年愛媛県生まれ．1971 年愛光高校卒業，1975 年東京大学理学部物理学科卒業，1980 年東京大学大学院理学系研究科物理学専門課程博士課程修了，日本学術振興会奨励研究員，東北大学金属材料研究所助手，1989 年東北大学工学部応用物理学科助教授，1996 年同教授，2018 年定年退職．

3.4 振り返って見えてくること

社本真一

はじめに

　ここでは論文だけからは見えてこない，研究生活の裏側を書いてみたい．現在研究をされている方，またはこれから研究生活を始めようとしている若い方に参考になればと思い，30 年以上前になるが私が 26 歳の頃からの当時を振り返ってみる．

高温超伝導の夢

　当時，私は博士後期課程の学生として 1 年を京都大学の宇治キャンパスの化学研究所で過ごしていた．何か面白い研究ができないものかと日々思索を巡らせてはいたが，これといって目ぼしい成果は出ていなかった．当時やっていたことは，水溶液から鉄の酸化物を沈殿させ，その物性を調べるというとても古典的な手法の研究だった．図書館で文献を探すと，天然に産出される鉱物として鉄酸化物の層状物質系でいろいろなものが見つかったが，当時の環境で可能な物性測定実験は磁化測定とメスバウアー分光による磁性，X 線回折による物質同定，赤外吸収による格子振動の同定くらいのもので，特に興味を惹かれるような研究対象はなかった．その頃，実質的に指導していただいていた木山雅雄先生 (当時京大助教授) からは，わからないことがあれば，「一番わかっている人に聞け」という教えをいただいていたものの，当時の私にはその聞くべきことすらもわからず，ある意味大きな壁にぶちあたっていた．そんな時，岡崎

市の分子科学研究所で研究技官として給料をいただけるポストがあるという話を新庄輝也先生（当時京大教授）からいただき，私は喜んで飛びついた．その研究内容について詳しい話を聞くために分子科学研究所に伺ったところ，現れた先生は大きくいかめしい風貌の方だった．そして説明いただいた研究内容に心底驚いた．陶磁器などのセラミックスに代表される，一般には絶縁体として分類される酸化物系で，電気抵抗がゼロになる高温超伝導体を探すというのである．先生の名は佐藤正俊（当時分子研助教授）．時々人懐っこさを見せるその目は輝いていた．1986 年 3 月，私が 26 歳の時のことだ．これはくしくもスイスの IBM 研究所でジョージ・ベドノルツ，アレックス・ミューラー両博士らによる銅酸化物高温超伝導体発見の論文[1] が投稿された時期にあたる．この論文で翌年のノーベル物理学賞が決まった．当時，物性のほとんどを理解していなかった私にも，この研究テーマは不思議にとても魅力的に感じられた．

　まずは受託学生になって分子科学研究所で研究を始めることになったが，当時，研究室はまだ立ち上げ段階で，助手として小野田雅重さんともう 1 人先輩学生として松田祐司さんが在籍しており，皆，装置の立ち上げで忙しくされていた．まっさらな実験室にマグネットを設置するため，夜遅くまで床に自分たちで穴をあける作業を行ったこともあった．まさかここから研究が始まるとは思いもよらなかった．先生のアイデアでは，絶縁相の近くに高温超伝導相があるという．その絶縁相も電荷密度波が形成されている状態らしい．この状態にある物質中では電子はどこでも均一に分布するというわけではなく，どうやら場所で密度が変わって，格子も歪んで絶縁体になるらしい．この際，負の電荷を持つ電子が正の電荷を持つ格子を歪ませて絶縁体になるということが重要で，そこではバイポーラロンという 2 個の電子が一緒に格子の歪みを伴って局在化する．こういった状況が高温超伝導の起源になるという仮説だった．これは超伝導状態におけるクーパー対が格子の中で止まってしまった状態に類似している．当時，松田さんと佐藤先生との間には深い信頼関係があったようで，その議論は声もとても大きく，常に熱気にあふれていた．そんな中，別分野からまったく知識なくやって来た私にも佐藤先生は固体物理の基礎からわかりやすく教えてくださった．大変ありがたいことだった．研究対象の物質は，周期

表で遷移金属の始めの方の Ti, V, Mo などの酸化物が研究の対象として選ばれていたが, 高温超伝導発現に電子格子相互作用の強さが重要であるなら, ヤーン・テラー効果で知られている銅酸化物系でやってみると面白いと思った. なぜそう思ったのか. それは単に受け売りだった. 私は大学4回生の時, 京大化学教室の辻川郁二教授の研究室に所属していた. その時は知らなかったが辻川先生も高温超伝導に興味があったようで, グラファイトインターカレーションの超伝導を指導学生であった小林本忠さんとともに研究されていた. 修士課程の大学院生となった私は宇治の化学研究所の高田利二教授の研究室に入ったが, たまたま東大物性研の豊沢豊教授の講演を聞く機会があった. 光による励起状態の理論の話で, 正直なところまったくわからなかった. ただ, 最後にその講演を豊沢先生に依頼した辻川先生がひとつの質問をされた. 「結局, 電子格子相互作用が最も強い元素は何ですか.」その質問に対して豊沢先生はひとこと,「銅です.」と答えられた. なんとあの大きな周期表の中で, たった1つの元素を即答されたことに強い感銘を受けた. 不思議なことに, 分子研の佐藤研に行くまで忘れていたが, 佐藤研で話を聞くうちに何気なくこの豊沢先生の明快な回答を思い出したのだった. 大学院時代にそれほどセミナーを聞いた記憶もないが, この他に心に残っているのは, 福井謙一先生のノーベル化学賞受賞講演, そして佐川眞人さん (当時住友特殊金属研究員) の世界最強磁石 Nd-Fe-B の発見[2] の講演で, 特に佐川さんの講演は学生時代にもっとも心を揺さぶられる忘れられないものだった. この講演を聞いて博士課程に行ってみたくなった. その発想の面白さと物質発見のすごさをそのひとつの講演で実感することができた. 現在, ハイブリットカーが高効率で実用化されているのは, この磁石の発見のお陰である. 磁気モーメントの大きな Fe と Nd で合金をつくっても高温の強磁性が出ないので困っていたら, 原子間距離が近すぎるので, 広げればよいと研究会で言われて, 侵入型元素のホウ素や炭素, 窒素を片っ端から入れたそうだ. つまり電子バンドの幅を狭くして, ストーナーの条件で強磁性をより出やすくするという発想だ. フェルミ面からエネルギーの離れた侵入型元素は混ぜてもフェルミ面付近のバンドに加わる割合は少ない. つまり元素を混ぜても金属の伝導や磁性を決定するフェルミ面には参加しないけれども,

フェルミ面を形成する原子間の距離を有効的に離すことができる．それにより，金属のバンド幅を狭くして，強磁性の転移温度を上げたのだ．なんと素晴らしい発想か．そして世界最高の磁石の発見．

　世の中には確かに大きな川のような流れがある．京大大学院での研究室活動として，各自の好きなことを発表するセミナーがあった．当時は化学教室の可知祐次教授の金相研究室，化学研究所の高田研，坂東研，新庄研の4つが一緒になって，皆がいろいろな発表を行っていた．すでにほとんどの話は忘れたが，ある日，上田寛先生（当時京大助教授）が酸化物超伝導体 $BaPb_{1-x}Bi_xO_3$ の話を紹介された．なんて難しい話をされるのだろうと思い，当時はまったく興味が沸かなかった．しかし一見するとまったくバラバラでつながりのないこれらの研究の話は，実は見えない糸で見事につながっていた．余談だが，このセミナーの中では，他にも面白い話が多かった．新庄先生の話では人工格子[3]だけでなく，メスバウアー分光で原子核が外殻の電子による内部磁場をどう感じるかという話，そして当時話題になり，後にノーベル物理学賞をとる薄膜の巨大磁気抵抗効果[4]の話が紹介されていた．

　話を分子科学研究所に戻すと10月ごろには，佐藤研でも銅酸化物高温超伝導体発見の論文が話題になった．面白いことに，その物質は水溶液でシュウ酸塩を使って沈殿させてから高温で焼結させる手法によって合成されていた．水溶液反応なら自分にも経験がある．ベドノルツ博士らは1つの組成から複数のペロブスカイト系物質を同時に条件を変えて合成して，超伝導を探索する方法をとっていた．この方法では超伝導を見つけるには早いかもしれないが，超伝導が見つかるまで論文は書けない．物質探索がどのようなものか思い知らされた．それまで佐藤研ではひとつひとつの組成の物質できちんと結晶を育成し，それを丁寧に物性測定することで論文にする研究スタイルだったからだ．探索と物性研究とはまったく違うものかもしれない．まさにハイリスク・ハイリターンで，普通の研究者にはやれない．だが，興味深いことに，これは佐川さんの手法に似ている．侵入型元素を片っ端から入れて，物質を合成したのだから．当時の私は何もわからないまま，超伝導体には圧力をかけると転移温度が上がるものがあるらしいということで，すぐにランタニドでイオン半径の小さ

いY（イットリウム）で合成を試みた．ケミカルプレッシャーという言葉は知らなかったが，その原理はわかっていた．単に佐川さんの逆の発想だ．広げる代わりに小さい原子に置換して狭くしてみるのだ．1986年11月28日のことである．そこでは

図1 1986年12月4日の実験ノート．

214型とともに，113型（後の123型）もシュウ酸塩で合成を試みた．しかし超伝導は見つからなかった．後に，東大で固相法により良質試料ができたとの話を聞いて，12月3日にまた同じことを固相法でやろうとした時に，佐藤先生に「止めなさい．やるなら2つまでにしなさい．」と言われてしまった．3つ挙げていたのは，$(Y_{0.85}Ba_{0.15})_2CuO_4$，$(Y_{0.85}Ba_{0.15})CuO_3$と$(Y_{0.5}Ba_{0.5})CuO_3$で，最後の組成を止めてしまった．しかし後からノートを見るとなぜか$(Y_{0.85}Sr_{0.15})CuO_3$にこっそり替えてやっていた（図1）．まさか最初に思いついた3つめの最後の組成の近くで，後に液体窒素温度を初めて超える高温超伝導が実現されるとは思いもよらなかった．私はすべての現象は地震の震度のようにログスケールで決まっていると思っていたので，何かを変えるときには，必ずオーダーで変えた方が良いと思っていた．それが3つめの組成を思いついた理由だったが，残念ながら可能性はもっとも低いと思って止めていた．後の$YBa_2Cu_3O_7$の高温超伝導[5]を発見する米国のポールC. W. チュー博士，M. K. ウー博士を含めて世界で誰もまだやっていない時期である．後に知ったが，彼らは翌年の1月4日頃に合成して超伝導を見つけていた．これは後に米国200年の歴史的な発見に選ばれている．しかし一言加えておく必要がある．私は先の2つの試料を900℃と1050℃で焼結させて，超伝導を抵抗で確認して見つけられなかったが，後にYb（イッテルビウム）で高温超伝導が出るとうわさが出たことから，翌年3月にそのYのペレットも細谷正一さん（当時東北大助手）にお願いして高周波炉で高温まで上げていただいた．するとそこには60Kぐらいの超伝導らしい異常が見つかった．つまり組成は214型と多少違っていても焼結条件

次第でずっと早く見つけることができていたことになる．当時の12月4日の
メモを見ると，$(Y_{0.85}Ba_{0.15})CuO_3$は900℃でよく知られる緑色の絶縁体ができ，
1050℃では灰黒色になっていた．ならばもっと温度を上げてみるという発想が
できなかった．また抵抗ではなく磁化率の温度変化を測定していると見つかっ
ていたかもしれない．思い返してみれば，佐川さんの場合も会社ではNd-Fe
への侵入型合金の研究はやめろと言われても休みにやったのだった．まさにや
る気と信念がみなぎっている．反対にチュー博士のグループでは，214型では
圧力下で転移温度が上がったので，元素置換による化学圧力としてY化合物
を合成した．とても論理的でゆるぎない指針を感じさせる．同じ圧力効果を期
待したものの気まぐれな私の思い付きとは大きく違う．大切なのは信じる力と
執念なのだ．

高温超伝導体単結晶育成

　正月を過ぎて佐藤研の研究には結晶育成の専門家で武居文彦（当時 東北大
教授）客員研究室助手（当時）の細谷正一さんが加わった．分子研の高周波誘導
加熱炉を使って，結晶育成に挑戦である．白金るつぼを用いて一瞬で銅酸化物
を溶かしてしまう．酸化銅という高温超伝導体の成分を使ったセルフフラック
ス法で結晶を育成した．始めてみると空気中であっという間に結晶ができてし
まった．大きさは一辺が0.5 mmくらいのとても小さな結晶だったが，超伝導
はしっかりと確認できた．世界で初めての$La_{2-x}Sr_xCuO_4$高温超伝導体単結晶
である．後に，NTT研究所の日高義和さんのLa_2CuO_4の巨大結晶が話題[6]に
なるが，これも基本的には同じ手法である．当時は競争で急いでいるから，小
さな結晶で我慢して，電極の端子付けに皆で2，3日もかけて苦労した．しか
し白金るつぼでの結晶育成は，アルカリ土類金属が入るととたんに酸化銅と白
金るつぼが反応して白金るつぼに穴が開いてしまう．急冷して反応時間を短く
することで白金との反応を抑えていた．この場合，育成される結晶は小さくな
るが，その超伝導特性は良いものとなった．その後もこの高周波誘導加熱炉を
用いた急冷法以外で最適ホール濃度に近い高温超伝導単結晶が白金るつぼから
得られることはなかった．この後，大型単結晶の育成はるつぼを使わない浮遊

3.4 振り返って見えてくること

帯域溶媒移動(TSFZ)法に譲ることになる．余談だが，私は中性子非弾性散乱用に白金るつぼでの $La_{2-x}Sr_xCuO_4$ 高温超伝導単結晶の育成にしばらく挑戦していた．La_2CuO_4 では白金るつぼは大丈夫なのに，SrO（または $SrCO_3$）を少しでも入れると反応してしまう．つまり肝心のホールドープした高

図2 なくなった $La_{2-x}Sr_xCuO_4$ ($x\sim0.08$) 単結晶試料．

温超伝導体は白金との反応で難しくなってしまう．そこで少しでも反応を抑える方法を考えた．思いついた要点は2つ．ひとつは Sr のドープ量を最小限に抑えること．もうひとつは温度をできる限り低く抑えることだ．この2つの条件に注意して育成すると2 cc ほどの大型結晶 $La_{1.92}Sr_{0.08}CuO_4$ が得られ，少し低くはあるが，10 K で超伝導状態への明確な転移が確認された(図2)．この大型結晶は佐藤先生の方針でさっそく米国のブルックヘブン国立研究所に送られ，白根元博士のグループによって中性子非弾性散乱測定がされた．得られた結果は非常に統計の悪い測定で，期待される磁気散乱の位置にピークがあるものの，ピークは2つに割れていた．統計が悪いのか結晶が悪いのか当時はわからなかった．その後，すぐにその結晶は盗まれて所在不明になってしまった．まったくひどい話で私の努力は水の泡だ．後に $La_{2-x}Sr_xCuO_4$ 高温超伝導単結晶で，ピークが2つに割れた不整合ピークが発見された．良質の大型結晶でのブルックヘブン国立研究所と東北大学グループとの代表的な研究成果となったが，私の結晶をしっかり測っていれば見つかっていた成果だ．このように結晶の盗難が起きるのも高温超伝導ならではの一幕かもしれない．

話は前後するが，1987年3月春に日本物理学会年会が名古屋工業大学で開催された．銅酸化物高温超伝導は特別シンポジウムセッションとして取り上げられた．場所は最も広い大講堂である．会場に行くと座席だけではない，通路にまで人が溢れている．そして発表が始まると静まり返っているのに興奮の渦

が巻き起こるのが感じられた．コンサート会場のようだ．いつも難しそうな顔
をしてひたすら机に向かってカリカリと勉強をしているイメージだった大学の
先生たちが，千人ほどだろうか集まってステージの講演に興奮している．日本
中の大学の物性物理の先生が集まっているといってもいい．なんという光景な
のだろう．私はここで初めて科学が人を興奮させて生まれてきたことを思い知
らされた．そしてこれは本物だと思った．その頃には銅酸化物高温超伝導は新
聞紙上を賑わせ，新しい産業革命としてこの世界をすべて変えてしまうかの勢
いだった．その講演のステージにあの佐藤先生も立って自身の興奮を抑えられ
ない様子で発表された．このシンポジウムはまさに科学が人の感情を大きなう
ねりで揺さぶった瞬間だった．

　Yb 超伝導体のうわさを聞いて，細谷さんを中心に我々もさっそく超伝導体
を探した．方法は高周波誘導加熱炉で加熱する高速な合成法である．応用物理
学会の国際雑誌 JJAP の特集号に投稿した希土類金属超伝導体の一連の成果[7]
は，こうして得られた．この時，前年の 11 月に合成していたペレットでも超
伝導が出たときは，うれしさと悔しさで微妙な気分だった．

酸化物高温超伝導体の中性子非弾性散乱

　当時は世間の超伝導フィーバーもあり，仮面ライダーで有名な漫画家石ノ森
章太郎さんが高温超伝導の公開シンポジウム (1988 年 1 月 8 日開催) の様子を
漫画で描いた．そこに AT&T ベル研のバトログ博士やヒューストン大のポー
ル・チュー教授，田中昭二教授 (当時 東大教授) などと一緒に佐藤先生も描か
れた．研究室には新聞記者から電話もあり，一流新聞社の記者でも超伝導は良
く分からないことを初めて知った．考えてみると，皆，文系出身であり，科学
記事が文系の記者によって書かれるのだということに衝撃を受けた．

　その後，私自身はひたすら $YBa_2Cu_3O_{6+x}$ 結晶の育成を行った．やみくもにい
ろいろな条件で結晶育成を行っていたところ，東大物性研の武居文彦教授が発
見したインゴット結晶[8]も見つかり，それを大きくすることができた．これ
が $YBa_2Cu_3O_{6+x}$ での初めての中性子非弾性散乱[9,10]に繋がり，これを代表とし
た一連の研究で論文博士をいただいた．はじめに佐藤教授の出身研究室の先生

である小林俊一教授（当時東大教授）のところに論文博士の依頼に伺った．短い髪が印象的な元気のよい方で後に理化学研究所の理事長になられた方である．次に，東大物性研の石川征靖教授を主査として，武居教授，家泰弘教授らの前で講演を行った．ひとつジョークを交えたが，まったく反応がないので，本当に聞いてくれているのか心配になった．しかし終わった時の質問は，分解溶融と2次元のスピン相関についての核心を突く質問であり，それらの質問に何とか回答して，無事学位をいただくことができた．

図3 自作の試料合成用電気炉の前で（名古屋大学時代）．

その後，佐藤先生は名古屋大学教授へと移動され，それに伴い，私も名古屋大学の助手にしていただいた（図3）．この頃には，前述の$La_{2-x}Sr_xCuO_4$高温超伝導単結晶ではなく，より転移温度の高い$YBa_2Cu_3O_{6+x}$での中性子非弾性散乱で米国のブルックヘブン国立研究所と共同研究が進み，磁気励起スペクトルが超伝導転移温度とともに変わる興味深い結果が得られつつあった．この実験では散乱強度が弱いので，大型の中性子源が必要となる．その点で当時のブルックヘブン国立研究所は素晴らしかった．これには東大物性研の日米協力事業として参加したが，米国のニューヨーク州ロングアイランドで米国の研究者とテニスなどの趣味を通じて触れ合うのは楽しくまた良い勉強になった．大学時代に夢中になったテニスが初めて役に立った．白根先生の方針でこちらはひとつずつ結晶を丁寧に測定して論文にしていた．しかしこの頃，仏国のラウエ・ランジュバン研究所でも大型の中性子源での実験が始まっており，ロサミニヨン（J. Rossat-Mignod）博士による一連の超伝導転移温度を変えた$YBa_2Cu_3O_{6+x}$の中性子非弾性散乱実験の結果が論文で発表された[11]．得られた彼の磁気励起スペクトルには特徴的な変化があっ

た．超伝導状態で磁気励起の一部がピークとして増大し，そのピークエネルギーがホール濃度の増大とともに上昇する．佐藤先生はそのエネルギーが超伝導ギャップ，すなわち超伝導転移温度と関係していることを見抜いていた．ロサミニヨン博士は，低温国際会議 LT での佐藤先生との議論からすぐさまこのことを理解し，その招待講演で磁気励起ピークと超伝導転移温度の比例関係を手書きの OHP シートで発表した．これがスピンレゾナンスモードの発見の経緯である．しかしこの測定は 3 軸分光器を用いて磁気励起の中心だけを測定したものであったため，後に位置敏感な広い 2 次元ディテクターを用いた測定で，磁気励起に特徴的な構造，すなわち砂時計型磁気励起が新井正敏教授（当時高エネ研教授）らにより発見されることとなる．この $YBa_2Cu_3O_{6+x}$ の中性子非弾性散乱研究は，残念ながら佐藤先生の方針で止めてしまったので，これらの発見をすることはできなかった．この種の高エネルギーの測定には 3 軸分光器よりもパルス中性子源の時間分解型分光器が適していることに当時の我々は気が付かなかった．パルス中性子源の特徴は，このような高エネルギー磁気励起の測定に最も発揮され，その後，多くの優れた研究成果が出てくると同時に，J-PARC のパルス中性子源の建設へと発展している．

　私自身は，ブルックヘブン国立研究所で発見された $La_{2-x}Ba_xCuO_4$ の相図で超伝導転移温度がホール濃度 1/8 で急激に下がる現象[12] に興味を引かれ，それに夢中になっていた．東大の内田慎一教授のグループで $La_{1.6-x}Nd_{0.4}Sr_xCuO_4$（$x = 1/8$）の純良単結晶試料が浮遊帯域溶媒移動（TSFZ）法で育成された．1992年のある日，その結晶を中性子散乱で測定できるチャンスが来た．茨城県那珂郡東海村にある研究用原子炉 JRR-3 の東大物性研の 3 軸分光器 PONTA での測定だ．その時，私はある仮説を立てていた．なぜこの 214 型構造でのみこの 1/8 異常が出るのか．それはこの系に特有の正方晶・斜方晶構造相転移にあると考えた．それは A_2BO_4 の A サイトのイオン半径が変わることで異常が出ること，それに伴い構造相転移も変わるからだ．そこまでは当時も皆考えていた．そこから一歩進めて，私は半径の異なる A サイトイオンの周りで，頂点酸素が局所的に位置を変え，CuO_6 八面体が傾き，電子状態と結合すると考えた．するとこの問題はパズルになった．一部の A サイトイオンが小さいかま

たは大きいと，その周りの酸素イオンも歪んで近づいたり，遠ざかったりする．それとともに，共有結合で固まったCuO_6八面体ユニットが回転する．そして回転に伴い伝導面のCuO_2面が歪む．つまりこの歪みが面内の Cu-Cu 間のトランスファー積分（軌道間の重なり積分）をわずかに異方的に変え，電子状態と結合する．すると 1/8 という 2 種類の A サイトイオンの整列パターンを仮想的に仮定すると Cu-O の伝導方向で 4 倍周期の歪みパターンが現れる．この状態が結合する電子状態とは何か．それに合うのはフェルミ面のネスティングだ．それにはブリルアンゾーンの X 点で $\pi/4$ だけ離れたフェルミ面が重なる必要がある．そしてその場合に予想される格子歪みによる超格子ピークの位置は，ブラッグ点から 1/4 だけ離れた点となった．つまりブラッグ点から外れたこの点にピークを観測できれば，この仮説を証明できる．私は意気揚々と実験に臨んだ．しかし現実は厳しく，私の仮説を説明しても，その点の測定は許してもらえなかった．わずか 30 秒ほどの 1 点のみの測定を紛れ込ませたが，それでは見つからなかった．後に，$La_{1.6-x}Nd_{0.4}Sr_xCuO_4$ ($x=1/8$) の純良単結晶試料は，ブルックヘブン国立研究所のジョン・トランカーダ博士に渡り，ストライプ相が発見され，1995 年 6 月に Nature に発表された[13]．彼はこの発見で 2009 年に Kamerlingh Onnes 賞を受賞する．まさに私が予想した位置と等価な点に，彼は超格子ピークを発見していた．もっともそのモデルはストライプ相という魅力的な内容になっていた．このフェルミ面のネスティングを示す光電子分光の結果は，1999 年に Z.-X. シェン博士らにより Science で発表された[14]．仕方なく私は CuO_6 八面体ユニットの回転歪みがフェルミ面と結合する可能性だけを論文として残しておくことにした[15]．

　ジョン・トランカーダ博士とは $YBa_2Cu_3O_{6+x}$ の中性子非弾性散乱で共同研究をしていたこともあり，彼が Nature 投稿直後に，直接，彼の人柄がよく表れた自筆の手紙をいただいた．以下にその一文を紹介しておく．

1995 年 3 月 29 日（消印）メールの一部

I just realized last week that you had studied a piece of the same crystal from Uchida! If I had understood your results earlier, I might not have tried this experiment!

和訳：君が内田からの同じ結晶の欠片を調べていたことに先週気が付いた．もし君の結果をもっと早く知っていたなら私はこの実験をやっていなかったかもしれない．

銅酸化物高温超伝導研究のその後

最近の話になるが，その後，超伝導研究では，東工大細野秀雄教授のグループにより，鉄系超伝導体が発見された．最初は LaFePO 系 [16] である．翌年に LaFeAs(O,F) [17] である．最初の発見で注目した私には，この発見に私なりの受け取り方があった．それは ZrNCl 系 [18] から HfNCl 系 [19] への超伝導転移温度上昇の発見に遡る．これらの超伝導体は広島大の山中昭司教授により発見された．まず ZrNCl 系を私もすぐに合成した [20] が，周期表で他の物質を探さなかった．Zr より重い原子である Hf でのより高い超伝導転移温度はまさに驚きだった．それは高い超伝導転移温度は必ずより軽元素を含む物質と信じていたからだった．最終的には窒素原子という軽元素があれば，他の元素は重くても良いと納得した．この経験が鉄系超伝導体で活かされなかった．複数アニオン系で酸素以外の P (リン) を重くしてみる．まさに貪欲さが足りない．そしてついつい論文になる測定の方へ向かってしまうのだ．それは佐藤研での単結晶を用いた研究手法と同じではないか．自分は何も学んでいないのかもしれない．そしてもう１つの経験をする．LaFeAs(O,F) 粉末の中性子非弾性散乱測定だ．特定課題推進員 (競争的資金での博士研究員) の石角元志さんに２つの試料合成をお願いした．１つは母相の LaFeAsO，そしてもう１つは超伝導体の LaFeAs(O,F) 粉末である．どちらも 20 g ほどと大量の試料を合成して，英国 ISIS の所長裁量でいただいた時間で最新の中性子非弾性散乱装置 MERLIN での測定だ．メンバーは新井正敏さん，梶本亮一さん，石角さんと私である．だがきれいな試料はなかなかできない．英国への飛行機の出発の前日の夜になって，初めて試料ができたと連絡が入った．残念ながら母相試料だけだった．この試料を用いて MERIN で，２次元反強磁性体の磁気励起スペクトルの測定に成功したが [21]，超伝導体がどうなっているかはわからなかった．その装置の次の測定にレイモンド・オズボーン博士 (Raymond Osborn) が現れ，驚いたことに彼

の測定試料も鉄系超伝導体だった．その後，彼らの論文が Nature に掲載された[22]．超伝導状態でのスピンレゾナンスの発見である．まさに私自身が求めていた結果だった．しかし，その後，第一著者のアンディー・クリスチャンセン博士 (Andrew D. Christianson) と親しくなったこともあり，当時の話を聞いてみるともっと衝撃的な事実がわかった．つまり彼らは，我々の直後の同じ装置での実験は配位子場の測定に終始した．その Nature に載った問題の実験は，彼らが改めて別の機会に同じ装置で，別の超伝導体粉末試料で測定し直したものだった．我々もその再測定に挑戦するべきだったのだ．挑戦し続けることがいかに重要かを物語っている．ここでも最後のゴールに向けての執念が足りなかった．

　ここで述べた研究を改めて俯瞰してみると，半導体研究の目覚ましい発展を受け継いだ金属相と絶縁相の相境界の研究と捉えることができる．そして銅酸化物では，電子が局在して磁気モーメントをもつ絶縁体磁性相（モット絶縁相）と電子が遍歴的になった金属相との相境界の研究へと広がった．そこには新しい電子格子相互作用があり[23]，巨大磁気抵抗効果のような別の豊かな物性が広がっている．これは電子の液相と固相の中間状態の研究とも言える．そこでは液晶のような状態もあれば，トポロジカルに安定化したスカーミオンのような粒子が出てきたりもする．その相境界は複雑で，揺らぎを伴うことから，時間スケールでもその姿を変える．このような複雑な電子相の研究は，元々は原子が配列した液相と固相の中間状態として観測された現象を参考にしているが，そちらの原子配列でも一つの物質内でイオン伝導体のように固相と液相が共存したり，結晶とアモルファスが共存したりする[23]．この原子配列も局所的に眺めたり，周期性に着目したり，時間依存で見たり，周波数依存で見たりと，見方を変えることで，その姿を変える．銅酸化物高温超伝導体で見つかった擬ギャップ相を，最近，我々は超伝導とは関係のない強い揺らぎの中で普遍的に観測される伝導電子の部分秩序化現象と捉え，スピン配列にフラストレーションのある系で，擬ギャップ相を探索している[24]．今後もこれらの相境界では，互いの接合やキャリアドープ，外場などで，相転移の容易性から多彩な現

象が発見され，研究者を興奮させ続けるだろう．

若い研究者に伝えたいこと

このように結果を眺めると，手法，やり方の違いで，研究成果はまったく違ってくることがおわかりいただけたかと思う．発見には発見のための研究手法がある．物質の性質を調べて論文を書くための手法もあり，それぞれが異なることを知っておく必要がある．成功している人は，厳しい競争の中で彼らなりの手法を見つけている．現代の研究の若いサムライたちに伝えたいのは，「科学に不可能なものはない」ということ．もっとも難しいことは不可能と思ってしまう自分自身の壁を乗り越えることである．この世は夢と興奮にあふれている．我々人類が生まれた奇跡を考えれば，どれも実現可能なことである．それが信じられれば，君たちの未来はまさに夢と希望に満ち溢れている．そしてついに 200 GPa ほどの超高圧だが 260 K 以上というほぼ室温の高温超伝導が $LaH_{10\pm x}$ で報告された[25]．研究者の挑戦に終りはない．

最後に改めて振り返ると，自身の研究環境が非常に恵まれていたということを痛感する．私のアイデアはいつも周りの研究環境から得られてきた．示唆に富み，いつも面白かった在籍した研究室などでのゼミ，研究会では素晴らしい講演に満ち溢れていた．素晴らしい研究は，必ずこのような環境から得られるものであろう．私自身が研究テーマに苦しんでいた時期にも，よくよく考えると道は開かれていた．その際にこんな難しいことはとてもできないなどと自身に制限を設けないこと．そして近くにそのようなことを教えてくれる先生や研究者がいることはとても大切なことだ．それは特定の課題に集中して議論する国内外の研究会でも得られる．ぜひそのような場で，まったくわからない話でも最後まで聞いてみる．重要な内容はむしろその質疑応答の中にある．そうした機会を通じて皆さんの研究をより豊かなのものにしていただきたい．この私の文章を最後まで読んでいただいた読者に感謝するとともに，研究が発見によって発展し，その発見は必ず他の人が行っていない何か新しいことで見つかることを理解して，ぜひ素晴らしい挑戦的な研究人生を歩んでいただきたい．それが私がここで伝えたいことである．

補遺：中性子非弾性散乱

　エネルギー保存則と運動量保存則を高校時代に習ったかと思う．ミクロな世界でも法則は同じだとまずは考えるのが物理の基本だ．中性子という原子核の中では安定な素粒子は，核を破壊して取り出すことができる．すると寿命を持った不安定な粒子になってしまうが，その中性子を物質波として物質内で散乱させることができる．中性子は電荷をもたないが，スピンという磁石をもっている．するとここで，エネルギー保存則と運動量保存則が役に立つ．散乱で入れた中性子と出てきた中性子を比べると，物質内部でどんなエネルギーと運動量のやり取りがあったかがわかってしまう．この原理を用いて，物質内部の磁性や格子振動などの情報を得ることができる．弾性散乱はエネルギーを物質とやり取りしない場合で，非弾性散乱はエネルギーを物質とやり取りする場合で，入った中性子のエネルギーと出てきた中性子のエネルギーが異なっている．

参考文献

1) J. G. Bednorz and K. A. Müller: Z. Physik, B **64** (1) (1986) 189.

2) M. Sagawa, S. Fujimura, N. Togawa, H. Yamamoto, and Y. Matsuura: J. Appl. Phys. **55** (1984) 2083.

3) T. Shinjo, T. Takada : *Metallic Superlattices* (Elsevier, Amsterdam, 1988).

4) P. Grünberg, R. Schreiber, Y. Pang, M.B. Brodsky, and H. Sowers: Phy. Rev. Lett. **57** (1986) 2442.

5) M. K. Wu, J. R. Ashburn, C. J. Torng, P. H. Hor, R. L. Meng, L. Gao, Z. J. Huang, Y. Q. Wang, and C. W. Chu: Phy. Rev. Lett. **58** (1987) 908.

6) Y. Hidaka, Y. Enomoto, M. Suzuki, M. Oda, and T. Murakami: J. Cryst. Growth **85** (1987) 581.

7) S. Hosoya, S. Shamoto, M. Onoda, and M. Sato: Jpn. J. Appl. Phys., **26** (1987) L325.

8) H. Takei, H. Takeya, Y. Iye, T. Tamegai, and F. Sakai: Jpn. J. Appl. Phys. **26** (1987) L1425.

9) M. Sato, S. Shamoto, J. M. Tranquada, G. Shirane, and B. Keimer: Phy. Rev. Lett. **61** (1988) 1317.

10) S. Shamoto, M. Sato, J. M. Tranquada, B. J. Sternlieb, and G. Shirane: Phys. Rev. B **48** (1993) 13817.

11) J. Rossat-Mignod, P. Burlet, M. J. Jurgens, C. Vettier, L. P. Regnault, J. Y. Henry, C. Ayache, L. Forro, H. Noel, M. Potel, P. Gougeon, and J. C. Levet: J. Phys. (Paris) Colloq. **49** (1988) C8-2119.

12) J. D. Axe, A. H. Moudden, D. Hohlwein, D. E. Cox, K. M. Mohanty, A. R. Moodenbaugh, and Youwen Xu: Phy. Rev. Lett. **62** (1989) 2751.

13) J. M. Tranquada, B. J. Sternlieb, J.D. Axe, Y. Nakamura, and S. Uchida: Nature **375** (1995) 15.

14) X. J. Zhou, P. Bogdanov, S. A. Kellar, T. Noda, H. Eisaki, S. Uchida, Z. Hussain, and Z.-X. Shen: Science **286** (1999) 268.

15) S. Shamoto: Physica C **341-348** (2000) 1999.

16) Y. Kamihara, H. Hiramatsu, M. Hirano, R. Kawamura, H. Yanagi, T. Kamiya, and H. Hosono: J. Am. Chem. Soc. **128** (2006) 10012.

17) Y. Kamihara, T. Watanabe, M. Hirano, and H. Hosono: J. Am. Chem. Soc. **130** (2008) 3296.

18) S. Yamanaka, H. Kawaji, K. Hotehama, and M. Ohashi: Adv. Mater. **8** (1996) 771.

19) S. Yamanaka, K. Hotehama, and H. Kawaji: Nature **392** (1998) 580.

20) S. Shamoto, T. Kato, Y. Ono, Y. Miyazaki, K. Ohoyama, M. Ohashi, Y. Yamaguchi, and T. Kajitani: Physica C **306** (1998) 7.

21) M. Ishikado, R. Kajimoto, S. Shamoto, M. Arai, A. Iyo, K. Miyazawa, P. M. Shirage, H. Kito, H. Eisaki, S-W. Kim, H. Hosono, T. Guidi, R. Bewley, and S. M. Bennington: J. Phys. Soc. Jpn. **78** (2009) 043705.

22) A. D. Christianson, E. A. Goremychkin, R. Osborn, S. Rosenkranz, M. D. Lumsden, C. D. Malliakas, I. S. Todorov, H. Claus, D. Y. Chung, M. G. Kanatzidis, R. I. Bewley, and T. Guidi: Nature **456** (2008) 930.

23) S. Shamoto: J. Phys. Soc. Jpn. **88** (2019) 081008.

24) H. Yamauchi, D. P. Sari, I. Watanabe, Y. Yasui, L.-J. Chang, K. Kondo, T. U. Ito, M. Ishikado, M. Hagihara, M. D. Frontzek, S. Chi, J. A. Fernandez-Baca, J. S. Lord, A. Berlie, A. Kotani, S. Mori, and S. Shamoto: to be submitted.

25) M. Somayazulu, M. Ahart, A. K. Mishra, Z. M. Geballe, M. Baldini, Y. Meng, V. V. Struzhkin, and R. J. Hemley: Phys. Rev. Lett. **122** (2019) 027001.

しゃもと　しんいち

1960年愛知県名古屋市生まれ．1978年名古屋市立向陽高等学校卒業，1979年京都大学理学部入学，1983年京都大学大学院理学研究科修士課程化学専攻入学，1987年京都大学大学院理学研究科博士後期課程中退，同年分子科学研究所文部技官，1990年東京大学大学院理学系研究科物理にて理学博士号取得（論文博士），1991年名古屋大学理学部物理学教室助手，講師，1996年東北大学大学院工学研究科応用物理学専攻助教授，2004年日本原子力研究所主任研究員，2008年日本原子力研究開発機構研究主席．

Column 2

ライデン大学カマリン・オネス低温物理学研究所

　ヘリウム液化機を開発し，その極低温下での水銀の超伝導を発見したカマリン・オネスは低温物理学という新しい研究分野の道を切り拓いた．カマリン・オネス研究所は文字通り，当時の Center of Excellence（COE）であり，低温物理学という新しい研究分野を新たに開拓し，超伝導体の諸物性，超流動ヘリウム，ジョセフソン接合デバイスなどの研究が活発に行われた．そのため，世界的な中核研究拠点として多くの著名な研究者を引きつけた．写真は当時のカマリン・オネス研究所の研究室の壁に著名な訪問者が訪問を記念して鉛筆で漆喰にサインし，その壁を記念のためにはぎ取って，ライデン大学物理教室に現在も保存・展示されているものである［吉田博撮影］．教科書でしか知らない量子力学創成期の著名研究者や，日本人では久保亮五先生などのサインもあり，歴史的に興味深い．卒業旅行や国際学会の際には，ライデン大学や日本とも縁の深いライデン市ダウンタウンにあるシーボルト博物館などの訪問をお薦めする．

3.5 高温超伝導・分子科学研究所での思い出

世良正文

高温超伝導発見が私に与えてくれた人生最高のプレゼント

1986年暮れの高温超伝導の発見で私の人生は大きく変わった．百年に一度ともいわれる大発見である．1987年2月初め，分子科学研究所の2階にある助教授室での面接で「ヘリウムを汲めますか？」「はい」．これがいかにもあっけない私の研究者人生の好転の始まりであった．ヘリウムを汲めるのは学部4年生でもできることであり奇異に感じたが，とにもかくにもポストを得ることができるらしい，ということがわかり，それまで散々苦しんできた就職活動が悪夢だったかのように吹き飛んだ．

私は東北大で学位取得後，グルノーブルと日本を行ったり来たりの苦しいPD生活を送っていた．1986年10月，二度目のグルノーブルから帰国後，さすがに就職しなければと思い，いろいろな先生を通して就職先を探し始めた．11月に入り，東北大低温物理研の佐藤武郎先生の紹介で電総研の超電導線材の開発に携わっておられた木村錫一氏のもとに行った．いろいろ話した後「君は基礎の方が向いているのでは」と言われ，電子部長の石黒武彦氏を紹介され，その足で石黒氏の部屋に向かった．もちろん初対面であり，驚かれたことと思う．そこで，トンネル顕微鏡なら人を探しているところ，と言われたが，電気回路は自分には無理だろうと思い，断わった．とはいうものの，またゼロからのスタートである．そうこうしているうちに高温超伝導が発見されたといううわさが仙台にも届くようになった．当時東北大の理論の助手だった吉田博さん

が理論屋をも巻き込んで，私の所属していた磁気物理研究室の一室でパウダーを混ぜ始めた．何ごとが起こったのかと訝ったが，自分には関係ないこと，と思っていた．

　年が明けていよいよ就職先を探さなければと思い，指導していただいていた糟谷忠雄先生に企業で就職できるところを探したい旨を話したが，「もう少し待て．どこか良いところがでてくるだろう．」と言われた．どこに当てのある話であるはずがないと思ったが，糟谷先生が言われるのだからもう少し待ってみることにした．ところがまったく思いがけず１月半ばに直接指導していただいていた鈴木孝先生から「つくばの佐藤さんが助手を探しているという話が遠藤さんからあったが，どうする？」と言われた．もちろん，即「お願いします」と答えた．つくばの佐藤さんというのは光電子分光の佐藤繁氏のことで，東北大中性子物理研の遠藤康夫先生は分子科学研究所（分子研）の佐藤正俊さん，と言われたはずであるが，鈴木先生は佐藤正俊先生をご存じでなく，佐藤さんと聞いてつくばの佐藤繁氏であると思い込まれていた．何はともあれ，就職先が見つかったということで，早速理学部の生協書籍売り場に行って，物理学会編の「シンクロトロン放射」という本を購入してにわか勉強を始めた．ところが１週間ほどして鈴木先生が「遠藤さんが言ってきたのは，つくばではなくて分子研の佐藤さんだった．最近見つかった高温超伝導をやっている人らしい．」と言われた．とにかく就職できるのであればどこでも良かったので，もちろん話を進めてもらうことにした．しばらくして，分子研に面接に来てほしいという連絡があり，２月初めに分子研の佐藤正俊先生のところに行った．仙台から面接のある岡崎に向かう新幹線の中で，今まで自分がやってきたことをどのように話そうかと思いをめぐらして行ったが，そんなことにはまったく関心を持たない様子で何も聞かれなかった．部屋に入って名前を告げ，佐藤先生の前の椅子に座ると唐突に「ヘリウムを汲めますか」と言われ「はい」と答えた．「それならよろしい」と言われたように記憶している．その後沈黙が続き，居づらくなった空気の中でいたたまれず「高温超伝導について勉強しておきたいので，読んでおくと良い論文を教えてください．」と言うと「そんなものは読まなくてよい，ただ，今までやってきたことは仙台にいるうちに論文にまとめ，岡

崎に来てからそれを引きずらないようにしてきてください.」と言われ,分子研を後にした.高温超伝導では Cu の d 電子の強い電子相関が根本的な役割を果たしていることは分子研に行ってわかったことであるが,当時は超伝導なので非磁性化合物と思い込んでおり,それまでやってきた磁性から離れることを非常に寂しく思ったことをよく覚えている.希土類しかやってこなかった自分の浅はかさを岡崎に行って思い知ることになった.分子研での面接はわずか 3 分ほどで,佐藤グループの他のメンバー(助手の小野田雅重君,技官の社本真一君,学位取得目直前の松田祐司君)と会うこともなく岡崎を後にした.後日佐藤先生から聞いたことであるが,遠藤先生に「今度助手を採れることになったんだけど,誰か良い人がいませんか.」と聞いたら,遠藤先生が「遊んでいるちょうどいいのがいるよ.」ということで紹介されたのが私であったそうである.遠藤先生と佐藤先生が中性子つながりであったことが私の運命を決めたと言えるが,本当に運命というのは気まぐれで予想の付かない得体のしれないものであると思う.

1987 年春の物理学会(名古屋工大)

1987 年 3 月の物理学会は名古屋工大で開催された.物理学会のプログラムは 12 月に作られるが,直前に高温超伝導発見があり,急遽高温超伝導のセッションが設けられたと後で聞いた.図 1 は低温シンポジウムのプログラムである.製本されたプログラムには,いち早く非公式にプレプリを入手した東大の田中昭二グループのみの発表が印刷されている.3 か月ほどの間に多くの進展があり,物理学会で急遽設けられた夜のセッションのプログラム(図 2)は手書きであり,学会初日にアナウンスがあり申し込み順であったようである.発表は全部で 48 件.1 人 2 分間の発表であり,時間が来るといかに偉い先生であっても容赦なく壇上から引きずり降ろされた.重要な質疑がある場合には十分時間を取ることもあった.名古屋工大正門横の薄暗い大講堂の中でのシンポジウムは深夜遅くまでにおよび,熱気に満ち,ピーンと張りつめた緊迫した雰囲気は今でもよく覚えている.

| 28a A | 低温シンポジウム | 9:30〜12:25 |

主題：超伝導にまつわる最近の話題及び高温超伝導

1	はじめに 20分		東海大理	中嶋貞雄
2	有機導体の異方的超伝導 20分		物性研	長谷川泰正, 福山秀敏
3	有機超伝導体の核磁気緩和 20分		物性研	滝川仁, 安岡弘志, 斉藤軍治
4	Eu を含むシェブル相化合物の磁場誘起超伝導 20分		東北大金研	小林典男, 川又修一, 武藤芳雄

休　憩　　10:50〜11:05

5	非金属, 金属系複相材料の超伝導 20分	東北大金研	井上明久, 松崎邦夫, 豊田直樹, 増本健
6	微粒子ジョセフソン接合における集流の量子化 20分		電総研	吉広和夫
7	超伝導トランジスター 20分		日立中研	西野寿一, 川辺湖
8	STM のスペクトロスコピーへの応用 20分		電総研	阪東寛, 徳本洋志, 梶村皓二

| 28p A | 低温シンポジウム | 13:30〜18:05 |

主題：超伝導にまつわる最近の話題及び高温超伝導

1	B1 型化合物 MoN 他の超伝導 15分		電総研	伊原英雄
2	反応性スパッタリングにおける窒化機構と B1 型窒化物の超伝導特性 15分			
			東北大工	大嶋重利, 脇山徳雄
3	A15型化合物の問題点 15分		東北大金研	豊田直樹, 深瀬哲郎
4	重い電子系としての A-15—ノーマルと超伝導 15分		名大理	三宅和正, 松浦民房

休　憩　　14:30〜14:45

5	ペロブスカイト型酸化物の超伝導 10分		東大工	田中昭二
6	La-Ba-Cu 酸化物の試料作製 10分	東大工	高木英典, 内田慎一, 北沢宏一, 田中昭二
7	La-Ba-Cu 酸化物の超伝導特性 15分	東大工	内田慎一, 高木英典, 北沢宏一, 田中昭二
8	La-Sr-Cu, La-Ca-Cu 酸化物および種々の固溶系の超伝導 15分			
			東大工	岸尾光二, 北沢宏一, 笛木和雄, 田中昭二
9	La-Ba-Cu 酸化物等の high Tc に関する prepared discussion 120分		(聴講者の登壇発表可能)
10	今後の展望 I 15分		東北大金研	武藤芳雄
11	今後の展望 II 15分		物性研	福山秀敏

| 28 JB | 低温インフォーマルミーティング | 18:30〜19:30 |

図1　1987 年 3 月の物理学会（名古屋工大）での低温シンポジウムプログラム.

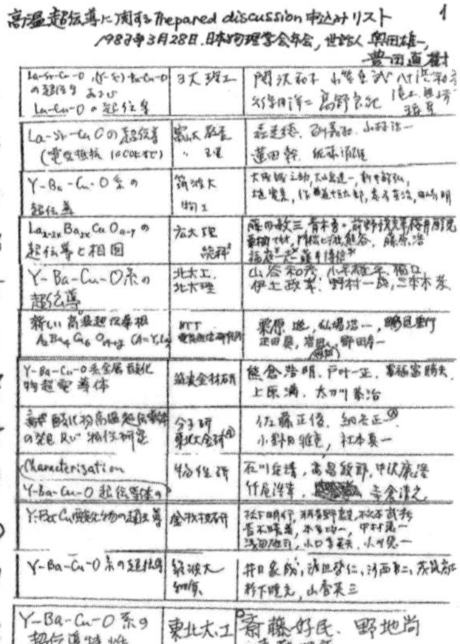

図2　1987 年 3 月の物理学会（名古屋工大）で急遽設けられた高温超伝導に関する夜のセッションプログラム.

分子科学研究所（1987年4月〜1990年3月）

　1987年4月から分子科学研究所（分子研）に移ったが，はじめはIMSフェローというPDの身分で，8月から助手として採用された．二十数年後になってこの助手ポストが3年任期であることを佐藤先生から知らされ驚きもしたが，緊急事態で3年任期というのは当たり前と言えば当たり前のことと思う．ただし，3年任期というのは今ではありふれたポストであるが，当時は普通ではなかった．面接での「ヘリウムを汲めますか」「はい」で採用されたその理由は分子研での生活が始まって間もなくしてわかった．猫の手も借りたい，さまざまな種類のパウダーを混合しサンプルを合成して電気抵抗を測定するという単純作業の人手がとにかく欲しかった，ということであった．博士であろうとなかろうと関係なかったということである．松田君は学位取得後，東大駒場に助手として移った後で，佐藤グループには，小野田君，社本君と東北大金属材料研究所（金研）から来ていた細谷正一氏のほか，4月から北大で修士課程を終え学位を取りに来ていた福田君，旭硝子から近藤君，デンソーから安藤君の総勢8名であった．他に高温超伝導をやっていたのは丸山グループにトヨタから来ていた河合さんがいた．後日松田君から，1987年初め学位取得に目途がついた後，サンプル合成を手伝わされたときの佐藤グループでの異常な体験を聞いた．試料名をマジックで黒塗りされた試薬瓶には番号が付けられ，1番を3.45 g，3番を1.03 g，7番を2.13 g，10番を0.14 gのように指示され，どのような組成式か知らされずただただ未知の焼結体試料を作らされたのには閉口したそうである．これほど佐藤グループは秘密主義が徹底していたが，似たようなことは世界中で起こっていたのかもしれない．高温超伝導発見はそれほど異常な出来事であった．石ノ森章太郎が「まんが超伝導入門」を連載するというのも異常であった．

　分子研での始めの1年は土日なしであった．皆朝早くから夜遅くまで，パウダーを混ぜてプレスして焼結体試料を作って測定，の繰り返しの毎日であったが，世界と競争しているという心地よい緊迫感があり，活気に満ち溢れていた．ただ，私に与えられた仕事はトンネル分光という私にとっては初めての測定

であり，青山学院大の那須氏の作られた装置でひたすらデータを取るという退屈な毎日であった．装置の図面を渡されたがその中身は理解できず，またデータをとってもそれがまともなデータかまともでないデータなのかを自分では判断できない代物であった．データの信頼性については結果的には佐藤先生に任せることになった．トンネル分光は面白くなかったが，周りの雰囲気に圧倒され，ひたすらデータを取り続けた．秋の物理学会は東北大で開催された．発表件数はとんでもなく多く，シンポジウム以外はすべてポスター発表であり，北の大学から順に並べられ，初日から最終日まで午前・午後すべての時間帯でポスター発表のプログラムが組まれていた．私は「高温超伝導体のトンネル分光」というタイトルで申し込んだ．申し込むときは大丈夫か，と不安であったが，佐藤先生の言われるままに申し込んだ．秋の学会でトンネル分光について発表した後，論文にまとめるよう言われ，11月に投稿した．10月に入って佐藤先生から「比熱の装置を作れるか」と言われ，しめたと思った．比熱測定装置を自作する自信はなかったが，それに対する不安より，トンネル分光から離れることのできることの喜びの方がはるかに大きかった．今では考えられないことであるが，当時は比熱測定装置を自作できることは低温実験屋として独り立ちできると言われていた．学位取得時，東北大低温物理研の藤田敏三先生（藤田先生はその後広島大に教授として移られた）が作られた装置で CeSb, CeBi 系（今ではトポロジカル絶縁体として有名になっている）の比熱を測定させていただいたことがあった程度で自作できる自信はなかった．とはいえ，この上ないチャンスと思い，喜んで佐藤先生の申し出を承諾した．自作にあたり，いくつかわからないことが出てきたが，高温超伝導競争相手である広島大の藤田先生に問い合わせるわけにいかず，佐藤武郎先生に教えを請い，1カ月ほどで自作することができた．これには分子研技術部のすぐれた技術員の助けに負うところが大きい．装置ができたが，最初に何を測定するかを佐藤先生と話し，金材技研の前田弘氏により発見されたばかりの Bi-Sr-Ca-CuO 超伝導体を測定することになった．高温超伝導発見当初，アンダーソンが超伝導状態であってもスピノンのフェルミ面があり，有限の電子比熱係数 γ があるはず，と予想し，これを支持する実験結果が YBCO, LaSrCuO 等で多く報告されていた．これ

に対し，Bi-Sr-Ca-CuO では $\gamma = 0$ となる結果を得，アンダーソンが当初予想したような特異な超伝導ではない，ということを示すことができた．初期のサンプルは焼結体であり，酸化物ゆえに欠陥等ができやすくできが悪いため有限の γ を出したのではないかと思う．なぜか Bi 系超伝導体にはそれがなかった．

「1/8 問題」も私にとって大きな思い出である．これは $La_{2-x}Ba_xCuO_4$ において $x=1/8$ 付近で超伝導が消失するという現象であるが，構造相転移，電気抵抗，磁化率，熱起電力，ホール効果等のデータを矛盾なく説明できるモデルを探す，というパズルのような問題であり，十分楽しむことができた．

手渡しの論文投稿

1つとんでもない思い出として残っているのは，東京文京区にある東大名誉教授の佐々木亘先生のご自宅まで SSC (Solid State Commun.) 投稿論文を届けに行った時のことである．佐藤先生は佐々木先生の最初の学位取得学生であり，佐々木先生は SSC の編集委員であった．当時は今と違って，電子投稿という便利なものはなく，論文投稿は郵送に頼っていた．1988 年の 1 月か 2 月のことであった．佐藤先生が重要な結果なので早急に投稿したい，郵送では 1 日かかってしまうので，翌日朝一番の新幹線で東京に行って佐々木先生に手渡しするように言われた．第一著者は私ではない論文であったが，とにかく朝早く岡崎を出た．昼前地図を頼りに佐々木先生のご自宅にたどり着き呼び鈴を鳴らすと，和服姿の佐々木先生が出てこられ，論文を投稿したい旨伝えると，もちろん驚かれたが，事情を話すと快く受理していただけた．これでとにかく論文が受理されたということで話が終わると思っていたら，1 週間ほどして，佐藤先生が「世良君，あの論文は間違っていた，佐々木先生に取り下げの手紙を書いてくれ」と言われ唖然とした．私はどのような内容か覚えていないのであるが，佐藤先生の還暦の祝いのときこの話をしたら，あれは……の論文だった，とはっきり憶えておられた．以上は私の体験談であるが，編集委員への手渡しや論文が accept されるより先に新聞社に送る，というようなことは少なからずあったようである．それらの中に取り下げがあったかどうかわからないが．初期の段階では焼結体試料であったので，1 日あれば試料作成・測定までできて

しまう特殊事情があり，第一発見者が誰であるかをめぐって裁判沙汰になることもあった．

高温超伝導若手研究会

　高温超伝導発見当初から頻繁に研究会が開催されたが，若手を中心とした研究会があるのが良いのではないか，ということで「超伝導若手研究会」が始まった．佐藤先生が中心的な役割を果たされたのだと思う．図3は1989年11月に那須で開催された若手研究会のプログラムである．最高齢は佐藤先生であり，助教授が数名いるものの，助手がほとんどであったが，大学院生も少なからずいた．まさに若手が実動部隊として高温超伝導研究の最前線で戦っていたと思う．プログラムを見ると発表時間に差があることがわかるが，30分と長

```
============ 1 1月7日（火）  ============

[A] Introduction  （座長：家 泰弘）  [1：00～2：45]

        吉田 博      「高温超伝導発現機構解明のために            25分
                      何を議論するべきか？」
        コメント＆討論

[B] Materials I

        十倉 好紀    「Material Perspective: Cu-Oxides」          30分
        澤 博        「酸化物超伝導体Ln-Ce-Ba-Cu-Oの結晶構造」    15分
        前田 京剛    「B 1系高温超伝導体の光学スペクトル及び
                      その周辺の物理的性質」                      15分
        コメント＆討論

[C] Electronic Structure  （座長：倉本義夫）  [3：00～6：00]

        藤森 淳      「光電子分光と電子構造」                    30分
        高橋 隆      「光電子分光と軟X線分光」                   30分
        小杉 信博    「内殻吸収分光」                            30分
        内田 慎一    「光学測定について」                        30分
        コメント＆討論

    *** 夕食 （6：00～8：00） ***


[D] Materials II  （座長：十倉好紀）  [8：00～9：30]

        前野 悦輝    「銅を含まない電気伝導性ペロブスカイト関連物質」30分
        高木 英典    「Ba$_{1-x}$K$_x$BiO$_3$, BaBi$_{1-x}$Pb$_x$O$_3$の物性」    30分
        コメント＆討論
```

図3　1989年11月に那須で開催された若手研究会プログラム．

3.5 高温超伝導・分子科学研究所での思い出 131

============ 11月8日（水）============

[E] Theory　（座長：吉岡大二郎）　[8:40～12:00]

　　今田　正俊　「Theories of high T_c」　　　　　40分
　　青木　秀夫　「ハバード模型とdoping」　　　　　5分
　　初貝　安弘　「Two-band modelの数値計算」　　10分
　　小杉　信博　「量子化学計算の問題点」　　　　　5分
　　コメント＆討論

　　*** 休憩 （10:00～10:20）***

　　倉本　義夫　「重い電子系と高温超伝導体の関連」　　　　30分
　　青木　秀夫　「分数統計と超伝導」　　　　　　　　　　30分
　　長谷川泰正　「Flux phases in the t-J model」　　15分
　　初貝　安弘　「Flux phaseとanyon系の平均場のエネルギー」　5分
　　コメント＆討論

[F] Microscopic Probes　（座長：佐藤　正俊）[1:30～3:40]

　　西田　信彦　「μSRによる酸化物超伝導体の研究」　　　30分
　　北岡　良雄　「酸化物超伝導体のNMR」　　　　　　　　30分
　　清水　槙　「銅酸化物のNMRとNQR」　　　　　　　　20分
　　溝口　憲治　「$YBa_2Cu_3O_7$のCu-NQR T_2の異常」　　10分
　　山田　和芳　「214系のスピン構造――共鳴実験との矛盾点」　10分
　　コメント＆討論

　　*** 休憩 （3:40～4:00）***

　　　　（座長：内田　慎一）[4:00～6:00]

　　水貝　俊治　「Cu系およびBPB(BKB)系超伝導酸化物のラマン散乱」30分
　　山中　明生　「$Bi_2Sr_2CaCu_2O_8$のギャップ励起ラマンスペクトル」10分
　　吉沢　英樹　「中性子散乱で何が測定できるか」　　　　　　30分
　　山田　和芳　「$La_{2-x}Sr_xCuO_4$系のスピン揺動」　　　　15分
　　コメント＆討論

[G] Transport　（座長：小林　典男）[8:00～9:30]

　　家　泰弘　「Transport実験の現状と問題点」　　　40分
　　為ヶ井　強　「高温超伝導体のホール効果について」　15分
　　小池　洋二　「Pb系酸化物のH_{c2}とJ_c」　　　　5分
　　コメント＆討論

============ 11月9日（木）============

[H] Thermodynamics, 圧力効果　（座長：前野　悦輝）[9:00～10:15]

　　小林　典男　「酸化物超伝導体の比熱」　　　　　　　　30分
　　世良　正文　「La系、Nd系の比熱」　　　　　　　　　10分
　　村山千寿子　「酸化物高温超伝導体の局所構造と圧力効果」15分
　　コメント＆討論

　　*** 休憩 （10:15～10:30）***

[I] Future of High T_c Research　（座長：吉田　博）[10:30～12:00]

　　佐藤　正俊　「今後の課題」　　　　　　30分
　　自由討論　　　　　　　　　　　　　　60分

時間の発表は若手重鎮，10分程度の短時間の発表は若手駆け出し，と分類されていたようである．また，宿泊の部屋割りも特別室は若手重鎮，普通の部屋は若手駆け出し，と分けられていたようである．若手研究会はいわゆる年配の重鎮がいないこともあって，遠慮のない活気に満ちた議論が交わされた．夜はいくつかの部屋に分かれ集まっての情報交換・懇親会ととても楽しい研究会であった．私は糟谷先生を中心とした希土類研究グループにいたので，東北大，阪大，物性研，広大，北大等と交流範囲も限られていたが，高温超伝導では北から南まで非常に多くの大学・研究所で幅広く研究が行われていたこともあり，非常に多くの知人ができた．

名古屋大学（1990年4月～1993年6月）

1990年4月に佐藤先生が教授として名大に移られたが，私も名大に移った．その頃には高温超伝導フィーバーも一段落し，分子研にいた頃のような活気は少しずつ失われ，じっくり落ち着いて物理を考えることができるようになったと思う．分子研との大きな違いは，毎年新しい学生が入ってくることであり，実験のイロハを教えること，また演習授業が仕事として加わったことである．1992年秋から次のポストを探すことになったが，私にとって大きな出会いが訪れた．1993年春の物理学会は東北大であったが，ポスター会場で小池洋二さんにばったり会った．小池さんは私が学位論文作成のため金研で実験していたときからの知人であり，高温超伝導でも若手研究者として活躍されていた．ポスター会場で次のポストを探している旨話すと小池さんが「世良君にぴったりのポストがある」と言われた．金研の武藤芳雄先生後任で教授になられた小林典男先生の研究室の助教授のポストであった．その夜小林先生と食事をともにし，そこで金研に移ることが決まった．運命の出会いとはこのようなことを言うのか，と今でもつくづくそう思っている．私がいたポスター会場に小池さんがいた確率は極めて小さいものだったのではないかと思う．

東北大金属材料研究所（1993年7月～1999年3月）

東北大金属材料研究所（金研）に移って2年ほどは高温超伝導研究をしてい

たが，私の作れるのは多結晶焼結体試料であるため，やれることに限界を感じ，1995年頃から東北大物理の国井暁先生に単結晶試料を提供していただいたCeB_6の隠れた秩序に研究テーマをシフトしていった．CeB_6はグルノーブルにいたとき，Rossat-Mignodと随分議論し，考えていた物質であり，すんなりテーマを変えることができ，また斯波弘行，酒井治，椎名亮輔，倉本義夫，半沢克郎，秋光純の諸先生との議論から多くの物理を学んだ．また金研在職中には，多くの方々と共同研究をすることができた．$CuGeO_3$，スピンラダー，CeB_6では秋光先生，$CsCuCl_3$，DyB_6では本河光博先生，高温超伝導では当時北大の松田君，当時東大の高木英典，永崎洋，木村剛，宮坂茂樹諸氏等々．松田君とは紙面に書けないような思い出もたくさんあるが，当時ジョセフソンプラズマ発見の最中にあり，マラットさんとのこと等多くの苦労話を聞いた．松田君が物性研に移った後，東京に出張があったとき，秋光先生との3人でさまざまな問題について率直に話をする会を開き，夜遅くまで飲みすぎて終電に間に合わず松田君とカプセルホテルに泊まったこと等も今となっては楽しい思い出となっている．その後，私は1999年4月に広島大に移った．

若い研究者に伝えたいこと

私の高温超伝導の思い出はほとんどが分子研に在職していたときのことで，それは世界を相手に競争し，活気に満ち溢れ，苦しいけれどもとにかく楽しい毎日であった．佐藤先生は出張で不在のことが多かったが，居室の電気はつけっ放し，ドアは開けっ放しであった．そのため佐藤先生が出張なのかどうかわからず，出張とわかっても出張からいつ帰ってこられるかわからず，びくびくしながら実験していたこともあった．佐藤先生は夕食で宿舎に帰られ8時ころ分子研に帰ってこられたが，見張りを立ててびくびくしながらコンピュータゲームをしたこともあった．1日の内で唯一の楽しみは，坂を下りたところにあった食堂での昼食と安藤君のトヨタの新車で少し遠出をしての夕食であった．夏の暑い日，昼食後に缶ジュースを買って帰り，佐藤先生に見つからなければ良いがと思いながらゼロ接点の氷水魔法瓶の中に隠していたにもかかわらず，見つかり「見つけた！」と言われたときの笑顔を見てほっとしたこと．佐藤先生

はコンピュータが嫌いで，実験データはノートに手書きすべき，そうすることによってデータがすべて頭に入る，と言われていたが，長期出張の際，私がパソコンで電気抵抗自動測定プログラムを作り，測定していたところに佐藤先生が帰ってこられ，怒られるのではないかとびくびくしていたところ「天然色はいいねー」と言われほっとしたこと．1988年秋には皇太子(現 上皇昭仁)が分子研に来られた際，佐藤先生が3分間高温超伝導の説明をされ，2,3メートルほどの距離でその質疑応答を伺うという貴重な体験をしたこと等々．また分子研では私にとっては初めての測定手段である熱起電力，熱伝導度の測定装置を作らせていただいたことも私の守備範囲を大きく広げることになった．佐藤先生が日頃よく言われていた「レターは1日で書くもの」はもちろん私には不可能であったが，その後大きな目標として目の前に大きく聳えることとなった．分子研には非常に多くの思い出があり，思い出すのは楽しい思い出ばかり．それは，まだ若かったことによるのではないかと思う．否応なしに，ひたすら実験をし，物理を考えざるを得ない環境に身を置いたことにより，中長期的な将来に対する不安を持つ余裕がなく，明日はどうしようかと考えるゆとりしかなかった．これは，この上なく贅沢な時間を過ごすことができた，この上なく幸せだった，ということになるのではないかと振り返ってそう思っている．

せら まさふみ

1953年広島県生まれ．県立福山誠之館高校出身．1982年東北大学大学院理学研究科博士課程退学，理学博士取得．グルノーブル極低温研究所，グルノーブル原子力研究所を経て1987年分子科学研究所助手．名古屋大学助手，東北大学金属材料研究所助教授を経て，1999年広島大学大学院先端物質科学研究科教授．

3.6 高温超伝導体にフェルミ面は存在するか？

髙橋　隆

「これまでの研究はすべてストップ．高温超伝導体一本で行く！」

　私が，"高温超伝導体"と言うものを初めて見たのは，愛知県岡崎市にある分子科学研究所の放射光実験施設 (UVSOR) に共同利用実験に行っていた時のことです．1986 年の 12 月頃だったと思います．いつものように，実験の合間にコーヒーを飲ませてもらいに，研究棟の一番奥にある丸山有成先生（故人）の部屋にお邪魔した時に，「高橋君に是非合わせたい人がいる．測ってもらいたい試料があるんだが，これは高橋君が最適だ」と言われて，同研究所の佐藤正俊先生の名前を告げられました．「何でも，最近発見された超伝導物質らしいよ．相当に急いでいるようです．すぐに佐藤先生に連絡するから」．コーヒーも飲み終わらないうちに，佐藤先生の部屋に向かうことになりました．

　佐藤先生の部屋の所在を聞いて，そちらに早足で歩いていると，向こうから駆け足でやって来る 3 人グループに廊下で出会いました．「高橋君ですか？佐藤です」．私を待つのも時間がもったいないということで，向こうから来たらしい．挨拶もそこそこ，ポケットからプラスチックケースを無造作に取り出して，「これです．高温超伝導体です．光電子スペクトルが測定できますか？」と早口で聞く．プラスチックケースの中には，数 mm の大きさの黒い"破片"のようなものが数個入っていました．私が「測れるかもしれません」と言うと，「是非やってください．それでは適当なやつを 1 個選んでください」と，プラスチックケースの蓋を開けかけました．その時私は，「できれば 2, 3 個いただ

けないでしょうか？ 測定が失敗する場合や，データの再現性を確認する必要がありますから」と，"過大要求"をしたようでした．よほど貴重な試料だったのでしょう．佐藤先生は，「うーん」と言って黙り込んでしまいました．何秒か沈黙が続いたと思った後，そこにいた1人が，「いいじゃないですか．全部あげても」と，佐藤先生の手からプラスチックケースを取り上げて，ポンと私の手の上にのせました．後でわかったことですが，この人は，当時，東北大学金属材料研究所の助手をされていた細谷正一さんでした．佐藤先生に，試料作成の腕を見込まれて分子研に来て，高温超伝導体試料を作っていたとのことでした．このようにして，岡崎の分子研の廊下で，まったく思いもよらないかたちで，"高温超伝導体"というものが，私のポケットに入り込んで来ました．

　佐藤先生はその場で，如何にこの物質が素晴らしいか，そして何が何でもその発現機構を解明しないといけないと言われましたが，私自身も，「これは大変なものが出て来た」と直感しました．すぐに測定の準備をしないといけないと考え，UVSOR での実験のマシンタイムを半分残したまま，急ぎ仙台に帰ることにしました．

　大学の研究室に戻り，私のグループの学生全員に緊急招集をかけました．"全員"と言っても，当時の私のグループには，学部4年1人，修士3人（うち1人はスリランカからの留学生）の，計4人です．この学生"全員"を居室に集め，プラスチックケースの中の"黒い破片"（ケースには $(La_{1-x}Sr_x)_2CuO_{4-\delta}$（$x = 0.075$）と書いてありました．）を示しながら，こう宣言しました．

　「これまでの研究は全て中止する．これからは，高温超伝導体一本で行く！」

　学生たちはキョトンとした様子でしたが，私が何か大変興奮している様子だけはわかったらしく，了解したような顔つきで，またそれぞれの実験装置に戻って行きました．しばらくして，1人の学生がおずおずとした様子で私の机の脇に来て，小さな声で心配そうにこう言いました．

　「先生，僕の修士論文はどうなるんでしょうか？」

　そう言えば，この学生はもうすでに1年以上にわたって修士論文の研究をやって来ていました．そんなことは，指導教員として当然頭に入ってはいたものの，プラスチックケースの中の"破片"を見てしまうと，一時的に忘れてし

まうもののようでした．私は，彼の質問に責任を持って答えないといけないと思い，とっさに，「それは大丈夫だよ．いざという時は，僕がなんとかするからさ」と，まったく根拠のない自信ありげな返事をしました．実際のところ，私は何もしませんでしたが，彼は高温超伝導体の測定をやりながら，彼の修士論文のメインテーマを並行して続け，大変優秀な成績で修士課程を修了して行きました．

削っても削っても出てこない

早速学生と一緒に"破片"の光電子分光測定の準備を始めました．当時，BCSの壁（〜40 K，本書，1. 高温超伝導を参照）を軽々と超えて液体窒素温度（〜77 K）にまで達していた高温超伝導を説明する多くの理論が次々に提案され，まさに"理論家の数だけ理論がある百花繚乱"の状態でした．超伝導発現機構の解明には，何と言っても，その基本となる電子状態（電子構造）を明らかにしないといけません．光電子分光（図1）は，物質に紫外線や軟X線を照射して，外部光電効果によって外部に放出された光電子のエネルギーや運動量を測定することで，その電子が元々いた物質の電子状態を知る実験法です[1]．単純ですが直接的です．しかし，実験特有のいくつかの制約もあります．その代表が，表面敏感性です．光によって励起された光電子は表面から脱出して来ますが，その脱出深さがせいぜい10 Å程度で，数原子層しかありません．試料表面に汚れが付いていたり，空気中で酸化したりしていると，光電子スペクトルは，本来の物質とは違うものを見てしまいます．当然，我々はそれをクリアーする方法を知ってい

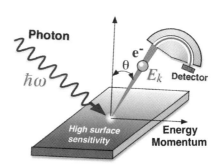

図1　光電子分光の概略図．物質に紫外線やX線を照射すると，外部光電効果により物質中の電子が物質外に放出される．この光電子のエネルギーや運動量を測定することで，その電子が元々いた物質の電子状態を知る実験法．

ます．それは，光電子分光装置の超高真空中で，試料の表面を"削れ"ば良いのです．早速，黒い破片を銀ペーストで試料基板上に固着して，研究室自作の光電子分光装置（図2）にセットしました．真空槽内の試料の表面をマジックハンドの先端に付けたヤスリでガリガリと削り，ヘリウムとネオンの輝線を用いて

図2 研究室自作の角度分解光電子分光装置（ARPES 1号機）と筆者（1985年頃）．

価電子帯の状態密度分布を測定しました（図3）[2]．測定した試料は焼結体の"多結晶"ですから，"角度分解"測定（angle-resolved photoemission spectroscopy; ARPES）ではなく，"角度積分"測定（angle-integrated PES）になっており，バンド分散は測定できず，それを積分した状態密度のみが観測されます．図3では，当時発表されていたバンド計算から得られた状態密度分布と比較しています．この比較から我々は，「価電子帯のエネルギー幅は実験と計算でよく一致するものの，実験の状態密度は計算に比べ約1 eVほど高結合エネルギー側にシフトしている．これは，銅3d電子の強い局在性によるものだろう」と結論しました．さらに（今から思うと非常に重要な点として），「フェルミ準位上には非常に弱いながらも小さな強度が観測される．しかしそれはHeの輝線を用いた場合で，Neを用いた測定では見えていない」と論文の片隅に書いていました．確かに，図3のHe Iスペクトルでは，E_F上に非常に弱いほとんど実験誤差に埋もれてしまいそうな強度があるように見えます．しかしNe Iスペクトルでは何も見えていません．このように，このE_F上の強度の観測はかなり再現性の低いものでした．超高真空中であっても時間が経つと消えたり，また温度をあげると消えたりしました．試料を削って"清浄"表面を出せばもっとよく見えるかと，何回も何回も削ってみましたが，削れば削るほどその強度は消えて行くようでした．「やはり，E_F上には状態密度はないのか？」．さらに，東大の藤森淳先生らと共同で行った放射光を用いた$LnBa_2Cu_3O_{7-\delta}$（Ln = Y

3.6 高温超伝導体にフェルミ面は存在するか？

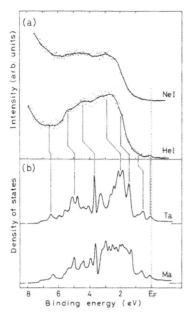

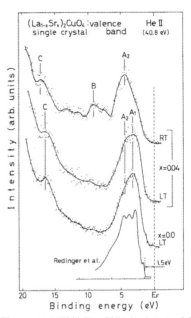

図 3 (a) $(La_{1-x}Sr_x)_2CuO_{4-\delta}$ ($x=0.075$) (LSCO) 焼結体の光電子スペクトル[2]. 測定には，He I および Ne I の輝線を用いた．(b) バンド計算から得られた電子状態密度．Ta, Ma はそれぞれ Takegahara および Mattheiss らによる[2].

図 4 LSCO 単結晶の低温 (LT) および室温 (RT) で測定した光電子スペクトル[4]. いずれも E_F 上にはスペクトル強度 (状態密度) は観測されない．最下段には比較のため，バンド計算の結果を 1.5 eV 移動させて示した．

or Sm) 焼結体の実験でも，E_F 上にはまったく電子密度強度は観測されませんでした[3]. これらの実験結果は，「高温超伝導体にフェルミ面は存在しない」ことを支持しているように見えます．

　しかししばらくして，これまでの実験には大きな欠陥があることに気がつきました．「焼結体は粉体粒子を押し固めて焼いたもので，その粒子の境界は"汚い"表面と同じ．いくらヤスリで削っても，その粒子の境界で削れて，光電子分光で見ているものは汚い境界か表面である」ということです．そこで再度，分子研の佐藤先生にお願いして，大変貴重な LSCO 単結晶をいただきました．焼結体の時と同じように，表面を真空中でヤスリで削って測定を行いました．

今度は焼結体と違い単結晶ですから，削れば間違いなく"清浄表面"が出るはずです．しかし，やはり E_F 上には何も見えません（図4）[4]．「やはり何もないのか？単結晶でもか…」と思いつつ，「本当にないのだろうか？最初に測ったLSCO焼結体でわずかに見えた E_F 上の弱い強度（図3）は何だったんだろうか？」と考えていくうちに，LSCO焼結体で削れば削るほど E_F 上の強度が消えていくことを思い出し，「これまで試料はすべてヤスリで削っていた．削るのが何か悪いことをしているのかもしれない．やはり原点に立ち返って，単結晶を"劈開（へきかい）"して清浄単結晶表面を出して測定しないとダメだ」との結論に達しました．ちょうどその頃，100 K 近辺の超伝導温度を持つ Bi 系超伝導体が発見されました[5]．この Bi 系超伝導体は2次元性が強く簡単に劈開するので，バンド分散が見える角度分解光電子分光（ARPES）には最適です．そこで誰か単結晶を作ってくれないかと周囲を見渡しましたが見当たりません．「そういうことなら自分たちで作ろう」と，同じ大学の物理学教室の助手仲間の吉田博さんと一緒に単結晶作製を始めました．吉田さんは理論家ですが，高温超伝導体が出現した時に米国（デンバー）に留学中で，向こうで高温超伝導体の出現を知り，周りの実験家を巻き込んで試料を作り，一攫千金を狙っていたということです．

できた，結晶が！

早速，原料となる薬品粉末や，乳鉢・乳棒，アルミナるつぼなどを注文し，実験室に転がっていた誰のものか分からないメトラー天秤などを調達しました．プレス機や電気炉は，磁気物理研究室の鈴木孝先生が快く使わせてくれました．そして，毎日夕方になると（職務を終えると）吉田さんの部屋に集まって，そこにいた岡部豊さん（当時 物性理論研究室助手，現在 首都大学東京名誉教授）も交えて，"粉捏ね"をやりました．右に何十回，左に何十回などと，捏ねる回数を競っていたものです．粉の組成比やフラックスの種類を検討・調整すること3カ月，共通実験室の暗室の片隅に置いた縦型ブリッジマン炉にセットしたプラチナるつぼの中にキラリと光るものを見つけました（図5）．とうとう単結晶ができました．$Bi_2Sr_2CaCu_2O_8$（Bi2212）です．しかし小さい．せいぜ

3.6 高温超伝導体にフェルミ面は存在するか？

図5 自家製の Bi2212 単結晶の写真．るつぼの中で成長した単結晶（左図）と，取り出した単結晶（右図）．

い2 mm 四方あるかどうかです．当時の光電子分光装置の放電管の光スポット径が5 mm 程度で，これでは実験室系の測定は難しいと考えて，小さな光スポット径を持つ放射光を使うことにしました[*1]．

まず，筑波にある放射光施設フォトンファクトリー (PF) での実験を考えました．しかし，当時は（今でもそうかと思いますが），放射光のマシンタイムは，1年も前から申請して割り当てられるもので，逆に1年先まで予定が埋まっていました．今から申請しても，ビームタイムをもらえるのは1年先になります．当時の「毎日毎日，超伝導温度が上昇し続けている」状況からは，そんなに待てるはずがありません．しかし，PFにはそれを回避して，重要な緊急性のある研究課題を常時受け付けて，マシンタイムを特別配分するシステムがありました．u課題 (urgent の "u" と思われる) です．早速，このu課題に「単結晶ができたので，すぐに測定をしたい．」と申請しました．待つこと2週間，返事が来ました．「不採択」？「緊急性はない．通常のマシンタイムに申請し直すことを勧める」．一瞬，見間違いかと思って何回も見直しましたが，いくら見直しても「不採択」でした．不採択の具体的な理由は書いてありませんでした．

[*1] 現在では，光スポットを 100 nm 程度まで絞れるようになり，微小単結晶でも ARPES が可能となっています．まさに隔世の感があります．

「そうか，PFは高温超伝導体をやる気がないのか．ここで交渉するだけ時間がもったいない．しかし，何が何でも，外国でやられる前に我々がやらねば」と考え直して，他の方法をとることにしました．当時，国内にはもう一つ放射光施設がありました．前に書いた分子研付属のUVSORです．そこのARPESビームラインBL8B2は，私が学生時代お世話になった関一彦先生(故人，名古屋大学教授)が管理していました．不採択

図6　UVSOR BL8B2での"一大共同実験チーム"．左から，松山君，高橋，藤本さん．後ろに見えるのがARPES装置．装置によじ登って測定していた(1988年).

の通知が来たその日のうちに関さんに電話し，事情を説明して，「マシンタイムを融通してもらえないか？」とお願いしたところ，「2, 3日ならなんとかなる．早くやってください」と快諾していただきました．「やった，これで何とかなる」．早速，研究室総動員で準備に取り掛かりました．"総動員"と言っても，当時は研究室の院生はM1に入って来たばかりの松山博圭君(現　旭化成)1人だけで，私を入れて総勢2人の少数精鋭部隊です．幸い，関先生の手配でUVSOR BL8B2の管理者の藤本斉助手(現熊本大学教授)も測定に参加することになり，ここに総勢3人の"一大共同実験チーム"が結成されました(図6)．仙台の研究室で，松山君と2人で急いで試料の基板への貼り付けを行い，それをバックに押し込んで，上野行き東北新幹線「あおば」に乗り込みました．上野駅で山手線に乗り換えて東京駅に行きましたが，「早く東北新幹線の東京駅乗り入れが実現しないかな」と心の中で思ったものです[*2]．

[*2] 1988年当時は，まだ東北新幹線・上野−東京間は開業しておらず，上野で降りて山手線で東京に行き，そこで東海道新幹線に乗り換えていました．

分散が見える．フェルミ面がある！

　UVSORでの実験は時間との戦いでした．UVSORの運転（光が出る時間）は現在と異なり，朝の9時から夕方の6時まででした．夜は光が出ません[*3]．一方，劈開した試料表面は超高真空中とはいえ，一刻一刻と変化（劣化）していきます．結晶を劈開したら，夕方の6時までに全データを取りあげないといけません．真空中と言えども一晩置いたら試料表面は完全に変化してしまいます．とりわけ今回のような貴重な（やっとの思いで作った）試料は，1秒たりとも無駄にはできません．3人で，朝に光が出た瞬間に単結晶を劈開して，ビームラインにへばりついてデータをとりました．しかし，光の強度が弱くデータがなかなか溜りません．それは当然で，ARPESの測定系が現在のものとは大きく異なっていました．現在のARPESは，試料からいろんな方向に放出された光電子をレンズで集光して，"2次元マルチ検出"を行うのに対し（図7），当時のARPESは小さな電子分析器（これだけでも検出効率は著しく低下する）を試料の周りで機械的に回転させて，ブリルアンゾーンの1点からの信号を検出する"点検出"でした．シグナルが弱いのは当たり前です．しかし，それでも，時間さえかければ，ポツポツと点が無造作に分布しているように見えたデータにも，何やら構造らしきものが見えてきました．夕方，リング内のスピーカーから「ビームを落とし

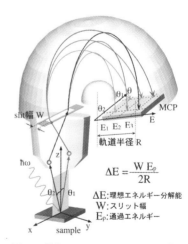

図7　現在のARPESアナライザーのマルチ電子検出システム．

[*3]　当時，PFは24時間運転で昼夜を問わず光が出ていましたが，UVSORは夜はビームを落としていました．理由はわかりませんが，「夜は，昼間取ったデータをよく見直して，次の日の測定を考えよ」と言うことかと妙に納得していました．

第3章 若きサムライたちの戦い

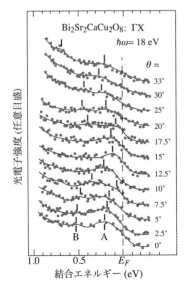

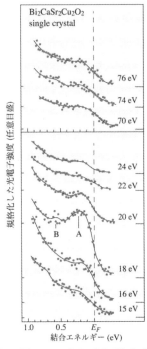

図8 Bi2212単結晶のフェルミ準位近傍の ARPESスペクトル[6]. 測定はブリルアンゾーンΓX方向. 何本かのバンドがフェルミ準位を切って分散しているのが("おおらかな気持ち"で見ると)見える.

図9 Bi2212のO 2s (18 eV) および Cu 3p (74 eV) 近傍の共鳴光電子スペクトル. O 2s 準位近傍の励起光でフェルミ準位近傍の構造が増大しており, フェルミ準位近傍の電子状態が O 2p 起源であることがわかる[6].

ます. 安全のため, 全員リングの外に退避してください!」というアナウンスを聞きながら, 体を張ってギリギリまでリングに留まって取った[*4]スペクトルが図8です[6]. 実験データは点で示され, なめらかなカーブは, それをスムージングしたものです(これについては,後で大きな事件となります). 図中, 縦棒AおよびBで示したように, フェルミ準位近傍にそれを切るエネルギー分散を持つバンドが観測されます. さらに, 図9で示すように, このフェルミ

[*4] ビームを落とす時にはいつも, BL8B2のARPES装置からリングの出入り口の遮蔽扉まで, 全力ダッシュしていました.

準位を切るバンドは，酸素の $2s$ 準位に対応する $18\,\mathrm{eV}$ の光で共鳴的に増大しています．これらのことは，「高温超伝導体 Bi2212 には，フェルミ面が存在し，それが酸素 $2p$ の性格を持つ」ということを示しています．「これで高温超伝導体の電子状態は決まった．すぐに論文を書かなければ」．仙台に戻る当時最高速の東北新幹線「やまびこ」が，いかに遅く感じられたことか．

ネイチャーに投稿．わけのわからないコメント

「大変重要な結果だ．どこに投稿したら良いだろう？」．それまでは，Physical Review Letters（PRL）や Physical Review B（PRB），JPSJ（日本物理学会誌），JJAP（日本応用物理学会誌）などに投稿していましたが，誰か覚えていませんが，「Nature が良いかもしれない」と助言してくれた人がいました．それまで Nature に投稿したことはなく，表紙に動物や天文の写真の載っている生物や地物・天文系の雑誌と思っていましたが，調べるといくつかの高温超伝導の注目すべき論文が載っています．「よし，これにしよう」．投稿先が決まれば，あとは文章と図を作るだけ．書く内容は，分子研 UVSOR での測定中に決まっています．急いで論文を書き上げ，Nature に投稿（航空便で郵送[*5]）したのが 1988 年 7 月上旬（論文には received 15 July とある）．待つこと 1 週間，返事が来ました (22 July)．レフェリーは 2 人で，以下のようなコメントでした（抜粋）．

Referee #1:

This paper represents a breakthrough in the study of high-temperature superconductors. For the first time, the electronic states at the Fermi level have been observed clearly, and their O $2p$ atomic character has been clearly revealed by a resonance effect. As such, it provides crucial information needed to decide between competing theories of the superconducting phenomenon. I believe these results will be greeted with enthusiasm ⋯ .

[*5]　当時は e-mail やネット投稿などというものはなく，投稿はすべて原稿を郵便や Fax で送っていました．

Referee #2:

The observation of band dispersion in a high T_c conductor is clearly of interest to the field as no other paper reporting such an observation exists. However, I am concerned about the experimental details given in the paper. The authors tell us that the photoemission measurement was performed in Japan. This is insufficient information to access the quality of the data. ···I therefore cannot recommend publication in the present form.

Referee #1 は，高く評価して論文掲載を強く勧めているのに対し，Referee #2 は「実験が日本で行われたから情報不足のため掲載不可」としています．この Referee #2 のわけのわからないコメントに，「何で日本で実験をしたからダメなんだ！ アジアを見下しているのか．人種差別じゃないか」と腹を立てながら，Editor の Laura Garwin の手紙を見ると，

Editor (Laura Garwin):

···The referees differ in their recommendation, and we will therefore need to see your response to the comments of the more negative referee (in the form of a revised manuscript) before we can reach a decision regarding publication. You may take up to two more typed pages to add the experimental details···. The title is a bit too long ···

婉曲な言い回しですが，これは「2 ページあげるから，もう少し実験の詳細を書いてください．また，タイトルも少し長いから短縮してください．そうしたら accept します」というふうに翻訳できるではありませんか！ Garwin さんも，Referee #2 のコメントにバイアスを見て取ったものと思われました．すぐに論文の revision を行い，London に送りました (Fax, 25 July)．Nature London からはすぐに返事が来ました．"We are happy to say that your manuscript has been accepted for publication."(29 July)．投稿から 2 週間で Nature に掲載可となったのです．「掲載は 8 月 25 日 (London 時間) の予定．それまでは

Confidential. いかなるメディアに対しても公表してはいけない」. 1カ月後には, 大変な騒ぎが待っていました.

新聞記者にインタビューを受ける

8月の下旬 (20日頃?), 私は, 当時目黒にあった金属材料技術研究所 (現在の物質・材料研究機構 NIMS) での高温超伝導体の研究会で講演するために, 東京に出張していました. 当時は, ジャーナルのホームページに論文掲載 (on-line publication) などというものはなく, 「8/25掲載といっても, どうせ雑誌が船便で図書室に来るのは早くて1カ月後, 市内の丸善書店でも航空便で1週間後だろう」くらいに思って, 掲載日のことをほとんど忘れ, 広い金材技研のホールで, 前の人の講演を聞きながら次の私の発表の準備をしていました.

その時, 研究所の事務の人が素早く私に寄って来て, 「高橋先生ですね. 面会人が来ています. 新聞社の方のようです.」と告げました. 「新聞社?… 済みませんが, 私の発表が終わってからと伝えてください」. 後ろを見ると, ホールの向こうの壁のところに, こちらを向いて小柄な人が立っています.

発表を終えてホールの外の廊下に出ると, そこに重そうな大きなカメラを肩から下げた "小柄な人" が待っていて, 「高橋先生ですね. 仙台に電話をしたら, 今東京に居られるというので, 急遽こちらに来ました. 共同通信の○○です」と名刺を渡されました. 「ロンドンのネイチャーからプレスリリースが廻って来て, 高温超伝導の機構が分かったとのことで, ぜひ取材をさせてください. あっ, その前にまず写真を撮らせてください. その壁の前で結構です」. 大きなカメラをこちらに向けて, パシパシと2,3枚の写真を撮ります. そうこうするうちに, 研究会が終わったらしく, ホールから人が出て来て, そこに立木昌先生 (当時 東北大金研教授) を見つけました. 「高橋君, どうしたんですか?」. 「新聞社の方にインタビューを…」. 「立木先生でいらっしゃいますか. それはちょうど良かった. 是非ご一緒に取材させていただけないでしょうか」ということで, 目黒駅に向かう途中にあった喫茶店で "インタビュー" を受けることになりました.

「ロンドンのネイチャーから直接プレスリリースが来ることは本当に珍しい

ことで，大変な発見ということは良くわかるのですが，なにせサイエンスには疎いもので…」．何を聞かれたのか覚えていませんが，立木先生がしきりと「これは素晴らしい発見です」と繰り返されていたことと，記者のおごりのアイスコーヒーが美味しかったことを覚えています．最後に，「それでは，これを記事にまとめて配信します．ありがとうございました」と3人がテーブルから立ち上がった時に，「ところで高橋先生のご出身は？」と聞かれ一瞬何のことかと思ったが，とっさに「新潟です」と答えました．そして8月25日になりました．

記事は当日の全国の地方紙に大きく取り上げられて

図 10 高温超伝導についての新聞記事（新潟日報 1987 年 8 月 25 日）．「極めて重要な基礎実験」という立木先生のコメントも最後にある．

いました[*6]．知り合いから連絡が入っただけでも，北は青森（東奥日報）から南は沖縄（沖縄タイムズ）までにわたり，特に，私が所属している東北大学のある仙台の河北新報と私の出身地の新潟の新潟日報[*7]には，写真入りで掲載されていました（図10）．また，全国紙の日経新聞や，英文紙の Mainich Daily

---

[*6] 共同通信社は記事を全国の地方紙に配信しています．
[*7] 新聞記者から出身地を聞かれた理由がその時わかりました．記者は，私の出身地も原稿に入れて配信したと思われます．

3.6 高温超伝導体にフェルミ面は存在するか？

News，さらに後日，New Yorkにいる友人から現地の新聞にも出ていたと教えてもらいました．また，数日してからは，東京の外国大使館[*8]からも問い合わせが来ました．

数日後，市内の丸善書店でようやく手に入れたNatureの8月25日号を見ると，我々の論文はLetters to Nature欄にあり，さらに注目論文に選ばれてNews and Views欄に解説も付いていました（図11）．その解説の題目は "Electronic structure revealed" とあり，執筆者は当時米国のベル研にいて，我々と同様に光電子分光で高温超伝導体の電子状態を研究していたNed Stoffel博士でした．彼からは，次のような手紙をもらっていました．

図11 我々が発表したNature論文．

"I was asked by the editors of Nature to review your manuscript…, and I recommended that it be published without delay, since it is a very important paper…"

手紙によると，彼も我々と同じARPES実験をやっていたところでした．しかし，彼らの実験ではフェルミ準位近辺に分散を示すバンドが観測できなかったとのことでした．我々と彼らの実験の決定的な違いは，同じ高温超伝導体でも，その種類の違いにありました．彼らは，米国で発見されたイットリウム系超伝導体（$YBa_2Cu_3O_{7-\delta}$, YBCO）[7]を使ったのに対し，我々は日本で発見されたビスマス系超伝導体（Bi2212）[5]を使いました．後でわかったことですが，YBCOは劈開して単結晶表面を出しても，その表面は非常に活性ですぐに劣化するのに対し，Bi2212は表面がBiO層で保護されているため比較的不活性で

[*8] オランダ大使館からでした．さすが，超伝導を最初に発見したカマリン・オネス教授（ライデン大学）のいた国と感心しました．

あるということでした.

「正直な人だな」と手紙を読み終えて思いました.「データの統計精度が足りない」など, いくらでもケチのつく我々の論文に文句をつけて審査を引き伸ばして, その間に Bi2212 を測定して我々よりも先に発表することもできるのです[*9]. そのようなことをせずに, 正直に自分たちの不完全な実験結果を明らかにして, 我々の論文を a very important paper と推薦する公正で公平な Stoffel 博士の態度に大きな敬意を抱きました. Stoffel 博士には, その後ある国際会議で会うこととなりますが, 彼は私たちに“あること”を期待していました. それについては後で記します.

なかなか認めてもらえない

しかし, このように新聞等で大きく騒がれた我々の論文も, 学会や研究者の間では, なかなか認知してもらえませんでした. 学会でデータを示して話すたびに,「一体どこがバンドなのか」とか,「SN が悪すぎてデータになっていない」と厳しい批判を受け続けました.「ここにバンドがありますが, 見えませんか?」と答えたり, 最後には,「おおらかな気持ちで見ると見えてきます」と言って失笑を買っていました.「データの SN は確かに良くはない, しかし, 確かにフェルミ準位を切るバンドは見える」と確信して, 批判を受けてもそれを主張し続けました[*10].

Nature に論文が出た次の週 (8 月 28〜31 日) に, 名古屋大学で国際超電導センター (ISTEC) 主催のシンポジウム (ISS'88) があり[8], 私はそれに発表を申

[*9]　残念なことですが, このようなことは当時頻繁に起きていました. 実際, 我々も某国際雑誌に論文を投稿した際に, 6 カ月以上何の音沙汰もなくレフェリーに引き延ばされ, その挙句 reject されました. この間に, 我々の競争相手から論文を出されるという苦い経験を持っています. さすがにこの時は, Editor もレフェリーの行為を unfair と思ったのか, こちらの要求に対してレフェリー名を明かしました. 私はそれ以降, この科学者としての倫理観を欠いた人を信用しないことにしています.

[*10]　学会や研究会で発表すると必ずと言って良いほど攻撃 (?) を受けるので, ある研究会の懇談会の自己紹介で,「打たれ強い東北大の高橋です」と切り出したら, 大いにウケました.

し込んでいました.ポスター発表となり,ポスターを担いで自分にあてがわれた場所に行きました.そこは,部屋と部屋の渡り廊下のような場所で狭くてやや暗く,ポスター発表にはあまり良い場所には見えませんでした.「ポスターの順番で場所を決めたのだろうから仕方がない」と思って,ポスターを貼り,客を待ちました.何人かの客が来て一通りの説明をしましたが,反応はもう一つで,それをこの薄暗い渡り廊下のせいにして,手持ち無沙汰にしていたところ,少し遠くの方から何人かの人がバタバタとこちらに走って来るような音が聞こえます.「こっちだ」.その声は,名古屋大学の松浦民房先生のようです.「ここだ」と渡り廊下の曲がり角から顔を出したのは,やはり松浦先生でした.その後ろには何人かの人が続いています.その中にひときわ大きな体格の外国人がいました.松浦先生がその外国人に何か言って私に説明を求めたので,私は「どうせまた,SN が悪いとか」言われるだろうと思いつつ,これまで来た客にと同じように一通り説明すると,その外国人はポスターをもう一度しげしげと見て,"Hmmmm(ウーム)"と頷いて「プレプリントはありますか?」と聞きます.何部かは持って来ていたのでしたが,もう売り切れていたので,「残念ながら,もう残っていません.後で送りますから,そこにある紙に名前と住所を書いてください」と言うと,「名刺で良いですか?」と言うので,「いいです.そこに置いておいてください」とぶっきらぼうに答えました.その時,この外国人の後ろに大勢の人がいて,そちらの久々のたくさんの客に注意が行っていました.客足が途絶えた頃,ポスター発表終了のベルが鳴り,後片付けを始めました.「そういえば,さっきの外国人にプレプリントを送らないといけないな」とテーブルの上に無造作においてある名刺を取り上げました.そこには "Schrieffer" と書かれていました[*11].

大きな転機　フェルミ面は確かに存在する

Nature に華々しく掲載されたものの,学会や研究会などでは相変わらず,

[*11]　BCS 理論の最後の "S" の John Robert Schrieffer 教授でした.仙台に帰ってからプレプリントを速達航空便で送りました.

「データの分解能が悪い」とか,「光電子分光は表面しか見ていないからダメだ」といった厳しい批判が続きました.当時は「高温超伝導体にフェルミ面は存在しないのではないか」という考え方が強かったうえに,光電子分光が超伝導を研究する実験手段としてまだ認知されていなかったことに原因があったものと思います.他の実験グループからのサポートもなく,孤立無援(孤軍奮闘?)という状態が1年近く続きました.そんな中,1989年5月,日本IBMの主催で,富士山麓の経団連ゲストハウスで高温超伝導体の国際シンポジウムが開かれ[9],主催者から私もそこで発表するよう招待されました.国内外100人程度の研究者が参加する会議とのことでした.「発表しても,また同じクレームをつけられるのか…」と思いつつも,「良い機会だから,頑張ってやってくるか」と気を取り直して準備を始めました.

当日は仙台からゲストハウスのある御殿場に向かいましたが,途中で列車の接続が悪く,会場に着いた時には,会議はもうすでに始まっているようでした.部屋に荷物を置いて会場の大ホールに向かい,その大きなドアをゆっくりと開けて中を見ると,もう座席はいっぱいで,私の入った入り口周辺には,朝の満員電車のように大勢の人が立っていました(図12).少しでも前に出ようと,その人混みを掻き分けて前へ進み,会場の前方を見ると,スクリーンの前で何人かが大きな声で議論しているのが見えました.かなり激しいやりとりのようでしたが,何せ会場が大きいため遠くて,かつ周囲に満員電車のように多くの人が騒いでいて,彼らが何を言っているのか良く聞き取れません.わずかに聞き取れる単語からは,高温超伝導体の電子状態について激論を戦わしているようでした.かなり激しい応酬が続いた後,1人が,"…Fermi surface ……takahashi…"と

図12 富士山麓のIBM高温超伝導会議の会場の様子.

か言って1枚のトラペをOHPの上に載せました[*12]. 確かに"タカハシ"と聞こえました. それもそのはず, スクリーンに映し出されたものは, 紛れもない私がNatureに発表したデータです(図8). 彼はそれを示して自分の議論の正当性を主張しているようです. しかし, 遠いのと早口のため, 何を言っているのかよく聞きとれません. さらにそこに, 前方の座席に座っている人たちも議論に参加してきて, スクリーンのデータを取り囲んで"騒然"という感じになってきました. 私は, 「これは何か言わないといけない」と思い, 会場の後ろの方から, 手を振り上げて大きな声で,

"I'm here ! I'm Takahashi ! My data is correct !"

と叫びました. 一瞬, 議論をしていた人たちは声を止めたようでしたが, 私の言った意味がわかったのかわからなかったのか, すぐに元の激論に戻り, 会場はさらに騒然とした雰囲気になりました. その時です, 私の立って居た場所とは反対側の会場の後ろのドアの近くから1人の外国人[*13]が, 大きな声で, "Let me show our data."とか言いながら[*14], 人混みをかき分けて急ぎ足で会場の前方に進んで行きます. その手にはトラペらしきのものが見えます. 会場の前方に着くと, そのトラペをOHPの上に載せながら, こう言ったように聞こえました.

"Our data is consistent with Takahashi's data."

会場は一瞬静まり返り, 全員の目がスクリーンのデータに釘付けになったように思われました. それは光電子スペクトルで, 確かに我々のデータと良く似ています. しかし, 分解能やSN比ははるかに良く, フェルミ準位を横切るバンドがはっきりと見えます(我々の高分解能測定については後で説明します). 後でわかったことですが, そのデータは米国のWisconsinにある放射光施設で

[*12]　当時はパワーポイントなどなく, 透明なPETシートにカラーペンで文字や図などを書いたもの(トランスペアレンシーシート；トラペ)をOHP (Over-Head Projector, 投影機)の上に乗せスクリーンに画像を映写する方式を使っていました.

[*13]　私はこの外国人が誰かわかりませんでしたが, 後で論文などから推測すると, Los AlamosのA. J. Arkoのグループ, またはその関係者の人と思われます.

[*14]　正確には, このように言ったかどうかは覚えていませんが, 「このデータを見てくれ」といった感じの言葉でした.

取られたもので，それを測定した人（Wisconsin または Los Alamos の光電子グループ）と議論した際に参考のためにもらっていたもので，たまたまこの IBM 会議に持って来ていたということでした．

　1 年近くもの間，孤立無援で，叩かれながらも「フェルミ面は存在する」と言い続けてきましたが，ついに我々の実験結果をサポートするデータが現れました．スクリーンに映し出されたそのデータを見た時には，「やった！」と言うよりは，「ほっとした」というのが正直な気持ちでした．単結晶作製から始めて，ARPES 測定まで全て自分たちでやったことですから，実験に間違いはないと確信はしていましたが，9 カ月間もの間，まったくサポートする実験結果が出てこないのは，非常に大きなプレッシャーでした．「どこかで間違えていたのだろうか？」とふと思う時もありました．

　IBM 会議の会場は，Wisconsin 放射光からの新しいデータ[10] が現れたので，それについてさらに議論が白熱し，また会場のあちこちからも質問が飛び交い，ますます騒然となりました．その騒ぎを抑えるようにして，会議の主催者の 1 人が立ち上がり，「フェルミ面に関するこの議論は，明日の特別セッションで集中的に行いましょう．講演は，Professor Takahashi, and …にお願いする」と大きな声で宣言しました．（しかし残念なことに，Wisconsin のデータは，実際にそれを測定した人が会議に来ておらず，OHP の上にトラペを載せた人は説明できないということで，発表はなしということでした．）

　翌日の特別セッションでは，藤森淳先生が高エネルギー分光からフェルミ準位近傍の電子状態について講演された後に，私の番がきました．私は，いつも通り，分子研 UVSOR で測定した自家製 Bi2212 単結晶の ARPES スペクトルを示して，Bi2212 にはフェルミ準位を切るバンド，つまりフェルミ面は存在する」と発表を終えました．すると即座に，一番前の席に座っていた欧州からの参加者の手が上がりました．大きな声で，「そのデータの点が実験点と思うが，SN が悪すぎて，とてもフェルミ準位を切っているバンドがあるなどとは言えない．むしろフェルミ準位を切っていないように見える」と予想通りのコメントが来ました．私が，「SN と分解能は確かに悪いが，実験点をスムージングしたカーブを見てもらえば，バンドが分散してフェルミ準位を切っていることがわかる」

と言うと,「スムージングはどうやったのか」とさらに聞いてきます*15. 私が,「パソコンで最小二乗法を使ってやった」と答えると,「それは,日本製のパソコンでやったからだろう. アメリカ製ならそうはならない」と,まったくわけのわからないコメントを続けます. 会場から,それに同意するとも同意しないともわからない小さな笑いが起きました. 私はどのように答えたら良いかわからずしばらく黙っていましたが,やっとの思いで,

  "I am honest to my data."
と声を絞り出したら,講演時間終了のベルが鳴りました.

　セッションが終わり,他の参加者と一緒に会場を出る時に,隣で歩いていた日本人研究者から,「高橋さん,ご苦労様でした. 立派でしたよ」と言われた時は,この IBM 会議に来て本当に良かったと思いました.

　その日の午後は excursion で,会議参加者全員で昼食のサンドイッチを持ってバスに乗り込み遠足に出かけました. 昨日今日と白熱の議論を戦わせた連中が同じバスの前とか後ろに座っていますが,あの"白熱の議論"はどこに行ったのやら,"Mt. Fuji is beautiful !"とか言いながら楽しそうに互いに話したり,私にも話しかけて来ます.「Science は Science. 俺らは同じ研究をしている仲間」を実感した時でした.

　この富士山麓の IBM 会議について,参加者の 1 人で"白熱の議論"の渦中にあった P. W. Anderson 教授 (Princeton 大学) が,会議から 8 年後の 1997 年に出版した著書[11] "The Theory of Superconductivity in the High-T_c Cuprates" の前書きで次のように書いています.

　"In the year of 1989 genuine progress beyond the initial insight gradually began to appear. In the course of gatherings of many of the important actors ···the IBM meeting at Mt. Fuji where the photoemission data were first discussed···."

　光電子分光 (photoemission, ARPES) の,高温超伝導体研究における important actor としての華々しいデビューです. 教授は本文中でも,"Photoemission has been the most useful spectroscopy for the high-T_c superconductors.",

---

*15　「手で勝手に引いたのではないか」と言ったそうでした.

"Photoemission. This is the key experiment in high-T_c materials." と書いて，高温超伝導体研究におけるその重要性を指摘しています．光電子分光に積極的に耳を傾ける多くの理論家の声援や，「超伝導ギャップを観測せよ」という外圧を受けながら，光電子分光の分解能は飛躍的に上昇していきました．しかし，それは激しい研究競争でもありました．

「君たちが最初にやると思っていた」

IBM 会議の後は，研究会での我々のデータの"待遇"は大きく変わり，「どうやらフェルミ面は存在するらしい」という好意的な雰囲気で聞いてもらえるようになりました．その後の国際会議に参加すると，IBM 会議に出席していた人（外国人）からは，「あれはすごかったね．まるでショーを見ているようだった．」と言われたこともありました．それほど，あの富士山麓 IBM 会議は，参加者に強烈なインパクトを与えたようでした．そんな中，ある国際会議[16]で，我々の Nature 論文のレフェリーだった Ned Stoffel 博士に会いました．"Congratulations"，"Thank you" とか言葉を交わして会話していた時に，彼がふいに，"I thought you would be the first to observe the superconducting gap." と言いました．そうなのです．高温超伝導体の超伝導ギャップの ARPES による直接観測は Stanford に先を越されてしまいました．フェルミ面が観測できているなら，あとは温度を下げて超伝導状態で ARPES 測定を行えば良いだけです．それができませんでした．Stoffel 博士の期待に応えられなかったのです．理由は簡単です．その当時，日本には超伝導ギャップを観測できるだけの"高分解能"で，かつ超伝導ギャップが完全に開く"極低温"まで冷やすことのできる ARPES 装置がなかったのです．Nature に掲載した UVSOR での測定は室温で，分解能は 0.3 eV 程度でした．これでは，超伝導ギャップは観測できません．「分解能を上げて極低温化する」と言葉では簡単ですが，実行するには，まずお金がかかります．大学助手 1 人の財源ではとてもできません．国内で開かれる研究会に出席するたびに，声を大きくして，「高分解能 ARPES 装置の建設を財

---

[16]　いつどこだったかは覚えていません．

源のある大学附置研などで早急に進めて欲しい」と訴えました．しかし，PF（Photon Factory）での緊急課題の reject の例のように，なかなか動いてくれませんでした．私が発言した後で，シニア研究者から，「こういうことは1人の研究者が突出してやることではなく，society として皆で歩調を合わせて進めるものなのです」と諭されたこともありました．こんなふうに日本国内でバタバタやっているうちに，米国に先を越されてしまいました．実に残念でした．国内の大学附置研などの大規模研究施設が ARPES の高分解能化に消極的（少なくとも緊急とは考えていない）であることを目の当たりにして，これは自分でやるしかないと決意しました．

高分解能化へ努力

科研費や学内研究費などあらゆる研究費に応募して，当たったお金で買えるものから買い集め，自作できるものは自作することで装置の建設を始めました．まさに寄せ集めのような装置でしたが，当時研究室にいた学生達も積極的に協力してくれ建設は順調に進みました．装置については，「電子エネルギー分析器を大きくすればエネルギー分解能は（原理的には）向上する」と教科書[12]に書いてあることに従って，XPS（X-ray photoemission spectroscopy）用の大型の直径 30 cm のアナライザー（VSW 社製）を UPS（ultra-violet photoemission spectroscopy）に転用することにしました．2年ほどかけて何とか装置を組み上げると，得られた分解能は 30 meV でした[13]．以前（300 meV）に比べ1桁ほど上昇しており，"高分解能化"に成功しています．しかしこの装置には致命的欠陥がありました．それは，角度分解測定ができない（!）ことです．角度積分の測定はできるけれども ARPES（Angle-Resolved PES）はできません．その理由は簡単です．分解能を向上させるために電子エネルギーアナライザーを大きくしたため，測定チェンバーの内部に収納できず，チェンバーに"外付け"したため，アナライザーを試料の周りで回転できなくなっているのです．当然，このことは設計の段階でわかっていました．しかし，「角度分解ができなくても角度積分でも構わないから，まず超伝導ギャップを観測しよう」と考えたのです．しかし，角度積分で超伝導ギャップが観測できると，次

はどうしても角度分解で超伝導ギャップの対称性を決定したくなります．何とかできないものかと思い続けていた時に，ある国内の研究会の休憩時間で東大の藤森先生と話していた時に，藤森先生が「あれ (XPS 用のアナライザー) は，結構取り込み角が狭くて，ある程度角度分解されているようですね」と言うのです．「あっ，それなら，取り込み角を絞ってやれば角度分解できますね」と，今から考えれば当たり前のことを思いつきました．試料とアナライザーの入射レンズの間は同電位なので，単純に幾何的な配置 (取り込み角) で角度分解能が決まっていました．つまり，アナライザーの入射レンズのスリットを絞って，試料を回転して測定すれば原理的には ARPES が実現できます．早速仙台に帰って，手作りの外付け入射スリットを作って試してみると，(当然，光電子強度は激減しますが) 角度分解になっていることがわかりました．この装置を用いていくつかの物質の ARPES を行いましたが[14]，高温超伝導体の超伝導ギャップの対称性を精度よく決定するためには，より高エネルギー・高角度分解能の装置が必要でした．そこで，さらに大きな直径 (40 cm) を持つアナライザーを導入しました (図 13)．この装置は試料を回転する代わりに，電子検出を 2 次元的に一気に行うため (図 8)，高い効率で測定ができます (現在のほとんどの高分解能 ARPES 装置は，この方式を採用しています)．エネルギー分解能は，4 meV，

図 13 東北大学に建設した高分解能 ARPES 装置 (左図) と，建設に参加した研究室の面々 (右図)．

温度は 4 K 近くまで下がり，この装置を用いて，東北大金研の山田グループから提供された電子ドープ型高温超伝導体の高分解能 ARPES 測定を行い，その超伝導ギャップと対称性を決定することに成功しました[15]．ホールドープ型では Stanford に先を越されましたが，電子ドープ型では世界初でした．自分で高分解能 ARPES 装置を立ち上げようと決意してから 10 年経っていました．

Seeing is believing

自家製の Bi2212 単結晶を用いた"低分解能 ARPES"の結果から，「フェルミ面は存在する」と Nature に論文を掲載したものの，データの分解能の低さと SN の悪さから，なかなか信じてもらえなかったのは上記の通りです．9 カ月もの間，他のグループからの確認実験もなく孤立無援（孤軍奮闘），ついには「日本製のパソコンでやったからだろう」と意味不明なコメントを受けた"低分解能 ARPES"の，その後の進展について紹介します．図 14 は，我々と Wisconsin のグループ（J. C. Campuzano イリノイ大学教授）と共同で開発した

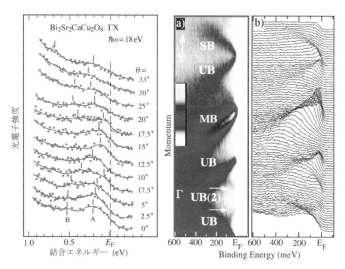

図 14 Bi2212 の高分解能 ARPES スペクトル（右図）とその強度プロット（中央図）[16]．比較のため，Nature に発表した"低分解能"スペクトルも示す（左図）[6]．

高分解能装置を用いて Wisconsin 放射光施設で測定した Bi2212 の ARPES スペクトルです[16]．比較のため，Nature に掲載した分子研 UVSOR で測定したデータも示します．測定条件はほぼ同一です．違いは分解能のみです．この高分解能スペクトルとその強度プロットを見ると，何本かのバンドがフェルミ準位付近でエネルギー分散を示し，さらにそのうちの何本かは明らかにフェルミ準位を切っていることがわかります．このデータを見て，「フェルミ準位を横切るバンドは存在しない」などという人はいないでしょう．Bi2212 にフェルミ面が存在していることは一目瞭然です．重要なことは，この"高分解能"スペクトルと，比較のため示した UVSOR で測定した"低分解能"スペクトルが（分解能を除いて）良く一致していることです．当然といえば当然ですが，この"低分解能"スペクトルだけでは，多くの人を納得させることができなかったことは事実です．当時（1988 年）この高分解能で測定できていたら，9 ヵ月もの間，孤立無援（孤軍奮闘）ということはなかったに違いありません．やはり，分解能を上げることは重要であることを改めて痛感させる出来事です．図15 には，高分解能化した ARPES 装置で測定した，単位格子中に CuO_2 層を 3 枚持つ Bi 系高温超伝導体 $Bi_2Sr_2Ca_2Cu_3O_{10}$（Bi2223）のフェルミ面とそのドーピング依存性を示しています．このデータは，東北大学に我々が建設した高分解能 ARPES 装置で測定したものです[17]．図からわかるように，Bi2223 は，その超伝導が発現する"最適ドープ"付近において，(π, π) を中心とした丸いフェルミ面を持っていることがわかります．これは，ノンドープでは，Cu 3d 電子間の強い電子相関のため Mott-Hubbard 絶縁体となって

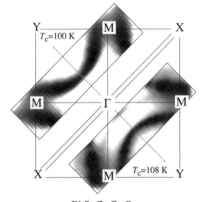

図15 ARPES から決定した Bi2223 のフェルミ面とそのドーピング依存性（T_c=100 K および 108 K の 2 種類の試料）．いずれも，(π, π) を中心とした丸いフェルミ面を持つ．

いるものの，ひとたびキャリアがドープされ超伝導が発現する最適ドープ領域では，Mott-Hubbard 描像が崩れ，バンド計算から予測されるような (π, π) を中心とした大きな円形のフェルミ面が回復することを示しています．

超伝導状態についても高分解能 ARPES は大きな威力を発揮しています．図16 は，Bi2223 (T_c = 108 K) のブリルアンゾーン中の M 点に近いフェルミ面上で測定した ARPES スペクトルの温度変化です[18]．常伝導状態 (170 K) では，スペクトルの立ち上がりの中点がフェルミ準位にあることから，バンドがフェルミ準位上にあることがわかります．温度を下げていくと T_c ($= 108$ K) を過ぎたあたりから，フェルミ準位上の強度が減り始め，結合エネルギー 45 meV 付近の強度が成長して，低温 (40 K) では，非常に大きな鋭いピークを形成しています．これが，超伝導状態で 2 個の電子が結合して抵抗ゼロで流れる Cooper pair の電子対です．超伝導ギャップ (Δ = 45 meV) も明確に観測されます．さらに，この超伝導ギャップの大きさの運動量方向依存性から (図17)，

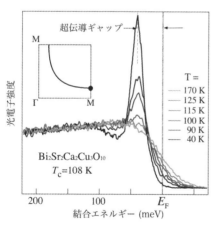

図16 3 枚の CuO_2 層を持つ Bi 系高温超伝導体 $Bi_2Sr_2Ca_2Cu_3O_{10}$ (Bi2223, T_c = 108 K) のブリルアンゾーン中の M 点近傍のフェルミ面上で測定した ARPES スペクトルの温度変化[18]．超伝導ギャップ (Δ = 45 meV) が明確に観測される．

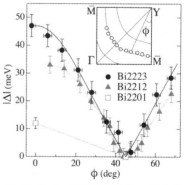

図17 Bi 系高温超伝導体の超伝導ギャップの方向依存性[17]．フェルミ面上で開く超伝導ギャップの大きさ (Δ) とフェルミ面角度 (ϕ) の関係．いずれの試料においても，$\phi = 45°$ (ΓY 方向) でゼロ，$\phi = 0°$ (ΓM 向) で最大を示し，ギャップの対称性が $d_{x^2-y^2}$ であることがわかる．

対称性が $d_{x^2-y^2}$ であることも明らかにすることができました [17].

"混乱"を振り返って

現在，銅酸化物高温超伝導体にフェルミ面が存在しないと思っている研究者はいないと考えられます．しかし，高温超伝導体が発見された当時（1986 年 11 月）から，我々の ARPES の論文が Nature に掲載された 1988 年 8 月を過ぎて，1989 年 5 月の富士山麓の IBM 会議に至るまでの 2 年半の間，多くの研究者が「フェルミ面はない」と思っていたのではないかと思います．この間，会議や研究会で，ARPES スペクトルを示しながら「フェルミ面は存在する」と主張しても，なかなか信じてもらえず，逆に「実験が間違っている」といった否定的なコメントを受けました．その原因は，試料の質[*17]と ARPES 装置の分解能の低さ[*18]，さらに理論からの大きな影響があったものと思われます．「高温超伝導体にフェルミ面があるのではないか」と思ったきっかけは，分子研の佐藤先生からいただいた"貴重な LSCO 焼結体試料"を恐る恐る測定して得た最初の光電子スペクトル中に見えた"フェルミ準位上の小さな強度"（図3）です．He I では見えていますが，Ne I ではほとんど消えています．今から思うと，焼結体の表面を削った時に，ほとんどがその微粒子境界で削れ"汚い"表面を出していたのに対し，ほんの一部の比較的大きな微粒子がバルクで削れて"清浄"表面を出していたものと思います[*19]．この"小さな強度"がいつも頭か

[*17] これは，佐藤正俊先生からいただいた LSCO 試料のことではなく，我々が自作した Bi2212 試料のことです．

[*18] 当時の光電子分光装置の分解能はどこでも大体 300 meV 程度で，UVSOR の装置だけが低かったわけではありません．

[*19] この意味で，佐藤研究室で作製された LSCO 焼結体試料は"高品質"だったと思います．また，細谷先生がプラスチックケースごとすべての"貴重な"試料を提供してくれたことも，フェルミ準位上の強度を観測できた大きな要因だったと思います．数個の試料が手元にあると，真空中で試料を削るときに，「まだいくつかあるから大丈夫」と力を込めてガリガリと削れます．1 個しかないと，試料が落下しないように恐る恐る削ります．ガリガリと力を込めて削った結果，試料がバルクで削れて清浄表面が出たものと思います．

ら離れず，Bi2212 単結晶の自作に進んで行きました．

　高温超伝導体発見の初期においては，多くの"混乱"が発生しました．本稿の"フェルミ面問題"もその1つです．しかし，これらは単なる混乱ではなく，科学研究の大きなダイナミズムの表れと思います．新しいこと（もの）が発見されると，それに対して多くの説明が提案され（百花繚乱の理論），また一方で，その説明を検証しようとする実験が行われます．当然，理論内部，理論と実験，実験同士で不一致や摩擦が起きます．それらの間での相互検証を通じて，理論では足りないところを補足し，実験ではより分解能をあげて精度の高いデータを提供して，最終ゴールである機構解明を目指します．実は，この過程こそが，研究者が最も楽しくそして生き生きと，理屈を考えたり実験をしたりしている時ではないかと思います．

　私自身，このフェルミ面問題では，周囲の多くの人たちとともに大変楽しい時間を過ごしました．ここに深く感謝したいと思います．

若い研究者に伝えたいこと

　私は大学院では光電子分光を用いたアモルファス半導体の研究をやっていました．真空中で，基板上にセレン（Se）やカルコゲナイド（GeSe など）を蒸着してアモルファス薄膜を作成して，その光電子（UPS）スペクトルを測定していました．ある時ふと思いついて，「これまで基板は室温にしていたが，温度を下げて蒸着したらどうなるのだろうか？」と考えて，やってみることにしました．院生が私1人しか居ない研究室でしたので，早朝から1人で蒸着源のセットや装置の真空引きなどの準備を行い，試料の蒸着を始めたのは夕刻になり徹夜実験に突入しました．研究室自作の光電子分光装置を1人で操作して測定します．当時の光電子分光装置は，現在のものに比べて，その効率（シグナル強度）がはるかに低く，プロッター上の方眼紙に1本のスペクトルを描くのに30分以上かかっていました．液体窒素温度の基板にセレンを蒸着した後，試料を測定室に移送して放電管からの紫外光で光電子スペクトルを測定します．測定開始のダイヤルを倒して，プロッターの印字ペンがカタカタと音を立てながらゆっくりと動いてスペクトルを描くのを椅子に座って眺めていました．

アモルファスセレンの価電子帯はフェルミ準位に近いところから，Se 4p lone-pair band, 次に 4p bonding band があり，後者の bonding band は 2 本に分裂しています．フェルミ準位の上方のエネルギー位置からエネルギー掃引を開始して，フェルミ準位を横切り，lone-pair band を過ぎたプロッターのペンが，次に bonding band を描き出しています．その時，ペンの動く跡を見ていた私は，「あれっ」と思いました．2 本の bonding band の強度比がこれまで論文で報告されているものと逆転しているの

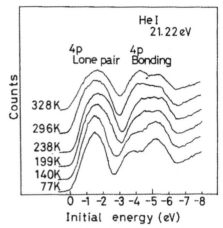

図 18　低温基板に蒸着したアモルファスセレンの価電子帯スペクトルの温度変化．Initial energy ゼロがフェルミ準位に対応し，右に行くほど結合エネルギーが大きくなることに注意（現在の表示方法と逆になっている）．(T. Takahashi et al.: Phys. Rev. B **21** (1980) 3399)

です（図 18）．何か実験の間違いかと思って，スイッチを切り，また最初からやり直しました．まったく同じです．「強度比が逆転している．何だこれは？…」．深夜の静寂の中で，プロッターのペンだけがカタカタと音を立て続けています．「やった！」．これまで常識として知られていたものとは違うセレンのスペクトルが目の前に現れています．アモルファスセレンは作製条件によって電子状態が変化するのです．こんなことはこれまで誰もどの論文にも書いてありません．「このことを知っているのは世界中で自分だけだ」と思ったら急に嬉しくなり，真夜中の薄暗い実験室で，「やった，やった」と呟き続けていました．

　おそらく，この本を手にしている若い研究者の皆さんは，これと似た経験を持っていることでしょう．その時の気持ちを大切にしてください．私がその後研究者の道に進み今までやってこられたのも，この薄暗い実験室での出来事があったからではないかと思っています．

また，若い研究者の皆さんには，「自分の取ったデータを大切にしなさい」と言いたい（理論・計算の人には，「自分の計算した計算結果・考えたアイデア」と読み替えてください）．なぜなら，自分が取ったデータが一番"強い"からです．自分で作製した試料で，自分で測定装置を調整して，自分で測る．実験の一部始終をしっかりと凝視して得たデータには確信を持つことができます．「理論ではここにピークは出ないはず」として，小さな強度をノイズにしてしまうようなことは，実験研究者のやることではありません．自分が全力を出して測定したデータに"正直"になることです（I am honest to my data）．そのデータには必ず新しい何かが含まれています．

参考文献

1) 高橋隆：光電子固体物性（朝倉書店，2011 年）

2) T. Takahashi *et al*.: Jpn. J. Appl. Phys. **26** (1987) L349.

3) T. Takahashi *et al*.: Physica **148B** (1987) 470.

4) T. Takahashi *et al*.: Phys. Rev. B **37** (1988) 9788.

5) H. Maeda, Y. Tanaka, M. Fukutomi, and T. Asano: Jpn. J. Appl. Phys. **27** (1988) L209.

6) T. Takahashi, H. Matsuyama, H. Katayama-Yoshida, Y. Okabe, S. Hosoya, K. Seki, H. Fujimoto, M. Sato, and H. Inokuchi: Nature **334** (1988) 691.

7) W. K. Wu *et al*.: Phys. Rev. Lett. **58** (1987) 908.

8) 会議の Proceedings："Advances in Superconductivity" Proceedings of the 1st International Symposium on Superconductivity, ed. Kitazawa and Ishiguro, Springer-Verlag 1989.

9) 会議の Proceedings は Springer から出版されている：Strong Correlation and Superconductivity, Springer Series in Solid-State Sciences, Vol. 89.

10) ここで公表されたデータは，その後発表された以下の論文のものと思われる．C. G. Olson *et al*.: Science **245** (1989) 731; Phys. Rev. B **42** (1990) 381.

11) P. W. Anderson: *The Theory of Superconductivity in the High-T$_c$ Cuprates* (Princeton University Press, 1997)

12) M. Cardona and L. Ley: *Photoemission in Solids I* (Springer-Verlag, 1978). この本の筆

者である Cardona 先生には懐かしい思い出があります．私は大学院生 (D1) の時に，米国ボストンで開催されたアモルファス半導体国際会議に出席（講演）しました．その会場で Cardona 先生を見つけたので，「会議の後で先生の研究室を訪問したい」と申し込むと，即座に OK の返事とともに，「Stuttgart に着いたら，ここに電話してください」と電話番号を書き込んだ名刺をいただきました．ボストンから日本への帰国の"途中"で，大西洋を横断してヨーロッパに渡り，ドイツ Stuttgart の Max Plank 研究所を訪問することになりました．研究所では，上記の本の第 2 著者である L. Ley 先生が建設中の極低温光電子分光装置を見学しました．Stuttgart の後は，（当然，ボストンには帰らず）モスクワ経由で日本に戻りました．最初の外国旅行が世界一周旅行になりました．

13) A. Chainani *et al.*: Phys. Rev. B **50** (1994) 8915.
14) たとえば，H. Kumigashira *et al.*: Phys. Rev. B **54** (1996) 9341.
15) T. Sato *et al.*: Science **291** (2001) 1517.
16) H. M. Fretwell *et al.*: Phys. Rev. Lett. **84** (2000) 4449.
17) T. Sato *et al.*: Physica C **412-414** (2004) 51.
18) 東北大学に建設した超高分解能 ARPES 装置で測定．T. Sato *et al.*: Phys. Rev. Lett. **89** (2002) 067005.

たかはし　たかし

1951 年新潟県生まれ．県立新潟高校出身．1981 年東京大学大学院理学系研究科博士課程中退，同年東北大学助手．同助教授を経て，2001 年東北大学大学院理学研究科教授，2007 年東北大学材料科学高等研究機構教授（主任研究員）．ここに記した話は，筆者が助手になって 5～6 年目の 30 歳半ばの顛末記．

3.7 研究の魔物

田島節子

はじめに：魔物との出会い

定年退職まで残り1年余りという今，振り返ってみると，自分の人生を決定づけたのは，間違いなく銅酸化物高温超伝導体の発見という出来事であった．私が学生の頃，研究室では5年ごとに研究対象とする物質を変えていた．5年間，研究室一丸となって取り組めば，大体その物性を明らかにすることができていた，ということだと思う．それを考えると，銅酸化物超伝導体発見当初，まさか30年以上も自分がこの物質を研究することになるとは，予想だにしなかった．夢中になって研究に取り組んでいるうち，あっという間に30年たってしまったという感じである．しかも，まだ高温超伝導の謎は解けていない．研究者にとっての魔物である．

本稿は，過去を懐かしむためのものではなく，現在もまだ我々が格闘しているこの魔物が，なにゆえにかくも大勢の研究者を突き動かし，膨大な時間とエネルギーを注がせることとなったのかについて知っていただくためのものであると思っている．「壮大な無駄」ともいえる多くの研究があったと思う一方，そのような無駄が熱い研究潮流のエネルギーを生み，物性物理学の進展を促したのだとも思う．

高温超伝導発見の日

銅酸化物高温超伝導体の「日本における発見の日」は，1986年11月13日

である[*1]. 私はその日，たまたまその現場に居合わせた．

東京大学工学部物理工学科田中昭二研究室の実験室は，工学部6号館の地下にあった．天井の高い地下室の作りのおかげで，多くの地下実験室には中二階のロフトのような形で学生居室が作られていた．（建築法違反だと言われていたが，気にせず使っていた．もちろん今はそのような部屋はない．）一方，天井が高いので部屋の中に部屋を作るくらいのスペースの余裕もあり，私の主な仕事場は，「赤外室」と呼ばれる防音室のような分厚い扉の「部屋の中の部屋」であった．そこには，東大物性研の三浦登先生が田中研におられた頃に整備されたという赤外分光器があり，それが私の相棒だった．当時研究室の助手であった私はその日，（何の試料だったか覚えていないが）分光測定をやっていた．

赤外室には，分光器以外にもう1つ装置が置かれており，SQUIDと呼ばれていた．なぜ分光器と同居していたのかわからない．多分，他に置き場所がなかったからだろう．私自身は，その装置の威力を認識していなかったが，時々修士2年の学生がその前に座って測定しているのは知っていた．

ところが，その日は3人も人がいた．その年の春に田中研から暖簾分けして出ていった工学部総合試験所の内田研究室助手の高木さんと，応用化学科から内田研へ来ていた委託学生（卒論生）の金澤君，そしていつものM2の小原君である．古巣の研究室の装置を借りにきたのだが，何やら新しく合成した試料の反磁性信号を見ているという．そう言えば1カ月ほど前，高木氏は「僕はこれからちょっとゲテモノをやろうかと思う．」と言っていた．（元素名だけ記された"Possible high T_c"という論文[1]に触発されてのことだというのは，後で知った．）

液体ヘリウム温度まで冷却して，反磁性信号を確認した後，ゆっくりと温度を上げていく．15Kを越えたあたりから，部屋の空気が変わり始めた．「おい，まだ超伝導だぞ．」1つの温度点の測定が終わるごとに，声があがった．それまで $Ba(Pb, Bi)O_3$ という T_c が10Kそこそこの超伝導体しか見たことがなかっ

[*1] もちろん本当の発見の日は，ベドノルツとミュラーが La-Ba-Cu-O 化合物の電気抵抗ゼロを確認した日だろうから，もう少し前だと思うが．

たので，目の前のデータを信じられないような気持ちで眺めていた．分光測定をしていた私も，隣があまりに騒しいので実験どころではなくなり，野次馬の1人となった．研究室の他の学生達も大勢集まってきて，みんなで画面を見つめていた．1点ずつ……息をころして．温度がさらに上がって反磁性信号がゆっくり減少し，23 K くらいで常伝導状態に戻ったところで，「お──っ」というどよめきが部屋中に響いた．本物の高温超伝導体だ．卒論生がお試しで最初に作った試料が23 K である．合成方法をもう少し工夫すれば30 K を越えるであろうことは，容易に想像できた．（実際そうなった．）

世界レコードだ，これはすごい．足が震えるような感覚がしたこと，「ノーベル賞……」こんな別世界の言葉を学生の誰かが口にしたこと，でも誰もそれを笑い飛ばせなかったこと．そんなことを覚えている．自分が発見したわけでもないのに，私にとって生涯忘れられない日である．

研究室の混乱

その後，日本中，いや世界中が大騒ぎになったことは，ご存じの通りである．自分の研究室の装置の温度較正を疑った田中先生は，物性研での再測定を命じた．もちろん，高温超伝導は再現された．

長年高温超伝導を追い求めていた田中先生は，狂喜乱舞（？）し，この物理学の大事件をいきなり朝日新聞に発表した．（朝日の記者に知り合いがいたらしい．）これも，私にとって衝撃だった．研究者によるプレスリリースなど，一般的ではなかった時代である．普通は学会発表が先だろう，と思った．おかげでその後，新聞や雑誌（アンノン系から右翼系まで多数），テレビの取材が殺到し，実験室がまったく落ち着かない雰囲気になってしまった．無邪気な学生たちは，自分もこのお祭りに参加したいという気分でいる．年の暮れも押し詰まった12月．大学教員の方々は，一般にその時期，研究室がどういう状況にあるか想像がつくだろう．私は助手1年目で，最初に担当した卒論生たちに（教授から）与えられたテーマが「LaB_6 薄膜におけるエキシトン超伝導の探索」であった．無謀なお題で，どうやって卒論をまとめさせるか，ほとほと困っていたことは確かである．それにしても，12月になって卒論のテーマを「蒸

着法による銅酸化物超伝導体薄膜の作製」に変えろと先生から指示されたときは，絶句した．当の4年生たちは大喜びだったが，実際どんな卒業論文になったのか，記憶にない．

多くの取材の1つに漫画家の取材もあった．図1は，内田研究室へ取材に来た漫画家・石ノ森章太郎氏の作品で，雑誌 Quark に掲載された「マンガ超電導入門」の1ページである[2]．（これは後に単行本となり，我が研究室の蔵書の1つになっている．）今はあまり見かけなくなったガラスデュワーのクライオスタットや，それを使った電気伝導測定装置が精密に描かれている．プロのスケッチ力はさすがだ．

図1 雑誌 Quark（講談社）に連載された高温超伝導体発見当時のエピソードを物語にした漫画[2]．

その年度末まで，文字通り昼夜を問わず実験が行われていた．私自身は，3歳と5歳の子供を抱えていた身で，まったくその騒ぎに参加することはできず，ただ遠くから眺めていただけである．自分も徹夜実験をやってみたいものだと，うらやましく見ていた．覚えているのは，研究室の誰かが鼻血が止まらなくなったとか，歯医者に行く時間がなくて顔が腫れあがったとか……恐ろしい話ばかりである．どこかの企業が寄付を申し出てくれたのに対し，先生が「学生に食わせる食糧を寄付してくれ」と言われ（戦後の食糧難の時代でもあるまい，と思うが，食事に出かける時間すら惜しいという状況だったのだ），研究室に大量の「おでんの缶詰」が届けられたことも忘れられない．直径20センチほどの平たい缶をお湯で温めるだけで食べられるというもので，学生たちも最初は喜んで食べていた．が，さすがに朝昼晩三食おでんとなると，「もう見たくない」状態になる．最後は大量に余っていた．そこで私もお相伴にあずかったのだが，これが絶品と言ってよい味だった．（缶詰のおでんというのは，その後一度も食べたことがない．あれは今でも売っているのだろうか．）

混乱の中の記憶で，もう1つ忘れられないのは，私自身の博士論文審査である．学位をとる前に助手になってしまったので，博士論文審査中の身だったのだ．テーマは「Ba(Pb,Bi)O_3の光学スペクトルと金属−絶縁体転移」である．予備審査が終わった段階で，上記のような銅酸化物の騒ぎに巻き込まれ，審査は一時中断．このまま終わってしまうのではと大変不安だった．結局，予備審査から8カ月かかって，1987年秋何とか本審査が終了した．誰でも自分の博士論文執筆の記憶は忘れられないものだと思うが，私は銅酸化物研究の嵐の中で書いたということで，感慨もひとしおである．

(Ba,K)BiO$_3$ 高温超伝導体の予測

博士論文の予備審査と本審査の間が1年近くあいたことで，よかったことが1つある．(Ba,K)BiO$_3$の高温超伝導を予言できたことである．銅酸化物とBa(Pb$_{1-x}$Bi$_x$)O$_3$（BPBOと略す）は，ペロブスカイト構造を含んでいる点やバンドが半占有である点など，共通点が多い．なぜ銅酸化物だけ超伝導転移温度（T_c）が高いのか，当然の疑問が沸き起こる．予備審査が終わった後，銅酸化物の電子状態が徐々に明らかにされ，層状構造により電気伝導を担う層とキャリア供給をする層が別々になっていることが判明．うまく層ごとに役割分担をする仕組みが自然に作られていたのである．それを知った段階で，BPBOのT_cが低い理由は，Pb/Biというフェルミ面を形成している中心元素サイトの置換によってキャリア濃度制御しているからだ，ということに思い至った．伝導パスに大きな乱れが導入されるし，フェルミ面付近の電子状態も変調を受ける．（決してバンド占有状態だけが変わる rigid band model では扱えない．）BPBOは，Bi濃度$x = 0.25$でT_cが最大となり，$x = 0.3$程度以上で金属−絶縁体転移を起こす[3]．したがって，超伝導を担っている中心はPb-Oバンドであるという認識があった．しかし，バンド半占有状態の電荷密度波絶縁体BaBiO$_3$（$x = 1.0$）を出発物質と考え，こちらから攻めたらどうか．

Biサイトではなく，フェルミ面付近にバンドを作らないBaサイトに1価あるいは3価の元素を置換して，うまく rigid band model が成り立つような条件でバンド占有状態を変えられれば，フェルミ面のネスティング条件は悪化し，

金属になって超伝導が発現するに違いない．その場合，T_c はBPBOより必ず高くなるはずである．そういう提案を本審査の前，博士論文の「今後の展望」の章に記載した．それは，ベル研のCavaたちが(Ba,K)BiO_3 の30 K超伝導[4]をNature誌に発表する半年前である．学位審査から半年後，Cavaらの論文を見て，仰天した．自分の考えが正しかったことを確信すると同時に，嬉しさと悔しさが半々の複雑な気持ちを味わった．同じようなことを考えた研究者は世界中にもっといたのかもしれない[5]．しかし，実際に作ってみせるというのは別次元の能力だ．残念ながら私にはそれがなかった．

ファックスの威力

当時最速の通信手段は，（電話は音声情報だけなので除くと）ファクシミリ（通称ファックス）であった．最新の論文あるいはプレプリントは，ファックスでやりとりされた．異常だったのは，やりとりされたものに論文だけでなく新聞記事も含まれていたことだ．最新の情報を得るには，新聞も見なければいけない時代だったということである．図2は，1986年12月26日の人民日報の記事（新華社通信）のコピーで，中国在住の人からファックスで送ってもらったものである．これを一生懸命解読しようとした．「絶対温度70度」とか構成元素が書かれているらしい箇所などは，中国語を知らなくても大体わかる．しかし，漢字で書かれた元素名がわからない．

このとき初めて，中国ではすべての元素が漢字で表記されていることを知った．中国の周期表は図3のようになっているのである．これを最初見たときは，衝撃だった．いや，しかし驚いている場合ではない．何とか解

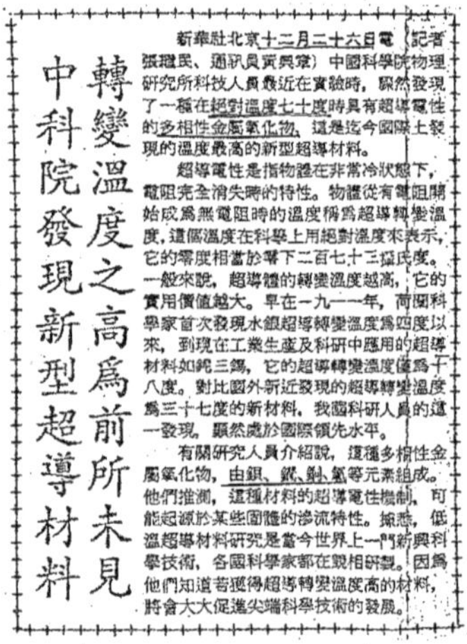

轉變溫度之高爲前所未見
中科院發現新型超導材料

新華社北京十二月二十六日電（記者張繼民、通訊員黃興常）中國科學院物理研究所科技人員最近在實驗時，驟然發現了一種在絕對溫度七十度時具有超導電性的多相性金屬氧化物，這是迄今國際上發現的溫度最高的新型超導材料。

超導電性是指物體在非常冷狀態下，電阻完全消失時的特性。物體從有電阻開始成爲無電阻時的溫度稱爲超導轉變溫度，這個溫度在科學上用絕對溫度來表示，它的零度相當於零下二百七十三攝氏度。一般來說，超導體的轉變溫度越高，它的實用價值越大。早在一九一一年，荷蘭科學家首次發現水銀超導轉變溫度爲四度以來，到現在工業生產及科研中應用的超導材料如鈮三錫，它的超導轉變溫度僅爲十八度。對比國外新近發現的超導轉變溫度爲三十七度的新材料，我國科研人員的這一發現，顯然處於國際領先水平。

有關研究人員介紹說，這種多相性金屬氧化物，由鋇、鍶、鑭、氧等元素組成。他們推測，這種材料的超導電性機制，可能起源於某些固體的滲流特性。據悉，低溫超導材料研究是當今世界上一門新興科學技術，各國科學家都在競相研製。因爲他們知道若獲得超導轉變溫度高的材料，將會大大促進尖端科學技術的發展。

図2　ファックスで送られてきた人民日報の記事（1986年12月26日付け）．

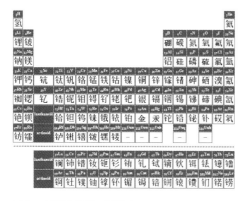

図3　中国語表記の周期表.

読しなければ…. よくよく眺めると，構成元素は La, Ba, Cu, O であると書かれている．ん？ La-Ba-Cu-O はベドノルツ達が見つけた 30 K 超伝導体 $(La,Ba)_2CuO_4$ のはずなので，この報告は誤報ではないか．当時，中国はまだベールに包まれた国だったこともあり，多くの人がこの記事の真偽を疑っていた．しかし，後になって $LaBa_2Cu_3O_y$ という結晶構造であれば，La と Ba が一部相互置換しているため T_c が 80 K 以下に下がっているものの「れっきとした 90 K 級超伝導体」であることがわかった．123 系の発見については，中国が一番乗りだったのである．

初期のメカニズム予測

発見から 3〜4 カ月のごく初期の電子状態についての理解は，BPBO の延長線上のものだった．バンド計算で予想されるフェルミ面は，円柱状でいかにもネスティング条件がよさそうである．実際，母物質は絶縁体だから，電荷密度波が立っているに違いない．元素置換でキャリア濃度を変えれば金属に戻り，電荷密度波の原因となっている格子振動との結合による超伝導が発現するはずである．めでたし，めでたし．確かに $(La,Sr)_2CuO_4$ の 40 K 超伝導までは，そういうシナリオでよさそうな雰囲気が漂っており，完全なメカニズム解明までには 3 年もかからないだろう，と皆が思っていた．

しかし，1987 年初頭の 90 K 超伝導体（$YBa_2Cu_3O_y$）の出現で，「あれ？」となった．さらに，母物質が電荷密度波絶縁体ではなく，強電子相関のモット絶縁体であることもわかった．ここから「モット絶縁体近傍の超伝導」についての研究が始まったのである．以来，苦節 30 余年，である．

電荷密度波については，昔は実験的証拠が皆無であったが，最近になって実験手法の高度化が進み，単距離秩序が観測されるようになった[6]．一見，リバイバルである．ただし，電荷秩序の起源は強い電子相関と考えられているので，初期のシナリオとは異なる．

一方，この系では電子・格子相互作用も決して弱くはないという意味で，フォノンの役割も無視できず，初期のシナリオに見るべきものが全くないとも言えない．酸素同位体効果がキャリア濃度の低下に従って増大していき，絶縁相近傍に近づくと，同位体効果係数がBCS値を超えるという事実[7]も，まだ説明できていない．

光学反射スペクトルの解釈

初期の研究が玉石混交で，大混乱状態だったことは多くの研究者が記憶して

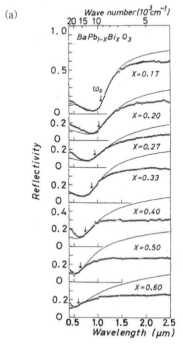
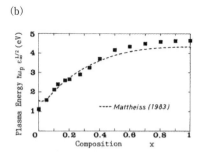

図4 (a) BPBO の光学反射スペクトルの Bi 濃度依存性．実線は Drude モデルによるフィッティング曲線[8]．(b) BPBO のプラズマ周波数の Bi 濃度依存性[10]．

いるところだろう．私の専門である光学スペクトルについても，多結晶しか手に入らなかった頃は，多くのミスリーディングな論文が発表された．BPBO のようにほぼ立方晶の物質の場合は，焼結度さえよければ多結晶でも単結晶と同じような光学スペクトルが観測できる．しかし，銅酸化物超伝導体は層状構造で，かつその結晶構造から予想されるよりもはるかに電子状態の異方性は大きい．発見当初は，この「異常な異方性」の認識がなかった．

図4(a)に示す通り，BPBO の光学反射スペクトルは，金属組成であっても低エネルギー領域の強度が著しく抑制されている[8]．これは，電荷密度波ギャップの名残ともいえる擬ギャップのせいである．銅酸化物超伝導体の多結晶試料を測定すると，金属的な面内スペクトルと半導体的な面間スペクトルの足し合わせになり，これに似た反射スペクトルが観測される．それを見て，中赤外領域に何等かの電荷励起が存在するという議論を展開した研究者が何人もいた．

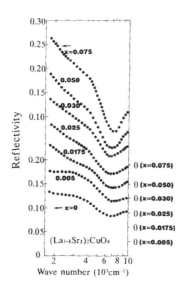

図5 多結晶 $(La_{1-x}Sr_x)_2CuO_4$ の光学反射スペクトルの組成依存性[10]．横軸が図4とは異なり，波数であることに注意．

もちろん，単結晶が育成され，面内偏光スペクトルが測定されれば，それが間違いであることはすぐにわかる[9]．しかし，本来ならそんな実験がなくても気づくべきことだ．このような単純なミスを著名な研究者たちがやったという事実が，当時の混乱ぶりを象徴していると思う．

さて，では多結晶の光学反射スペクトルから読み取れる情報は何もないのかというと，そうでもない．反射率が急に増大しはじめるところ（反射率エッジ）のエネルギー（$\hbar\omega_p'$）は，擬ギャップなどがない場合の大きなフェルミ面のプラズマ周波数 $\omega_p(=\omega_p'\sqrt{\varepsilon_\infty})$ を与えるものである．銅酸化物では，この反射率エッジの位置がキャリアドープしてもほとんど変化しない（図5）．まるでプラズマ周波

数がキャリア密度 n を反映していないかのようである[10].（Drude model では $\omega_p^2 = 4\pi ne^2/m^*$）それは，組成によって反射率エッジが系統的にシフトしている BPBO とは対照的である．BPBO では，低エネルギー吸収とは独立に，Bi/Pb の組成変化によってプラズマ周波数が変化し，キャリア密度の変化を反映しているのである．銅酸化物のプラズマエッジが変化しない理由は，この系がバンド半占有状態に近いからだと思っている．銅酸化物のドーピング範囲は半占有に極めて近く，BPBO の例（図4(b)[11]）で言えば，$x = 0.85 \sim 1.0$ の範囲なので，プラズマ周波数はそれほど変化しないのである．

ついでに言うと，1つの物質系ではキャリア密度を変えてもプラズマエッジは変化しないが，物質が変わると変化する．$(La, Sr)_2CuO_4$ と $YBa_2Cu_3O_7$ や $Bi_2Sr_2CaCu_2O_8$ のプラズマ周波数は明らかに違う．面内の電子状態は共通のはずなのに，同じドーピングレベルでも物質によってキャリア密度が違う．これには，面間方向の構造の違いが反映されていると考えざるをえない．c 軸長を単位胞中の CuO_2 面の枚数で割った値（CuO_2 面の平均的な厚み）の逆数がこの面内プラズマ周波数とよく相関すること[12]は，あまり知られていないのではないかと思う．

初めての海外出張

話が脈絡なくて申し訳ないが，上記のプラズマ周波数の問題を考えていた頃，生まれて初めての海外出張をし，それが忘れられない思い出なので，少し触れる．学位をとったのが遅かったのと，子供が小さくて家を空けられなかったのとで，1989年5月34歳でのアメリカ出張が，生まれて初めての海外出張となった．西海岸のサンディエゴで開催されたアメリカ材料学会（MRS）で招待講演をし（初めての海外出張でこんな栄誉にあずかった），その後，東大の北澤先生を筆頭に数名の研究者集団でニューヨークに行き，ベル研，ベルコア，IBM ワトソン研と連日訪問して回った．すべてが刺激的だったが，一番忘れられないのは，IBM 訪問である．

研究所内の階段教室のような部屋で開かれたセミナーには，当時まだ IBM におられた江崎玲於奈博士の顔も聴衆の中に見えて，大変緊張した．出発前は

MRS の講演の準備で手一杯だったのと，事前にこういうセミナーが開かれることを知らされていなかったので，まったく準備不足だった．上記のプラズマ周波数の問題を急遽 OHP にして講演をしたが，どう考えてもひどい英語で最悪のできだったと思う．こんな恥ずかしい思いをしたことも，後から考えると良い経験である．

　セミナーの後がまたすごい．集団で訪問したはずなのに，1 人 1 人別室に案内され（隔離され？），そこに我々と議論したい研究所員が順番にやってくるのだ．事前に所内で訪問者の氏名が公表され，議論をしたい人を募集してアレンジされたものと思われる．私のところにも，教科書の著者として有名な研究者を含め，次々とやってきては，自分の研究内容を紹介してくれ，それについて意見を求められた．1 対 1 のサシの議論である．1 人 30 分から 1 時間くらいだろうか．何人と話をしたかわからない．ずっと切れ目なく，人がやってくるのだ．それは夕方まで続き，最後はへとへとになった．これは，IBM の慣習なのだろうか．それともたまたまその時の担当者がこういうアレンジをしたのか．いずれにしても，その後，海外出張でいろいろな研究機関を訪問したが，こういう経験は二度となかった．拷問のようなあの 1 日は，強烈な思い出となって残っている．

超伝導物質探索ロボット

　私が 1989 年から 15 年半在籍した財団法人国際超電導技術研究センター・超電導工学研究所の様子についても，少しご紹介する．ちなみに，この財団および研究所は，銅酸化物超伝導体発見からわずか 1 年半で設立され，経済産業省の後押しのもと，一部上場企業 47 社が各 1 億円ずつ出資してできたものである．バブル崩壊前だったことも幸いしたかもしれないが，当時の産業界の期待の大きさが推し量られる．各社から 2 名ずつ派遣される出向研究員が総勢約 100 名，東京・豊洲に急ごしらえで建設された建物に集まり，銅酸化物の産業応用を目指して研究した．1 つの物質系だけに特化したこのような規模の共同研究所は，世界的にも例がないと思う．このような組織に，銅酸化物の物性や超伝導メカニズムの研究をする基礎物性部門があったのは驚くべきことである．

さて発見直後，銅酸化物の T_c が，CuO_2 層以外のブロッキング層を変えていくだけで，30 K[1] から 40 K[13]，90 K[14]，105 K[15] とどんどん記録更新されていったため，多くの研究者が「新超伝導体探索」に参入した．理論家の氷上先生（東大）が，日本で最初に 90 K 超伝導体を作ったというのは，有名な話である．出発元素を何にするかだけでなく，元素の比率や焼成温度，ガス雰囲気など，多くのパラメーターがある．周期表をながめているだけではだめなのだ．CuO_2 面が共通であること以外は，ほぼ何の指針もないのだから，新物質を見つけるのは容易ではない．

　超電導工学研究所でも新物質探索だけのチームが編成されており，企業からの出向研究員 10 名強からなる研究室があった．「探索部隊」と呼ばれていたこの研究室のメンバーは，所内忘年会の「研究室対抗腕相撲大会」で優勝する腕っぷしの強さを誇っていた．乳鉢と乳棒で，終日ゴリゴリと粉混ぜをしているからだ，という説がまことしやかに囁かれたが，この手の研究がいかに大変かは，多くの研究員が知っていた．

　一方，1990 年代初頭，コンビナトリアルケミストリーという手法が出現し，製薬分野でもてはやされていた．多くの元素の組み合わせ（場合によっては何万という組み合わせ）を機械的に行い，試料合成してみるというものである．絨毯爆撃方式だ．超電導工学研究所では，これのためのロボットを作った（図 6）．パソコンに出発元素の種類や比率などを入力すると，自動で試薬びんから必要な試薬を秤量し，ボールミルですりつぶし，ペレットに成形する．ここまでが一連の装置群で，その後焼成に関する電気炉装置群がもう 1 セッ

図6　超電導工学研究所にあった「多元素物質自動合成装置」．個々の合成プロセスを担当する装置同士がすべてつながっており，自動搬送される仕組みになっている．（文献16）より転載）

トあった．24時間動かし続けることができるので，何千というパラメーターの組み合わせも，時間さえかければ試作してみることができる．

大きな実験室がすべてこれらの装置群で埋まっていた．まるで製造工場のようで，これが動いているところを何度か見たことがあるが，よくできているのに感心した．機械の動きに，人間の手の動きをまねた（心にくい）細かな動作もあり，思わず笑ってしまう．ロボットによる自動秤量の精度の問題から，1組成について大量の試料が合成されてしまうのが難点だった．直径8 mmのペレット2〜3個といったかわいい分量を作ることはできないのである．それ以外の欠点はあまり聞いたことはない．何年稼働しただろうか．ある時，これらの装置群はすべて廃棄されてしまった．

結果として，この装置で新超伝導体は1つも発見されなかったのである．機械によって力わざで新超伝導体を見つけようという壮大な試みは，失敗に終わった．人間の「腕っぷしの強い」探索部隊のほうが，はるかに成果を挙げていたというのは皮肉である．今ならマテリアルズ・インフォーマティクスを使うところかもしれないが，それにも何となくこのロボットと同じニオイを感じてしまうのは，古い人間だからだろうか．

研究者倫理のこと

熾烈な研究競争の時代には，真理を知りたいという研究者の根源的な欲求に突き動かされた「正のエネルギー」だけでなく，人間の醜い側面を反映した「負のエネルギー」も渦巻いていた．大きな成果ほど，顕著になる．それまで，誰と競争するわけでもなく，のんびり平和に研究をしていた私も，いやおうなくそれらを知ることになる．多分，それも「高温超伝導研究の歴史」に刻んでおくべきことの1つなのではないかと思う．

よく知られていることだが，$YBa_2Cu_3O_7$の発見は，90 K超伝導の発見という事実だけが伝わり，物質名が伏せられていた．アメリカから伝わってきたのは，それが緑色だということと，Yb（イッテルビウム）が含まれているということだけだ．前者の顛末については省略するが，後者は，$YBa_2Cu_3O_7$の発見者が論文投稿するときに，情報漏れを恐れて意図的に「b」を付け加えたことが

原因だと言われている．査読を終え，いざ出版となる直前に，つまりゲラ校正の段階で「b」を削除すればよい，と企んだのだ．ところが，Yb の噂は海を越えて日本にまで広がった．これは何を意味するのか．論文の査読者か編集者が情報を漏らしたとしか考えられない．査読者の倫理規範は見事に破綻している．

日本で最初に高温超伝導を発見した高木・内田グループにしても，最初に論文投稿した雑誌は，日本の雑誌（Jpn. J. Appl. Phys.）である[17]．これは，国内誌に投稿したほうが「安全」だと判断したためだと思う．（田中先生が若干国粋主義的な面があったことも影響はしているが．）査読者から情報が洩れることほど，恐ろしいことはない．その後も，日本人の高温超伝導研究者は多くが論文を JJAP に投稿した．今なら Nature に出すのだろうか．

それ以外にも，論文の共著者に誰を入れるか，国際会議での発表や論文で同一成果を出した研究者の仕事を引用するかどうか，などのいくつかの観点で，私が「おかしい」と思う行動を著名な先生方がされるのに何度か遭遇した．すべて，研究成果を自分だけのものにしたいという欲求が根底にある．国際会議では人種差別もあったように思う．人間がみな持っているエゴ，業なのかもしれないが，私の中の悲しい記憶である．

おわりに：若い研究者へ

この稿を終えるにあたって，若い方々へのメッセージをという編者からの要請である．私などが何を言えるだろうか．たくさん恥ずかしい思いをした．研究実績のまだ少ない若造がいきなり国際舞台に放り出され，冷や汗をいっぱいかきながら，必死にもがいて，世界中の研究者達と競いあった．

とにかく「外に出るのは大事だ」ということは，申し上げたい．どんな小さなあるいはマイナーな国際会議でも，必ず「参加してよかった．」と思う情報が得られた．効率だけを考えて行動していると，大事なものをつかみそこなうのではないだろうか．

銅酸化物高温超伝導体は，多くの研究者がその魅力に憑りつかれてしまう魔物である．このような"研究者人生を賭けて取り組もう"と思えるテーマに巡り合えたことは，幸運だった．若い方々にも，是非，人生を賭けて取り組むテー

マを見つけていただきたい．それは，必ずしも「流行り」のテーマではないだろう．人それぞれの琴線に触れる（ツボにはまる）テーマがあるはずだ．自分はこれを研究するために生まれてきたのだ，と思えるようなものが見つかったら，研究者として最高の幸せではないだろうか．

（文中に出てくる方々の所属や職位は，当時のものである．他界された田中昭二先生と北澤宏一先生には，深い感謝と哀悼の意を表します.）

参考文献

1)　J. G. Bednorz and K. A. Müller: Z. Phys. B **64** (1986) 189.

2)　石ノ森章太郎：「マンガ超電導入門」Quark 7 月号（講談社 , 1987).

3)　A. W. Sleight, J. L. Gillson, and P. E. Bierstedt: Solid State Commun. **17** (1975) 27; K. Kitazawa, S. Uchida, and S. Tanaka, Physica **135B** (1985) 505.

4)　R. Cava *et al.*: Nature **332** (1988) 814.

5)　実際，30 K 超伝導の発見には至らなかったが，Cava より先に Mattheiss らが $(Ba, K)BiO_3$ の作製を試みている．L. F. Mattheiss, E. M. Gyorgy, and D. W. Jr. Johnson: Phys. Rev. B **37** (1988) 3745.

6)　G. Ghiringhelli *et al.*: Science **337** (2012) 821; J. Chang *et al.*: Nature Phys. **8** (2012) 871.

7)　K. Kamiya *et al.*: Phys. Rev. B **89** (2014) 060505(R) and references therein.

8)　S. Tajima *et al.*: Phys. Rev. B **32** (1985) 6302.

9)　S. Tajima *et al.*: Modern Physics B **17** (1988) 353.

10)　S. Tajima *et al.*: Physica C **156** (1988) 90.

11)　S. Tajima *et al.*: Phys. Rev. B **35** (1987) 696.

12)　S. Tajima *et al.*: Physica C **194** (1992) 301.

13)　S. Uchida *et al.*: Jpn. J. Appl. Phys. **26** (1987) L1.

14)　M. K. Wu *et al.*: Phys. Rev. Lett. **58** (1987) 908.

15)　A. Maeda *et al.*: Jpn. J. Appl. Phys. **27** (1988) L209.

16)　ISTEC 5 年のあゆみ（財団法人国際超電導産業技術研究センター, 1993) p.6.

17) S. Uchida, H. Takagi, K. Kitazawa, and S. Tanaka: Jpn. J. Appl. Phys. **26** (1987) L1.

たじま　せつこ

1954年兵庫県生まれ．1977年東京大学工学部卒，（財）超LSI共同研究組合研究員，東京大学工学部技術補佐員，同助手，同講師，（財）国際超電導産業技術研究センター・超電導工学研究所第三研究室長，同材料物性研究部長を経て，2004年大阪大学大学院理学研究科教授．

3.8 銅酸化物超伝導 μSR 実験ことはじめ[*1]

西田信彦

液体窒素温度をこえる超伝導体が見つかった

　LaSrCuO 系の銅酸化物超伝導体が発見されたのが，1986 年．年が明けて，1987 年 1 月に，転移温度が液体窒素温度をこえる YBCO 系超伝導が世界 3 箇所で発見された．日本では東京大学教養学部の理論家の氷上忍教授（当時，助教授）が発見者であり，渋谷東急ハンズで購入した七宝焼電気炉で，YBCO 超伝導体をはじめて作られた．当時，「できちゃったよ」との電話をいただき，何ができちゃったのかと，東大教養学部の氷上研究室まで見に行った．「緑色の物質もあるが，黒いのが超伝導体だ」との説明を聞きながら，試料を見せてもらった．理論家で，このような新物質を発見できるのかと，大変に驚きかつ大変感心した．液体窒素温度を超える高温超伝導体の研究に自分でできる方法でなにか貢献したいと思い，試料を供給してもらい，さっそく，2 月，μ^+SR

[*1]　銅酸化物 LaSrCuO 系の超伝導が 1986 年に発見され，翌年 1 月には転移温度が液体窒素温度を超える YBCO 系超伝導が発見された．正ミュオンスピン回転緩和法（μ^+SR）ですぐに実験を始めた．当時の研究雰囲気は，今思い起こして紹介するより，以前に書いた記事のほうがよく伝えているのでそれを掲載することにした．日本中間子科学会（当時は，中間子科学連絡会）の機関誌「めそん」（No.23, 2006, p.6）の記事である．研究者の所属は現在のものを加えた．読みやすくするためにサブタイトルを入れ，図の説明を詳しくした．そのほかは，ミスプリ以外はそのままである．

実験を行った．当時，1986年から科研費特定研究「中間子科学」が始まったところであり，私は，「極低温におけるμSRの研究」のテーマで研究に参加していた．そのときの実験結果は，超伝導相の他に磁気的な相があることはわかるが，はっきりした特徴はわからなかった[1]．3月，名古屋で行われた物理学会で大フィーバーの高温超伝導体シンポジウムが行われ，氷上氏に薦められ，それに参加したことが記憶に残っている．このシンポジウムの内容は，JJAPで特集号が組まれ，2冊に多くの発表が掲載されている．高エネルギー物理学研究所では，西川哲治所長の英断で，パルス中性子施設で，特別のマシンタイムが高温超伝導体研究用に組まれ，LaSrCuOの結晶構造，特に，酸素位置についての決定が行われた．ミュオンでも是非とも高温超伝導体実験を行いたいと，中間子科学特定研究代表者の山崎敏光先生に，氷上さんの試料を持って，自宅まで押しかけていったことを思い出す．山崎先生は，その前年，学士院恩賜賞を受賞されていた．1987年3月，昭和天皇陛下への御進講で，ミュオンスピン回転緩和法の話もなさり，どのようなことができるのかとの昭和天皇の御質問に，最近発見された高温超伝導体の研究にも役立ちますと，お答えいたしましたとの話をうかがった．4月，カナダ・バンクーバーのTRIUMF研究所のミュオン施設で実験の可能性を，問い合わせていただいたりしているうち，TRIUMF研究所で，高温超伝導体研究のために，PACなしで，特別に，ミュオンスピン回転緩和法をもちいた研究を行うマシンタイムを，5月（6月かもしれない）に設定するということになった．カナダのUBC大学グループ，米国のAT&TおよびBNLグループ，日本は，東京工業大学の我々のグループが各プロポーザルをかかげて参加した．当時，YBCOの試料について東京大学物性研究所の安岡弘志先生に伺うと，物性研の石川征靖先生の研究室ではYBCO系で酸素量を系統的に変え，結晶構造および物性の変化を調べ終わり，最良の試料を作製していると教えてもらった．試料の提供をお願いした．当時助手だった高畠敏郎氏（現在　広島大学教授）が酸素量をかえたYBCO系試料を準備してくださった．石川研究室には，偶然にも，東工大理学部物理学科の私の研究室で学部4年生の卒業研究を行った遠岳亜矢子さんが大学院生として所属しており，先生のための試料は乳鉢で特に念入りに粉にしましたと言っていたの

を懐かしく思い出す.

$YBa_2Cu_3O_x$ 系の反強磁性秩序の発見

このようにして，石川先生の YBCO 試料を持って，カナダのバンクーバー TRIUMF 研究所に，修士課程 2 年生の学生宮武秀明君と 2 人で出かけていっ た．私は，1975〜1978 年，TRIUMF 研究所に滞在し，μSR 実験を行っていたが， しばらく μSR 実験からは遠ざかっており，1987 年は，9 年ぶりの訪問であった． よく知った道と，バンクーバー空港でレンタカーを借り，颯爽と TRIUMF 研 究所に向かったのであるが，方向音痴の悲しさ，しばらく行くうちに大きな川 (Fraser River) にたどり着き，逆方向に走っていたことが判明，大急ぎで引き 返し，なんとか TRIUMF 研究所にたどり着いた．UBC の教授 Jess Brewer 氏 が「Welcome back」と迎えてくれる．また，TRIUMF 研究所には，久野良孝氏 （現在，大阪大学教授）が研究員として滞在しており，μ^+SR 実験を手伝ってく れることになった．彼の協力は本当に心強く感じられ，大変にありがたかっ た．実験は，現在 M13 と呼ばれる場所で行った．磁石，スペクトロメーター， 試料冷却のクライオスタットもなにもなく，それらを設置するところから始 まった．研究者間の相談はまったくなく，とにかくある種の独特のやりかた で準備がととのい，実験を始めた．当時の石川研究室の試料，Ortho-I，Ortho-II，Tetra-I [*2]，Tetra-II と名づけられた試料を用いた．$YBa_2Cu_3O_x$ で Ortho-I， Ortho-II，Terta-II は，$x = 6.9$，6.5 近辺，6.2 の試料であった．まず，$x = 6.9$ の 試料は，液体 He 温度まで電子に起因する磁性は μ^+SR では検出されないこと がわかった．一番の発見は，$x = 6.2$ の Tetra 相で，室温付近で反強磁性秩序が 観測されたことである[2]．試料にビームを当てると，30 分もしないうちに，約 4 MHz のミュオンスピン回転が観測され，磁気秩序状態にあることがすぐわ かった．早速，東京の石川先生に電話をして，Tetra 試料は，秩序が実現して いると連絡した．磁化率測定では，反強磁性秩序は検出できていないとのこと であった．帰国後，物性研を訪問したら，高畑さんが磁化測定をさらに精密に

[*2] Tetra-I 試料は $YBa_2Cu_3O_x$ で x が 8 近い相と考えられたが，現在認定されていない．

186　　　　　　第3章　若きサムライたちの戦い

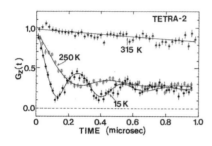 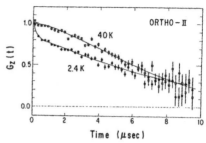

図1　YBa$_2$Cu$_3$O$_{6.2}$ の ZF-μ^+SR[2,3]．約 4 MHz の μ^+ スピン回転が観測されており，250 K においてすでに磁気秩序が存在することがわかる．

図2　YBa$_2$Cu$_3$O$_{6.5}$ の ZF-μ^+SR[3]．$x = 6.5$ 付近は酸素量のみでその性質は決まらない．試料に依存する．CuO 鎖が乱れていると乱れた磁性が検出される．図4と比較．

測定しておられたが，検出できなかった．安岡研究室の NMR 実験でも，反強磁性は検出できていなかった．図1に，そのときのミュオンスピン回転のデータを示す．

　$x = 6.5$ あたりの実験結果は，解釈が難しく，なにか乱れた磁性があることはわかるが，それが何であとは，なかなか特定しがたいものである．図2に ZF-μ^+SR スペクトルを示す．

YBaCuO 系の磁気相図

　YBCO 系の酸素量に対する磁気相図は簡単に作成することができた．その後，KEK-BOOM [*3] で，YBa$_2$Cu$_3$O$_{6.9}$ および YBa$_2$Cu$_3$O$_{6.5}$ の CuO 鎖が1本おきにオーダーして並んでいる試料について，ミュオンスピン緩和を長い時間領域まで正確に調べた．図3に示す．200 K においては，YBCO 中の核磁気モーメントに

[*3] KEK-BOOM は，高エネルギー物理学研究所内にあった日本の中間子科学施設で，世界で初めてのパルスミュオンビームを発生し，種々のミュオン科学の先駆的研究が行われ，現在世界最強度のミュオンビームを発生する J-PARC のミュオン科学施設（MUSE）建設まで，1980 年 7 月から 2006 年 3 月まで運転された．

[*4] YBCO 系で超伝導相において電子に起因する磁性が μ^+ で検出されないので，理論で提案された"anyon"による超伝導でないことを検証したことになる．文献5)を参照．

3.8 銅酸化物超伝導 μSR 実験ことはじめ

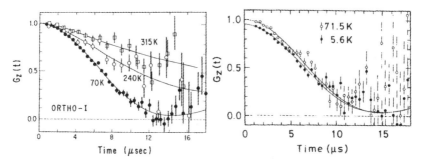

図3 YBa$_2$Cu$_3$O$_{6.9}$ の ZF-μ^+SR[3]. μ^+ スピン緩和は原子核磁気モーメントからの双極子磁場により説明できる. 200 K 付近から上の温度でスペクトルが変化するのは μ^+ の運動による.

図4 YBa$_2$Cu$_3$O$_{6.5}$ (CuO 鎖が1本おきに存在する試料) の ZF-μ^+SR[4]. 図2の $x = 6.5$ 試料と異なり, $x = 6.9$ と同じ原子核の双極子磁場により説明できる.

よる緩和が narrowing していることがわかる. 多分, ミュオンの運動によると考えられ, 電子に起因するミュオンスピン緩和は観測されない[*4]. また, CuO 鎖がオーダーしている試料の, YBa$_2$Cu$_3$O$_{6.5}$ の ZF-μ^+SR の結果を図4に示す. 図2と異なりミュオンスピンの緩和は観測されない.

YBCO 系の種々の実験をまとめた磁気相図として図5が得られる. 反強磁性相と超伝導相の境界あたりは, ゆっくりした熱処理, 急冷等により系統的なずれがみられる. 近年, この領域はストライプ等と議論が行われているが, どこまで本質的なものであるかは, μ^+SR のスペクトルの詳細な議論を行う必要があるよう

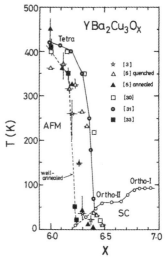

図5 YBa$_2$Cu$_3$O$_x$ の磁気相図[4]. 詳細は文献 4) を参照.

に思う. 超伝導コヒーレンス長が1〜2 nm と短いことによるナノメータースケールの単なる試料の不均一によるものであると思っている. その後, 1987

年7,8月，再び，TRIUMF研究所で，当時研究室の助手だった大熊哲氏（現在，東工大教授）また，山崎敏光先生も実験に参加してくださり，HoBaCuO，GdBaCuO，YBaLaCuO，Bi-2212系，Bi-2201系等の実験を行い，これらの系の磁気相図を作製した[4]．

低温物理国際会議 LT-21

1987年は，京都で低温物理の国際会議 LT-21 が開催され，高温超伝導が一大トピックスとなり，新聞社が多数取材に押し寄せた会議であった．私は，会議場にバンクーバーから直接かけつけたことを覚えている．高温超伝導体の特別セッションで3分だけの時間をもらい YBCO 系の磁気相図を発表した．LaSrCuO 系は，磁気測定から反強磁性相が超伝導に隣接して存在することがわかっていたが，T_c が液体窒素温度を超える YBCO 系も同様な相図であることを示した．ベル研の Batlogg 氏が，乱れの影響があるから，我々が示した相図が最終的なものではないと，強く反駁していたことが記憶に残っている．我々の $YBa_2Cu_3O_6$ の高い温度の反強磁性秩序を μ^+SR によって発見した報告は，JJAP[2] と JPSJ[3] に投稿して発表した．この高い温度での反強磁性秩序は，白根先生が中性子散乱実験で YBCO の反強磁性秩序について調べた論文を PRL に発表されるとき，引用されたので，世に広く知られるようになった．コロンビア大学の植村泰朋氏が μ^+SR の実験結果を白根先生に知らせてくださったと聞いている．

新物質の μSR 実験について

私は，磁化測定では観測できなかった YBCO 反強磁性秩序を，中性子実験，NMR 実験に先んじて発見することができ，その磁気相図を試料の質が上がらない初期の時期につくることができたこと，また，μ^+SR 法の威力を物性研究者に十分しらせることができたことを大変にうれしく思っている．μ^+SR 法は，加速器実験であるために，小回りが効かないところがあり，出た結果はすでに理解されていることであったりして，confirmation physics と呼ばれたりしたことがあった．使いかたにより，いかに強力であるかを示せたと思っている．

また，この頃の実験状況について思い出を述べておく．当時は，INTERNET

は存在せず，DECNET なる情報網のみがあった．DEC のコンピューターを所有するものが作っているネットワークのみが機能していた．東工大には，当時，DEC のコンピューターがなく，書いた論文を UBC の連中に送るのに，FAX を使ったが，多数の枚数を送るのには苦労し，また，向こうから送るのも大変であった．DECNET を使うために，またメールを見るためにのみ，大岡山から東大の本郷キャンパスまで電車で出かけて行った．大変に効率が悪かった．今は，便利がよすぎて，かえって忙しすぎるくらいである．もう1つ，TRIUMF 研究所で当時実験をしていたときの強烈な思い出を紹介しておく．1989 年天安門事件の頃，ちょうど，TRIUMF 研究所で実験をしていた．そのときの思い出は鮮烈である．DECNET で米国留学の中国人が情報を流しあい，コンピューターにメッセージが次々入ってくる．研究所の宿舎 TRIUMF HOUSE に，多分，香港経由でやってきたであろうと思われる中国人が宿泊していたりと，大変緊迫した空気を呼吸した．コンピューターによるネットワークの使われ方にはじめて接した経験である．

　高温超伝導の μ^+SR 実験および負の μ^-SR 実験[6]を東工大の多くの学生達や青山学院大学の秋光先生とその学生達と行い，また，当時物性研におられた毛利先生との高圧 μ^+SR 実験等，楽しい，多くの思い出があるのだが，初期の頃の逸話等ということで，このあたりで筆をおくことにしたい．

補遺：正ミュオンスピン回転・緩和・共鳴法（μ^+SR）

　正ミュオン（μ^+）は，質量が電子の 210 倍，陽子の約 1/9，寿命が 2.2 μs，スピン 1/2，電荷 +1 の素粒子である．粒子加速器でスピン偏極が 100%のミュオンビームを発生させることができる．このスピン偏極正ミュオンを物質中に打ち込み，その μ^+ スピンの運動を時間的に（0.5 ns の時間分解能も可能）追うことにより，物質の磁気秩序，磁気的揺らぎを観測できる．プロトン NMR に相当するが，NMR とは異なる時間領域の現象を観測できる．

若い研究者に伝えたいこと

　物性実験研究は，試料作りとその性質の測定の2つが両輪となって進められ

ます．物性実験研究でブレークスルーとなる結果を得るには，人が作ったことがない試料を作り新しい現象を探索するやりかたと，新しい測定手段を開発して人がまだ見たことがないことを観測して新しいことを見つける2つの道があることになります．私は，後者のほうに属する研究者です．1975〜1978年大学院生として素粒子ミュオンを使う新測定手法 μSR 開発を行いました．銅酸化物が発見された頃，この方法は多くの研究者が熟知しているものではありませんでした．YBCO系をこの方法で最初に測定し，人の知らないことを見つけることができました．このあとの私の研究の展開を少し述べます．この μSR 実験結果から乱れが銅酸化物超伝導体に大きな影響を与えているはずだと考えられ，それを調べる方法を考察してみました．高温超伝導発見少し前に走査トンネル分光顕微鏡（STM/STS）が発明されており，私の研究室で極低温下で是非ともSTMを用いた実験を行いたいと考えていました．1989年超伝導体 2H-NbSe$_2$ の渦糸を測定したきれいな実験が発表されていました．銅酸化物超伝導体のコヒーレンス長は1〜2 nm であるので，極低温，高磁場ではたらくSTM開発が，新しい研究情況を切り開く測定手法であると考えました．さらに，銅酸化物超伝導体の秩序変数対称性がよくわかっていないころで，渦糸芯，境界効果の測定がその情報を与え得ることに気づきました．極低温ではたらくSTMはまだ開発の初期段階にあり，その開発に邁進しました．海外のいくつかのグループと競争でした．1993年頃にはヘリウム温度で原子空間分解能を持つ安定なSTM/STS開発に成功し，Bi$_2$Sr$_2$CaCu$_2$O$_x$ において3 nm 長さで空間的に不均一な超伝導エネルギーギャップ，高温超電導体では理論で予想されない超伝導渦糸芯構造の精密観測等の新しい事実を見つけることができました．約40年間にわたり物理実験をおこなってきたことについて「物理実験40年——低温，ミュオン，STM——」と題して文献 7) にまとめていますので，興味のある方は読んでください．新しい測定方法を開発すれば必ず人の知らない観測結果が得られ，新しいことを考えられると確信しています．現在，競争が激しくなったこともあり，長い時間がかかる可能性のある新実験手法開発が避けられる傾向になっているのではないかと危惧しています．新手法を開発する機会に出会ったら是非それに挑戦してほしいと思います．

参考文献

1) N. Nishida, H. Miyatake, D. Shimada, S. Hikami, E. Torikai, K. Nishiyama, and K. Nagamine: Jpn. J. Appl. Phys. **26** (1987) L799.

2) N. Nishida, H. Miyatake, D. Shimada, S. Ohkuma, M. Ishikawa T. Takabatake, Y. Nakazawa, Y. Kuno, R. Keitel, J. H. Brewer, T. M. Riseman, D. L. Williams, Y. Watanabe, T. Yamazaki, K. Nishiyama, K. Nagamine, E. J. Ansaldo, and E. Torikai: Jpn. J. Appl. Phys. **26** (1987) L1856.

3) N. Nishida, H. Miyatake, D. Shimada, S. Ohkuma, M. Ishikawa T. Takabatake, Y. Nakazawa, Y. Kuno, R. Keitel, J. H. Brewer, T. M. Riseman, D. L. Williams, Y. Watanabe, T. Yamazaki, K. Nishiyama, K. Nagamine, E. J. Ansaldo, and E. Torikai: J. Phys. Soc. Jpn. **57** (1988) 597.

4) 詳しくは，以下のレビューを参照，N. Nishida: "Studies of high-T_c superconductor systems by positive and negative muons", Chpt. 2, pp.45-85, Perspective of Meson Science edt. by T. Yamazaki, K. Nakai, K. Nagamine (North-Holland, 1992).

5) N. Nishida and H. Miyatake: Hyperfine Interactions **63** (1991) 183.

6) N. Nishida: Hyperfine Interactions **79** (1993) 823-834.

7) 西田信彦：固体物理 **50** No.10 (2015), 551.

にしだ のぶひこ

1947年京都市生まれ．1971年東京大学理学部物理学科卒業，1977年同大学院理学系研究科物理学専攻博士課程修了，理学博士，日本学術振興会奨励研究員，1978年東京大学物性研究所助手，1984年東京工業大学理学部物理学科助教授，1992年同教授，2012年同名誉教授．同年, 理化学研究所常勤フェロー，2016年同退職．現在, 原研客員研究員．ここに記した話は，筆者が東京工業大学理学部物理学科に助教授として着任，研究室を作り始めた頃の話です．

Photo 2　「第2回 NEC シンポジウム」の集合写真

第2回 NEC シンポジウム (1988年10月, 箱根) の集合写真．"若きサムライたち"が，高温超伝導体発見者の1人であるミューラー教授 (IBM) や分数量子ホール効果の提案者のラフリン教授 (スタンフォード大学) らとともに，高温超伝導発見機構について白熱の議論を交わした．

3.9 Y-Ba-Cu-酸化物超伝導体の発見
——理論家は T_c を上げるのに有用か——

氷上　忍

　1987年2月に，米国・中国とは独立にイットリウム・バリウム・銅の酸化物を作り，超伝導になることを発見したので，その辺のいきさつを書くようにと「固体物理」編集委員から依頼があった．多分，筆者が実験家でもないのになぜ作る気になって，また日本で一番早く窒素温度を超える物質を発見できたのか，その辺のことに興味を持たれたのではないかと思う．

　今回は詳細に実験ノートを書いておいたので，それをながめながら話を進めることにしよう．第1日目は本年1月12日と書かれている．実験をしようと思いたったのは正月休みが終わった10日頃だと思う．まず日本橋に行って200頁のノートを2冊，1つは理論用にもう1つは実験用に買った．前年から新聞紙上で東京大学工学部の田中・笛木研の40Kで超伝導になるLa-Ba(Sr)Cu酸化物の研究が報じられていた．そこでその系の第1発見者であるBednorzとMüllerの論文を物性研からコピーして送ってもらい読んだのが10日ではなかったかと思う．この論文はZeitschrift für Physikで筆者の居る駒場では財政難から購入中止になっていた．この論文を読んで実験をして見ようと思い立ったが，非常に重要と思われることが書いてあった．第一にヤン・テーラー効果のことで，銅の2価がヤン・テーラー効果を持ち，それが超伝導の原因となっていること，第二に超伝導になる前の温度域で $\log T$ が見られ，これが2次元のアンダーソン局在と関係していて，この超伝導体は2次元系ではな

本稿は，「固体物理」1987年第22巻，第7号に掲載されたものである．

いかと議論している点である．最初のヤン・テーラー効果に関して，実は筆者は冬休みの間，Englmann のヤン・テーラーの本を読んで，あることを調べていたので，格別の興味を持った．この論文にも Englmann の本が引用されていたと思う．第二の 2 次元系に関しては，京大基研にいた頃，理学部の恒藤敏彦教授と準 2 次元系の超伝導も含めた論文を書いたり，またここ数年 2 次元系のアンダーソン局在を考えているので Bednorz と Müller の言っていることの真疑を知りたいと思った．

1 月 19 日に東大本郷山上会館で新超伝導体に関して公開の科研費研究班の講演会が行われるという案内が来ていた．それでは，それまでに，何か作って見ようと思い，同僚の鹿児島さんと相談の上，La-Ca-Cu の酸化物を作ることにした Ba や Sr を作っても二番煎じで，Ca は原子番号は小さいので T_c が上がるかも知れないと思ったからである．1 月 19 日の田中・笛木研の発表で Ca は実は一番 T_c が低いことが言われたのでこの予想ははずれた．

筆者は役に立ちそうもない理論をやるだけで，実験とは縁がないと思われているが，実際は，京都から東京に変わって以来，実験を時々行って来た．第一所属する講座名が物理機器学で，卒業研究も昨年はラテックスによる半導体レーザーの散乱の実験指導を行ったのである．また実験室も小さいながら 1 つ持っていて，隣の桜井捷海教授と半導体レーザーの第二高周波と磁場効果の研究が昨年以来進展している．すでに液体ヘリウムまでの電気抵抗の測定は速く測定するという面ではプロ級になっていた．しかし，最初の頃は同僚からもド素人がやって，今頃から始めても時間のムダですよと笑われることが多かった．隣の研究室の小宮山進助教授も，もし窒素温度を超える超伝導体を作ったら，窒素 1 年分あげると冗談半分約束してくれた．だれもが，起伝導体はおろか，セラミックスも作れないだろうと思ったに違いない．しかし，芸は身を助くというか，前から陶芸およびヨーロッパのステンドグラスなどの発色には興味を持っていたので，自信はあったのである．焼成温度も 800℃ から 1000℃ ならば，七宝焼や楽焼の温度範囲である．いろいろの文献を調べてみると，ペロブスカイト型酸化物は 5000 種類もあることがわかった．そのうち，セレンやガリウムなど危険なものを除けば数は少なくなり，身近かにある物から作って

3.9 Y-Ba-Cu-酸化物超伝導体の発見

見ようと思ったのである．炭酸バリウムや酸化銅は渋谷の東京ハンズ（手工芸材料のデパート）の陶芸コーナーでも 1 kg 当たり数百円で買えるが特級の試薬を使うことにした．この店で七宝焼炉を購入したが，この小型炉がスピードアップに後で非常に役だつことになった．

　1 月 28 日に La-Ca-Cu-O を共沈法で梅本講師とともに作製し 28 K で超伝導になることを確認した．次に 31 日にやはり共沈法で La-Ca-Ag-O を作り測定したが超伝導にはならなかった．共沈法は硝酸塩溶液をシュウ酸塩溶液に滴定して沈殿させるもので，安全だし非常に簡単でもあるが，使用する物質が限られる欠点がある．そこで 2 月になってから，共沈法でなく酸化物の粉末を混ぜて焼く方法に変えることにした．最初はメノウ乳鉢などないので，小さなガラス瓶に 3 種の酸化物を入れて振って混ぜ合わせていた．それでも onset の温度 40 K の超伝導が得られた．しかし，一部の新聞に報じられていた 50 K，54 K なるものは得られなかった．2 月の初めの頃の 1 週間は銅の電子価をアンバランスにしようと K や Na を La-Sr-Cu に入れることを試みたりしたがやはり T_c は上がらなかった．この頃になると T_c を決めているのは K_2NiF_4 構造でこの構造では上がらないのではないかと思い始めた．

　そこで他の構造はどうかと思って structure report などを調べたが，前から持っていた文庫判の大きさのイー・ヘンリー著の「電子セラミックス」という本にガーネットの記述があった．そこで YIG というイットリウム・鉄ガーネットにならってイットリウム・銅ガーネットを作り，それに Sr を少量入れて見ようと思った．最初は緑色であった．この緑色はイー・ヘンリーの本に緑色になると書いてあったので鉄を銅にかえてもそうなるのかと感心したりしていたが，とにかく絶縁体であった．絶縁体では話にならないので，Sr と Cu を増して焼き上りが黒色になるまで増やしていった．この頃，2 月 16 日に新聞の一面に米国・ヒューストン–アラバマ大のグループが新しい 90 K の超伝導体を発見したことが報じられた．

　Y-Sr-Cu-O が超伝導になりそうだと思ったのは 2 月 18 日であった．しかもかなり高温で 100 K 近くに T_c がありそうであった．というのは，この温度付近で急激な抵抗減少があったからである．しかし，完全にはゼロにならず残留

抵抗が出た．何回，試料を作り直しても，同様な振る舞いであったが，これが La 系の 2 倍の T_c を出す新超伝導体になることは疑いの余地がなかった．鹿児島助教授はこの頃，伊豆での科研費研究会に出かけていて，何か高い T_c が出たら電話をくださいとのことであった．実は筆者もこの科研費研究会に出席を希望したのだが即座に理論家の素人は人数が限られているのでだめと断わられてしまった．このイットリウム系が，目標としてきた高温超伝導体であることは確実であるので，La 系で行われたように Sr を Ba に変えたものを作ってみた．それが 2 月 21 日であった．東急ハンズで買った七宝炉で 850℃ 3 時間焼いた後，取り出してみると，黒色で，至る所に金属光沢がある数ミクロンの微結晶が見えた．早速，卒業研究の 4 年生の北郷君と平井君とともにとにかく完全に抵抗がゼロになるかどうか，炭素抵抗を付けたステンレスの棒に試料をつけ，液体ヘリウムまで冷やして見たら，少なくとも 80 K では超伝導が始まっているし，中間点は 65 K で，40 K あたりでは完全にゼロとなっていることがわかった．鹿児島さんとの約束もあるので，夜の 9 時頃ではあったがとにかく今までとは違った新しい物質で，窒素温度以上で超伝導になることを確認したと伊豆に連絡した．物質名は言わなかったが，鹿児島さんは後から聞けばどのように研究会席上発表しようかと熟考の末，研究会の 21 日終了間際コメントしたそうである．理論のしかもド素人と見られていた人が見つけたというので，かなりのインパクトがあったとあとから聞かされた．次の 22 日は日曜日であったが，2 人の大学院生を呼び出し，鹿児島さんと精密にデータを取り，翌 23 日に論文を JJAP Letters の超伝導特集号に投稿した．

　新しい窒素温度を超える超伝導体が，La-Ba(Sr)-Cu-O のすぐ先にあったことは，固体物理 4 月号に作道教授が書かれているようにコロンブスが発見した西インド諸島のすぐ先にアメリカ大陸があったことになるのかも知れない．なお 2 月 26 日に中国科学院物理研究所が人民日報紙上で新しい超伝導体物質の発表をし，物質名がイットリウム・バリウム・銅と発表した（一部に誤ってイッテルビウムと伝えられた）．したがって筆者のグループの物質と同一であったわけだが，翌日，米国のヒューストン大グループもイットリウム系であることを公表した．偶然にも 3 つのグループとも独立に同じ物を発見したことになっ

た．後に 3 月になってから筆者のグループがイットリウムのかわりにホルミウムでも 90 K を超える超伝導体になることを発見し，分子研の佐藤研および東大工学部の田中研・笛木研でも他のランタニド希土類にしてもやはり 90 K の超伝導体となることを確認した．イットリウム以外でも 90 K の超伝導になったのである．3 月になって反磁性の測定や帯磁率，X 線解析などで筆者のグループは忙しかったが，日本中新聞紙上で報道するように大変なことになった．特に構造に関しては諸説あってなかなか結論が出なかったが，無機材研の泉主任研究員，筑波大の浅野教授らの中性子回折で酸素欠陥三重層状ペロブスカイト型であることが判明した．

4 月末にランダウ研究所所長ハラトニコフ教授が来日したので，ソ連の様子を聞いてみた．ソ連でも大きなセミナーが開かれたそうであるが，理論家のジャロシンスキーが 20 年前に書いた未発表の論文を引き出しの中から出してきて 2 次元高温超伝導体の理論を発表したそうである．この 20 年前の論文はナフタリンで保存されていたらしく，あたりにナフタリンのにおいがたちこめたそうである．理論家が超伝導の研究に有用なのは，このジャロシンスキーの例が示すような形ではないかと筆者は思っている．今まで，具体的に決して理論家は T_c を上げることには寄与しなかったのは事実であろう．Matthias が超伝導を研究していたのはよく知られている．それに関して，3 月にハーバード大の Halperin から手紙が来たので，それを紹介してこの稿を終わることにする．

"……. I remember once hearing some remarks by Berndt Matthias that theorists had never done anything useful for raising the T_c of superconductors, and Matthias was sure that they never would. Well, now I know that theorists can become useful, if only they are clever enough to become experimentalists, ……"

若い研究者に伝えたいこと

高温超伝導作成から 30 年以上経つが，低温測定装置や温度センサーを始め，無冷媒装置などコンパクトになったが研究の基本は同じだと思われる．

超伝導転移温度を上げる試みと続いている．最近の硫化水素の高圧化での転移温度の上昇は将来の研究を明るくするものである．

研究のブレイクスルーは突如起こるものである．通常何10年単位間隔で起こるものである．したがって昔，野上茂吉郎教授から聞いたことだが，定年近くになるとどういうわけか不思議なことにようやく成果が出るので，それまでは蜘蛛のように蜘蛛の巣にかかる獲物を得るまでじっと辛抱強く研究をすべきだというのである．

　著者も水素の高圧下の超伝導に刺激されて，最近自分で実験をして見たいと思った．そのためにはダイヤモンドアンビルによる高圧装置およびクライオスタットを自前で作れるか考えて見た．幸い，多くの協力者を得て，第1号機を完成することができた．このような新しい市販品でない装置作りに際しては，昔秋葉原のジャンク屋で電子部品を買い集めたような楽しさがあった．手を動かしているうちにアイデアが浮かぶ．こういう作業を抜きにしては研究の楽しみはないのではないかとさえ思う．

　超伝導は相転移現象の代表例であり，その揺らぎの解析にはいまだに興味をそそられる．物理現象の典型的例であるが，実験的にも理論的にもエレガントであり，物理の誇るべき現象である．さらに，世の中のために現在もまた将来にも役に立つものでやりがいのある研究である．

　若い研究者はまだまだこれからブレイクスルーに巡り合うチャンスがあるので，蜘蛛のように辛抱強く研究を続けて欲しい．

ひかみ　しのぶ

1970年東京大学教養学部基礎科学卒業，1975年東京大学理学系大学院相関理化学博士課程修了，理学博士号取得，京都大学基礎物理学研究所助手，1982年東京大学教養学部基礎科学科助教授，2012年東京大学総合文化研究科広域科学専攻教授定年退官，東京大学名誉教授・沖縄科学技術大学院大学教授，現在に至る．

3.10 光電子分光で見えてきたもの

藤森　淳

背景：今どき酸化物？

　銅酸化物高温超伝導体が発見される3年前の1983年頃，私は筑波研究学園都市の無機材質研究所(現在の物質・材料研究機構)で，君塚昇総合研究官[*1]の率いる第14研究グループ(酸化ニッケル)の研究官として，酸化ニッケル NiO の光電子スペクトルの研究をしていた．今なら「NiO の電子構造を調べていた」と言うべきところだが，古典的な物質である NiO の電子構造は，$Ni^{2+}(d^8)$ イオンと O^{2-} イオンからなるわかりきったものと考えられていた[*2]．にもかかわらず，私も含めた当時の"分光屋"が NiO に興味を示していたのは，光電子スペクトルに現れる"サテライト構造"(図1)の原因がわからなかったためである．サテライト構造とは，"主構造"に加えてその数 eV 高結合エネルギー側に"サテライト"が現れる光電子スペクトルの構造で，単純に1個の光電子が放出されるだけでは理解できない"多電子効果"のひとつである．

　その1〜2年前から私は，軽希土類元素 Ce 化合物の光電子スペクトルに現

---

*1　現在，透明電極材料としてスマホに使われている In-Ga-Zn-O ホモロガス系 (IGZO) を最初に開発・研究した，遷移金属酸化物の合成と相平衡の専門家.

*2　1930年代に Pierls が，Ni $3d$ バンドの途中まで電子が詰まった NiO が絶縁体である理由として電子相関の重要性を指摘した．この考えを受け入れれば，NiO は電子相関のために d 電子が局在した $Ni^{2+}(d^8)$ イオンと閉殻 $O^{2-}(2p^6)$ イオンからなるイオン結晶と考えられる.

れるサテライト構造の原因を"クラスター・モデル"を使って調べていた[1]. 当時は，光電子分光の光源としてシンクロトロン放射光が盛んに用いられるようになっていた頃で，放射光のエネルギーの連続可変性を利用した"共鳴光電子分光"[*3] の実験が世界各地の放射光施設で行われていた. 共鳴光電子分光実験によって今まで見えなかったサテライト構造（たとえば, セリウム化合物の Ce $4f$ 準位の 2 ピーク構造）が発見されたり，従来の予想に反したサテライトの共鳴的振る舞い（特に, Ni, Co など重い遷移金属の化合物のサテライトの共鳴的振る舞い[2]）が報告されたりしており，その

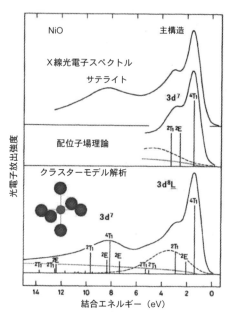

図1　NiO の X 線光電子スペクトルが示すサテライト構造（上段）とクラスター・モデル解析の結果（下段）[2]. 挿入図は解析に用いた正八面体 NiO_6 クラスター. $3d^7$, $d^8\underline{L}$ は光電子放出後の電子配置. 中段：主構造が $d^8 \rightarrow d^7$ 遷移によるとした配位子場理論による従来の同定.

機構解明が分光分野の重要な課題のひとつとなっていた.

高温超伝導体発見前夜

典型的なモット絶縁体と考えられていた NiO の光電子スペクトルについて

---

*3　共鳴光電子分光とは，光源エネルギーを特定の元素の内殻吸収エネルギーに合わせた時に起こる遷移金属の $3d$ 電子あるいは希土類の $4f$ 電子の光電子放出断面積の共鳴的な増大を利用した光電子分光のことである. 遷移金属や遷移金属化合物の場合，遷移元素の $3p$ 内殻から価電子帯 $3d$ 準位への光吸収を，希土類の場合は希土類元素の $4d$ 内殻から価電子帯 $4f$ 準位への光吸収を用いていた.

行った解析について少し具体的に述べよう。共鳴光電子実験が行われるまでは，測定された光電子スペクトル（図1上段）で価電子帯の最上部に現れる構造（主構造）が，NiO 中の Ni^{2+} (d^8) イオンから光電子が放出されて残された d^7 電子配置の多重項構造であると解釈され（図1中段），主構造より数 eV 近く深い位置に出現するサテライトは，配位子酸素原子の p 軌道から Ni $3d$ への電荷移動で現れる $d^8\underline{L}$ 電子配置（$\underline{L}$ は配位子である酸素 p 軌道に空いた正孔を表す）によるものと信じられていた。Ni^{2+} イオンの d^8 電子配置から光電子が1個放出され d^7 電子配置となった瞬間に，ある確率で酸素 p 軌道から空いた Ni $3d$ 軌道への電子励起も起こると，光電子の運動エネルギーはその励起エネルギー分だけ失われ，スペクトルでは主構造より数 eV 深い位置にサテライトとして観測されると考えられていた。しかし，共鳴光電子分光実験では，共鳴的に強くなるはずの主構造が弱くなり，逆にサテライトの方が強くなった[2]。

そこで，光電子スペクトルの形状を NiO_6 クラスター内での電子相関と p-d 軌道混成を正確に取り入れた"クラスター・モデル"で解析したところ，サテライトは d^7 電子配置が，また主構造は $d^8\underline{L}$ 電子配置が，光電子放出後に残された状態であることがわかった（図1下段）[3]。すなわち，電荷移動 $d^7 \rightarrow d^8\underline{L}$ はエネルギーを要する電子励起ではなく，数 eV のエネルギーを得する"正孔のスクリーニング（遮蔽）"であることがわかった。従って，NiO の価電子帯頂上は Ni $3d$ 軌道ではなく酸素 p 軌道であり，NiO が典型的なモット絶縁体ではなく，酸素 $2p$ バンドと Ni $3d$ の上部ハバードバンドの間にバンド・ギャップが開く"電荷移動型絶縁体"であることがわかった。これがきっかけとなって，Zaanen, Sawatzky, Allen による遷移金属化合物全体の電子構造の見直しが始まり，重い遷移金属の化合物が電荷移動型であることがわかってきた[4]。私は NiO から周期表を左側に進み，FeO, Fe_2O_3, MnO などの"モット絶縁体"を共鳴光電子分光で系統的に調べていったちょうどその頃，周期表の右側にある Cu の酸化物で高温超伝導が発見された。

高温超伝導体を光電子分光で見る

1986 年暮れに東大工学部からのニュースに続いて国内外のプレプリントが

業界を駆け巡り始めるとすぐに,無機材質研究所でも高温超伝導研究が爆発的に始まった.当時の無機材研は,それぞれが異なった分野の専門家からなる15の研究グループで構成される,国立研としては非常にユニークな組織であった.酸化物合成の第一人者 君塚昇総合研究官,室町英治主任研究官,構造解析の小野田みつ子,泉富士夫,山本昭二主任研究官はそれぞれ結晶化学,粉末構造解析,不整合構造解析の第一人者で,高温超伝導研究のセンターになるバックグラウンドを無機材研は備えていた.研究グループ間の垣根も低く,高温超伝導体の出現に対し機動的に対応していた.東大工学部の大学院生だった高木英典氏(現 東大教授,マックスプランク固体物理学研究所ディレクター)も,自分で合成した試料を持って構造解析をしに訪れていた.私も早速,室町氏,高圧合成の専門家 岡井敏総合研究官と相談してLa系($La_{2-x}Sr_xCuO_4$:LSCO),Y系($YBa_2Cu_3O_{7-\delta}$:YBCO)銅酸化物超伝導体の焼結体試料を合成していただき,

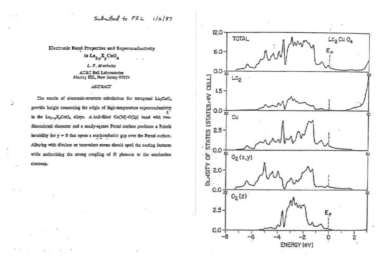

図2 Bell研究所のL. F. Mattheissによる高温超伝導体$La_{2-x}X_xCuO_4$($X=$Ba, Sr)の第一原理バンド計算のプレプリント.数カ所を経由してファックスで送られてきたので,活字が潰れ,画質が悪くなっている.左:アブストラクトのページ.右上に著者本人による投稿の日付1987年1月6日が書かれている.論文は翌日受理され,3月9日に出版された[4].右:部分状態密度(論文のFig.2).

立ち上げてから数年目の光電子分光装置を使って測定を始めた[*4].

　銅酸化物高温超伝導体の電子構造に関しては，発見直後から，バンド理論に基づく考えと Anderson が提唱した resonating valence bond (RVB) 理論という局在電子描像に基づく考えと，極端に異なる2つの見方があった．RVB は物性物理学者の知的好奇心を刺激するものであったが，常識的に考えると超伝導体は金属であるのでバンド理論が適用できると多くの研究者が最初は考えた．当時すでに，バンド理論の専門家にとってバンド計算は結晶構造さえ決まればすぐ実行できるものであったので，新超伝導物質の同定と構造解析がされるとすぐバンド計算が数カ所で行われ，プレプリントがファックスで世界中を駆け巡っていた．図2はその代表的なもので，Bell 研の Mattheiss による計算である[5)]．その状態密度（図2右）を見て，光電子スペクトルは弱いながらも明確なフェルミ端を示すであろうとナイーブに想像した．

意外な測定結果に戸惑う

　ところが我々が測定を始めると，いくらシグナルを溜めてもバンド計算で予測されたフェルミ端が見えてこない[6)]．一方，シグナルを溜めるうちにフェルミ端 (E_F) から約 10 eV 下に，弱いながらもバンド理論で予測されないサテライトらしい構造（2本の矢印）が浮かび上がってきた（図3中段）．そして，そのサテライトは Cu^{2+} (d^9 電子配置) を含む絶縁体 $CuCl_2$ のスペクトル（図3上段）のものと類似していたのである．そこで，バンド計算では正しく取り入れられない Cu 3d 同士の電子相関が強いと考えると，フェルミ端の強度が弱くなることも，絶縁体と似たサテライト構造が現れることも説明されると考えた．内殻光電子スペクトルも測定したが，それも絶縁体 $CuCl_2$ とほとんど変わらないサテライト構造を示していた[6)]．

　とにかく，高温超伝導体の光電子分光実験は我々が知る限り世界初で（もち

　[*4]　私は"分光屋"と言っても，大学院では光吸収・反射実験の経験しかなく，光電子分光は無機材研に入所して初めて経験した．光電子分光実験は，著名な表面物理学者の大島忠平，青野正和主任研究官（後に早稲田大学教授，理研主任研究員）に手解きいただいた．

ろん世界中で同時進行していたのだが)，しかも実験結果は新奇であるので早急に発表しなければならない．手っ取り早く簡単化したクラスター・モデル計算を行って電荷移動型であることを確認し，短い論文を書いた．さて，その論文を速報性を重視して Japanese Journal of Applied Physics (JJAP) に投稿するか[*5]，インパクトやサーキュレーションも重視して Physical Review Letters (PRL) に投稿するか大いに迷ったが，結局後者への投稿を決断し 1987 年 4 月早々に投稿，最終的には Physical Review B (PRB) の 6 月 1 日号に Rapid Communication として掲載された．その結果引用回数は 500 件を超えたので，決断は正しかったと今思う．

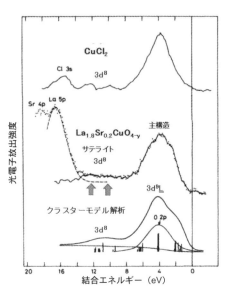

図3 高温超伝導体 $La_{1.8}Sr_{0.2}CuO_{4-y}$ (LSCO) の X 線光電子スペクトル(中段)とクラスター・モデル解析の結果(下段)[5]．上段：比較のために示した $CuCl_2$ の光電子スペクトル．LSCO のスペクトルに，矢印で示したように $CuCl_2$ と類似の d^8 サテライトが現れている．$3d^8$, $d^9\underline{L}$ は光電子放出後の電子配置．

反省点(懺悔)

しかし，測定をしたり論文を書いたりしながら，気になっていた点もあった．当時は焼結体試料の表面をダイヤモンドやすりで削り落として"清浄表

[*5] 当時，JJAP は高温超伝導体に関する論文を数日で査読し，最速で出版する特別処置を実行しており，速報論文を集めた高温超伝導特集号も発行していた．一方 PRL, PRB の査読も，JJAP ほどではないにしても非常に早かった．当時は紙媒体の出版だったので，いずれも論文受理から出版まで 2 カ月はかかっていたため，ファックスで行き交うプレプリントが情報伝達の主役であった．

面"を得ており，試料も冷却していなかったので，表面敏感な光電子分光で本物の物質を観測しているかどうか，今ひとつ自信が持てなかった．実際，その翌年に発見された，表面がより安定な Bi 系銅酸化物超伝導体 ($Bi_2Sr_2CaCu_2O_{8+\delta}$: Bi2212) では，弱いながらもフェルミ端が観測できたので，やはり La 系，Y 系試料の表面処理に問題がなかったわけではないと思う．しかしその後，単結晶試料を冷却することが標準的となってからも，フェルミ端付近の強度がバンド計算に比べてはるかに弱いこと，バンド計算では説明できないサテライト構造が見えることに変わりなかったのは幸いだった．今ではすべての銅酸化物超伝導体について単結晶を液体ヘリウム温度に冷却して劈開してから光電子分光測定を行うのが常識となっているので，当時はずいぶん勇敢な（無謀な）主張をしたものだと思う．

　また，急いで論文を出版しなければならなかったので，解析に十分な時間と労力を注ぎ込むのは諦め，NiO と同じ正八面体 CuO_6 クラスターを用いた．そのため，ドープしたホールは酸素 p 軌道に入っていたものの，Cu $3d^9$ とスピン 1 重項（Zhang-Rice 1重項）ではなくスピン 3 重項を形成することになってしまった．その後行われた平面配位 CuO_4 クラスターを用いたモデル計算では，ドープされたホールが Zhang-Rice 1重項を形成することが正しく予言されている[7]．

その後の光電子分光とあとがき

　その後の光電子分光は，高橋隆氏らの Nature の論文[8] から始まって，あっというまに角度分解測定が主流となり，角度分解光電子分光（ARPES）として驚異的な発展を遂げたのは多くの方がご存知の通りである[9]．高温超伝導研究が様々な測定手法が適用されたために急速に進展した一方で，高温超伝導研究のための測定手法開発が実験技術の著しい発展を後押しした．ARPES 実験の高度化（高分解能化，高効率化）はその最も目覚ましい例であった．

　高温超伝導の発見が昭和 61 年，最初の光電子分光実験が昭和 62 年，その翌年には時代が平成に変わった．あと 1 カ月で幕を閉じる平成時代は，「若きサムライ」にとっては高温超伝導の時代だった．その間，阪神淡路大震災，オウ

ム真理教事件，米国同時多発テロ，東北大震災と，日本・世界を震撼させた大事件・大災害が起きたことが，ついこの間のように思い出させられる．高温超伝導研究の初期の「若きサムライ」は，現在ほとんどが60代．私も65歳となり，この原稿の締切日平成31年3月31日に東大の定年を迎える．最終講義の準備や研究室の片付けなど，退職に関連したさまざまなことで時間を取られて原稿が進まずご迷惑をおかけしたが，最終講義の準備をしながら当時のことを思い出して整理し（片づけでうっかり捨ててしまった資料もあったが），何とか執筆を終えることができた．この機会を与えていただいた吉田博氏，高橋隆氏に厚く御礼申し上げる．

若い研究者に伝えたいこと

銅酸化物高温超伝導体の研究には，実にさまざまなバックグラウンドを持った研究者が短期間に参入した．伝統的な超伝導研究者（いわゆる低温物理学分野の研究者）はごく一部で，半導体の専門家や酸化物に詳しい結晶化学者が大活躍した．我々のような分光屋の出番も多くあった．また，輸送現象，帯磁率，比熱等の物性測定の専門家も，従来慣れてきたよりも高い温度での測定に戸惑ったと聞いている．光スペクトルも，従来の超伝導体研究のような遠赤外だけではなく，中赤外から近赤外にかけての高いエネルギー領域での測定が活躍した．今まで超伝導に縁がなかった研究者にまで，チャンスが大きく広がったわけである．

高温超伝導体が突然出現したので，装置や解析手法がフル稼働していたグループがすぐに参戦でき成果を挙げてきた．予想のできないタイミングで予想外の新物質が出現し，予想外の研究手法が大いに役立った時代だったので，それに食いついて成果を出せた研究者は，常日頃自分のツールや腕を磨きながら好奇心を持って研究を進めていた研究者であった．もちろん，銅酸化物高温超伝導体の出現に遭遇するような幸運は頻繁に訪れるものではないが，高温超伝導に限らず物質科学は新物質の発見や新現象の発見に満ちている．常に自分の得意とする研究手法に磨きをかけ，アンテナを高く張って研究に取り組めば，誰もが「若きサムライ」になれるのが物性科学，物質科学だと思う．

参考文献

1) 藤森淳：固体物理 **18** (1983) 493.
2) S.-J. Oh, J. W. Allen, I. Lindau, and J. C. Mikkelsen, Jr.: Phys. Rev. B **26** (1982) 4845.
3) A. Fujimori and F. Minami: Phys. Rev. B **30** (1984) 957.
4) J. Zaanen, G. A. Sawatzky, and J. W. Allen: Phys. Rev. Lett. **55** (1985) 418.
5) L. F. Mattheiss: Phys. Rev. Lett. **58** (1987) 1028.
6) A. Fujimori, E. Takayama-Muromachi, Y. Uchida, and B. Okai: Phys. Rev. B **35** (1987) 8814.
7) H. Eskes, L. H. Tjeng, and G. A. Sawatzky: Phys. Rev. B **41** (1990) 288.
8) T. Takahashi, H. Matsuyama, H. Katayama-Yoshida, Y. Okabe, S. Hosoya, K. Seki, H. Fujimoto, M. Sato, and H. Inokuchi: Nature **334** (1988) 691.
9) 藤森淳，高橋隆：固体物理 **25** (1990) 683；藤森淳：固体物理 **51** (2016) 627.

ふじもり　あつし

1953 年東京都生まれ．1978 年東京大学大学院理学系研究科修士課程修了，無機材質研究所研究員，同主任研究官，東京大学理学系研究科助教授，同新領域創成科学研究科教授を経て，2007 年同大学院理学研究科教授．2019 年より早稲田大学先進理工学研究科客員教授．本稿は無機材研の主任研究官であった 30 代半ばの話で，その直後に東京大学に異動した．

Column 3

マイスナー効果

　巨視的な量子状態である超伝導相へと転移した超伝導物質の電気抵抗はゼロ(完全導電性)となる．超伝導体が持つもう一つの重要な性質としてマイスナー効果があり，遮蔽電流(永久電流)の磁場が外部磁場に重なり合って超伝導体内部の正味の磁束密度をゼロにする現象(完全反磁性)である．写真は超伝導転移温度 92 K をもつ銅酸化物高温超伝導体 $YBa_2Cu_3O_7$ (Y-Ba-Cu-O) を液体窒素 (77 K) に浸した銅コインの上に置き，その上に永久磁石を置いたものである［吉田博撮影］．銅酸化物高温超伝導体を液体窒素で冷却して超伝導状態にすると，とたんに磁場が超伝導物質外部に押し出される．そのため，磁束の反発により，超伝導体と永久磁石の間に斥力が働き，超伝導体の上に永久磁石が浮くという巨視的な量子状態が実現する．マイスナー効果は，完全導電性(ゼロ抵抗)とは別の，超伝導体に固有の性質(完全反磁性)の1つである．従って，超伝導状態の検証には，電気抵抗ゼロとマイスナー効果を同時に観測する必要がある．

3.11 銅酸化物超伝導体から
ルテニウム酸化物超伝導体へ

前野悦輝

はじめに

　吉田博さんから高温超伝導体発見直後の当時の日本の若手研究者の研究現場のエピソードを書くようにお誘いを受け，広島大学のグループの当時の雰囲気を書き留めておきたいとお引き受けしてしまった．当時の記憶であいまいなところも多くあり，いささか正確性を欠く個所もありそうな文でお許しいただきたい．ここでは，1986年当時の広島大学の低温物理学研究室（藤田敏三教授）の様子から，1988年のスイス滞在，1994年のルテニウム酸化物での超伝導発見あたりまでについて，科学的視点からというより，現場研究者の思考の流れや研究者同士の交流に焦点を当てて書いてみたい．個人的回想で細かな話になりそうで，どれだけ読者の興味を満足させられるかわからないが，ともかく書き始めよう．

ある昼食会での報告

　1986年の12月初旬に広島大学理学部物理学科の低温物理学研究室では，毎週の定例昼食会で最新のニュース交換をしていた．研究室は1984年に藤田敏三教授が東北大学から着任，その秋にロスアラモス国立研究所から博士になったばかりの前野が助手として着任，大学院生で佐藤一彦（現 埼玉大），加藤雅恒（現 東北大），野島勉（現 東北大），青木勇二（現 首都大学東京）らがいた．私は主に重い電子系 $CeCu_6$ の研究をしており，東北大学から移設した希釈冷

凍機本体に広島で自作したガス制御系をつないで，磁場中比熱測定ができるようになったばかりであった．さて重い電子系を研究していた佐藤一彦から，酸化物で高温超伝導体が見つかった[1]という12月2日付けの新聞記事の紹介があり，早速取り組んでみることになった．とはいえ，前野は大学院では超流動ヘリウムの熱対流・カオスが専門であり，助手になって初めて固体物理学を始めたばかりの素人であった．

　この2年前の10月に広島大学に着任して，最初の藤田教授との打ち合わせは，カタログから発注するペンチやドライバーを選ぶ作業から始まった．実験室となる大部屋の一部にピット（床穴）をあけてシールドルームを設置し，希釈冷凍機を入れることになっていた．しかし，大部屋の床のリノリウムタイルは劣化してそこらじゅう剥げ始めており，まずは全部剥がしてしまう作業に汗を流した．4月になって最初の大学院生と学部卒研生が研究室に配属されると，彼らと一緒にキャンパス内にある野外の廃棄場所に行って，机・イスや本棚を物色して研究室に持ち帰った．質の良い廃棄したばかりの家具を雨が降る日までに持ち帰るため，皆で何度も足を運んだ．その後は希釈冷凍機やヘリウムの回収配管を設置するため，毎日旋盤工作と銀ろう付けに明け暮れた．当時の広島大学物理学科では，さすがにカープの地元らしく，研究室対抗のソフトボール大会が盛んで，りんご杯とみちのく杯をめぐっての大会があった．低温物理学研究室では毎週土曜日の午前中は前野も含めてソフトボール特訓で，全力で走りまくっていた．

点から線へ：LBCO の低温正方晶

　当時，中嶋貞雄教授（東京大学物性研究所）代表の特定研究「新超伝導物質」（1984～1986）のメンバーとして藤田教授が磁性超伝導体 $HoMo_6S_8$ 薄膜の研究に取り組んでおり，その研究会に出席できたことは新超伝導物質の情報を得るうえで大きかった．IBM チューリッヒ研究所のベドノルツとミューラーが発見した転移温度が 30 K 程度の新高温超伝導物質[1]は，東大の田中昭二研究室のいち早い成果で，層状ペロブスカイト構造の酸化物 La_2CuO_4 に Ba を置換したものであるとわかり[2]，この "214" 物質の超伝導転移温度の Ba 組成依存

3.11 銅酸化物超伝導体からルテニウム酸化物超伝導体へ

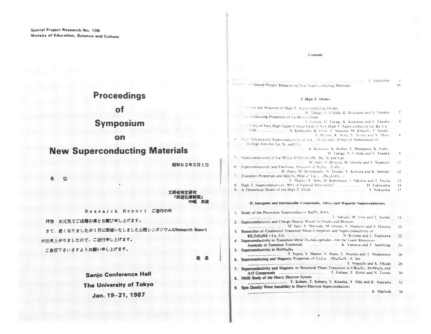

図 1 1987 年 1 月の東京大学山上会館での公開シンポジウムのプログラム.

性や (Ba, Ca, Sr) の組み合わせ依存性の決定に多くのグループが取り組んだ.
1987 年 1 月 19～21 日の東京大学山上会館での公開シンポジウムでは高温超伝導について 6 つの実験グループから講演があり，広島大学からも比熱やゼーベック係数について講演した (図 1). 表 1 にはこの研究会以降，前野が出席した主な国内開催研究会をリストした. (なお, IBM チューリッヒでも東大物性研から滞在中の高重正明さんを加えて新超伝導物質をすぐに同定しており，1986 年 10 月には論文投稿している. このあたりの研究展開については参考文献 3 に詳しい.) さてこの頃から，広島大学低温研でもベドノルツとミューラーのオリジナル物質である $La_{2-x}Ba_xCuO_4$ (LBCO) に絞って詳しい組成依存性を調べ始めた. Ba を加えていくと x (Ba) が 0.10 あたりで結晶構造が斜方晶 ($a \neq b$, 最近では直方晶と呼ぶ) から正方晶 ($a = b$) に変わるのに対して，超伝導転移温度 T_c は $x = 0.15$ 付近で最大となる. このことから当初は，正方晶が高温超伝

表1 日本で開催された高温超伝導関係の研究会の例（前野が参加したものに限る）.

主催者	会議名称	日程，場所	備考
文科省特定研究「新超伝導物質」（中嶋貞雄代表）	「新超伝導物質」公開シンポジウム	1987年1月19～21日 東京大学山上会館	会議抄録を英語版で発行，高温超伝導の講演は9件
同上	討論会「高温超伝導体ランタン酸化物について」	1987年2月20～22日 伊豆研修所（伊東市大室高原）	参加者40名 定員3名の8畳の間に教授も4名同室
同上	「酸化物高温超伝導体」研究会	1987年10月15～17日 那須 白雲荘	参加者52名
日本物理学会	第42回年会 低温シンポジウム「超伝導にまつわる最近の話題および高温超伝導」	1987年3月28日 9：30～22：40 名古屋工業大学	講演16件とPrepared Discussions 49件 日本物理学会誌7月号に報告記事（福山秀敏）
分子研（佐藤正俊）	分子研 研究会「酸化物高温超伝導体の合成と物性」	1987年6月4～6日 分子科学研究所	38件の講演
Yamada Conference XVIII（立木昌，武藤芳雄）	Superconductivity in Highly Correlated Fermion Systems (YCS'87)	1987年8月31日 ～9月3日 戦災復興会館（仙台市）	
中嶋貞雄，信貴豊一郎	XVIII International Conference on Low Temperature Physics (LT18)	1987年8月20～26日 京都国際会議場	
IBM Japan（福山秀敏，前川禎通，A.P. Malozemoff）	IBM Japan International Symposium "Strong Correlation and Superconductivity"	1989年5月21～25日 経団連ゲストハウス（静岡県小山町）	
重点領域研究「超伝導発現機構の解明」（武藤芳雄代表）	「酸化物超伝導ワークショップ」	1989年9月24～26日 那須 白雲荘	武藤重点領域研究では1989年1月～1990年2月の間に21回の研究会が開催された
同上（世話人：十倉好紀，吉田博，家泰弘）	「超伝導若手研究者勉強会」	1989年11月7～9日 那須 白雲荘	参加者35名
同上（世話人：家泰弘他）	「超伝導若手研究者勉強会'90」	1990年11月18～20日 那須 白雲荘	参加者49名
前川禎通	東芝国際超伝導スクール	1991年7月15～20日 ホリディイン京都	参加者約250名
福山秀敏，北澤宏一	Materials and Mechanisms of Superconductivity (M²S-HTSC-III)	1991年7月22～26日 石川厚生年金会館，金沢市観光会館他	参加者1,384名（37か国）

導にはより有利という方もいた．しかし，これはあくまで室温での結晶構造であり，母体 La_2CuO_4 での構造相転移が 540 K（約270℃）で起こることから，超

伝導の起こる低温ではほとんど直方晶であることが容易に推測できる．そこで，温度・組成相図で，母体高温と置換系室温での2点の構造相転移点を結ぶ線がどうなっているのかを詳しく調べる研究がスタートした．つまり，「点から線」を描いて自明でない物性を発掘する狙いで，

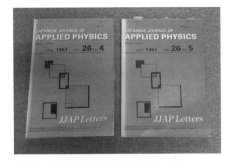

図2　JJAP特集号1987年4月・5月.

これは藤田教授のアプローチの特徴でもあったように思う．

　モット絶縁体にキャリアドープするための置換元素として，Srの方がT_cは高いものの，我々がイオン半径の大きなBaに絞ったのは幸運でもあった．現在でも重要視される高温超伝導体の特徴である，銅イオンあたりのホール濃度が1/8付近での電荷・スピン整列をともなう「1/8問題」が顕著に現れる構造不安定性が強いためである．青木勇二が主に取り組んだこの物性相図解明の論文は，応用物理学会発行のJpn. J. App. Phys.（JJAP）に小特集が組まれた1987年4月号（図2）に掲載された[4]．この論文ではすでに$x = 0.12$付近に超伝導転移温度の低下を見事にとらえている．青木君は再現性を確かめるためにこの組成のみ繰り返し試料を作っていたのに，この時点では前野はその重要性に気付かず，論文でこの異常を指摘するには至らなかった．

　当時の物理学科低温研の様子を図3にご紹介する．X線回折装置は物性学科のものを使わせてもらい，ダイヤモンドカッターがなかったので，電気抵抗測定のための試料の整形は紙やすりを使っている状態であった．試料合成には趣味の陶芸用の炉「ロペット」を使っていた．また，デジボルも数少なく，いろんな実験に実験時間を融通して使っていた．筑波大学の大貫惇睦さん（当時は助教授）の実験室に$CeCu_6$の共同研究で伺った時，複数の実験ステーションにそれぞれ専用のデジボルが備え付けられているのを見て大層うらやましい思いをした覚えがある．

　さて，LBCOのT_cの異常抑制については，後述の前野のスイス滞在期間中

に，広島では低温研の助手として着任間もない鈴木孝至さんが超伝導転移温度と低温での構造との関係を詳しく調べ，図4にあるように，低温正方晶が

図3　1987年当時の広島大学低温物理学研究室．(左) 自作のチューブ型電気炉．アナログ回路の温度スイーププログラマーも自作．(中央上) 陶芸用電気炉．(中央下) 電気抵抗での超伝導転移を観測中．(右) 上から藤田敏三教授，青木，京極，生田，加藤，野島，井口，前野(助手)，稲葉，淡路ら．(研究室メンバーにはこの他に佐藤一彦，冨田司)

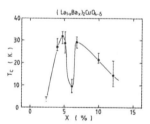

Fig. 5. Resistively determined T_c as a function of Ba concentration x. An anomalous dip in T_c is clearly seen around $x=0.06$.

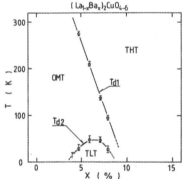

Fig. 4. Phase diagram of $(La_{1-x}Ba_x)_2CuO_{4-\delta}$. The transition temperatures T_{d1} and T_{d2} were determined by X-ray diffraction.

図4　高温超伝導体LBCOの温度-組成相図[5]．ドープ量1/8付近で超伝導が抑制されるが，その付近の組成では低温正方晶が現れる．xの定義は本文の半分になっている．

出現すると超伝導が抑制されることを明らかにした論文を発表した[5]．同じ6月に米国のブルックヘブン国立研究所のAxeさんらが同様の成果をPhys. Rev. Lett. に発表しているが[6]，投稿日は鈴木・藤田が1989年4月11日，Axeらが4月14日であり，熾烈な国際競争があった．鈴木は層状ペロブスカイト構造の有機化合物での低温正方晶相の研究経験があり，その分野の慣習から低温正方晶をTLT (Tetragonal at Low Temperatures) と呼んだが，AxeらはLTT (Low Temperature Tetragonal) と名付けており，その後，名称では互いに譲らない状況が続いた．

　前野はスイスから帰国後，この顕著な超伝導抑制が高温超伝導メカニズムの解明に重要なカギになるかもしれないと考えていた．そこで，x(Ba) = 1/8による置換イオンの整列によるのか，ドープ量p = 1/8による電荷整列なのかどちらがより本質的かを示すために，Laと似たイオン半径で，4価イオンをとる元素としてトリウムThを使って，後者が重要という結論を導いた[7]．この論文は今ならより多くの研究者の目に留まりやすいPhys. Rev. Lett. に投稿していただろうが，当時の研究室の雰囲気からPhys. Rev. BのRapid Communicationsにまず投稿してしまったところ，2カ月余りですぐに出版された．トリウムは溶接棒などに広く使われているものの，ウランと同様に国際規制物質．幸いにも広島大学では昔からThO_2の使用が登録されており，それを引き継いでの新たな原料購入も円滑にできた．

　この1/8問題について，我々は各CuO_2面内でチェッカーボード状の電荷秩序の可能性を想定して相変わらず多結晶試料での研究を進めていたが，やはり決定的な証拠を得るには単結晶試料が欠かせない．東大内田研の中村泰信さんの修士論文研究での$(La, Nd, Sr)_2CuO_4$単結晶を用いた低温正方晶の研究[8]は，問題解決に向けての大きなステップとなった．ほどなくブルックヘブンのTranquadaさん，Axeさんらと東大グループとの共同研究の中性子回折実験で，電荷とスピンのストライプ構造が明らかになり，1/8問題に対して基本的・決定的な解決が得られた[9]．この論文を見返してみると，我々のTh-Ba共置換の論文[7]は引用していただいているが，低温正方晶の存在を米国のグループと独立に初めて明らかにした鈴木・藤田の論文[5]は引用されていない．

銅サイトを置き換えよう：YBCO の元素置換

　LBCO の物性相図づくりを進めている間に，1987 年 2 月になるとアメリカで液体窒素温度を超える T_c の超伝導体が発見されたとのニュースが聞こえてきた．2 月 20 日からの伊豆研修所での特定研究研究会（表 1）で夕食後，大部屋で飲み語っているとき，鹿児島誠一さんから東大駒場の理論家，氷上忍さんが同様の T_c を持つ超伝導体を発見したようだと報告があった[10]．広島に戻って卒業論文・修士論文の発表会で忙しくする頃，Y-Ba-Cu-O という成分が中国で発表されたと新聞で知った．組成比はわからずやみくもに作ってみると，3 月 5 日には転移中点 92.6 K，ゼロ抵抗 83.3 K という意外に高い T_c が得られた．液体窒素温度を越えた温度でゼロ抵抗を観測したときは涙が出る感激だった．すぐに走って教授会のドアをたたいて藤田さんに報告．他の教授たちを仰天させたこの様子は，2002 年に広島で開催された低温物理学国際会議 LT23 のバンケットで広島大学の牟田泰三学長（素粒子論）のスピーチでも取り上げていただいた．

　ともかくこの結果を論文にして 3 月 8 日に発送し，JJAP 特集号の 4 月号掲載に間に合った[11]．この特集号は高温超伝導体に関する Letter 論文だけを通常の JJAP に小特集として掲載するもので，原稿締め切りは 3 月 14 日であった．この論文の執筆では悩みが生じた．単純ミスで原料の $BaCO_3$ のモル質量を大幅に間違っており，$(Y, Ba)_2CuO_{4-y}$ と $(Y, Ba)CuO_{3-y}$ の仕込み組成のはずが，Ba の量が中途半端なものになっていた．また，鋭い超伝導転移を示す試料は金属とは思えない緑色であった．ところがこれが幸いしたらしく，電気抵抗がゼロになる温度は日本の他の多くの専門家グループのものより高く，酸化物合成は素人の自分たちでも何とかやっていけるのではとの期待が持てた．3 月 28 日には，名古屋工業大学で開催の日本物理学会で低温シンポジウムがあった．朝 9 時半からの講演 16 件に加えて夕方からは 49 件の 5 分間発表があり，石黒武彦さん（当時 電総研）の見事な手さばきの座長のもと夜 10 時 40 分まで講演が続いた．なお，M. K. Wu（アラバマ大）と C. W. Chu（ヒューストン大）らの共同研究による YBCO での 93 K 超伝導発見は 1 月 29 日，論文が Phys. Rev.

Lett. 誌に投稿されたのは 1987 年 2 月 6 日，出版は 3 月 2 日付けであった．出版時まで非磁性の Y（イットリウム）の代わりに磁性 Yb（イッテルビウム）との組成"ミスプリ"があったのは有名な話である．

この頃，Y-Ba-Cu-O 超伝導体に関して新聞を読んでもまだ得られなかった情報として，組成比・結晶構造などがあった．JJAP 特集号へのすべての原稿を投稿した直後のおそらく 3 月 15 日に，ロスアラモス国立研究所での大学院生時代にお世話になった Joe Thompson さんの自宅に前野の自宅から国際電話をかけ，情報交換（と言っても USA からの新情報の一方通行）することにした．この電話で $YBa_2Cu_3O_7$ という組成と結晶構造などの情報がすでに出回っていることを教えてもらった．JJAP 特集号 4 月号には氷上さんらの論文を筆頭に 10 余りのグループから YBCO 関係の論文が発表されているが，NTT と電総研（現産総研）のグループからはそれぞれ 3 月 14 日と 16 日投稿で $YBa_2Cu_3O_7$ の組成と結晶構造を報告する論文が出ている．

Thompson さんとの電話でわかったことは YBCO には Cu に 2 サイトあることであった．すぐに思いつき，大学に行って手持ちの原料を調べ，どちらかの Cu サイトを別の元素で全部置換して超伝導性の変化を見ることにした．当日は日曜日で研究室の電話が外線につながらず，正門を入ったすぐのところの公衆電話から藤田さんの自宅に電話して，実験方針を相談した．すると，「いきなり全置換するのはうまくいかない可能性も高いので，数％置換の試料も同時に作るよう」指示があった．ここから YBCO の銅サイト置換の研究が始まった．しかし，JJAP 特集号の 4 月号に投稿したばかりで，4 月 14 日締め切り（消印有効）の 5 月号に新たな実験の結果を投稿するにはちょうど 1 カ月しかない．そこで，大学院生の加藤君に加えて，野島君，青木君にも参加してもらい，できた試料の組成については地学科との共同研究で EPMA 装置による分析も行った．Ni での置換効果の部分の論文は，何とか締め切りに間に合った[12]．3 月と 4 月に広大低温研が首著で投稿した 5 編の論文は，宅配便の集配所まで夜中近くに運び込むことを繰り返した．

しかし元素置換不純物効果を系統的に調べるにはまだ手が足りない！そのため研究室の 3 年生物理学実験授業の受講者で，春休みをお楽しみ中の学部 3

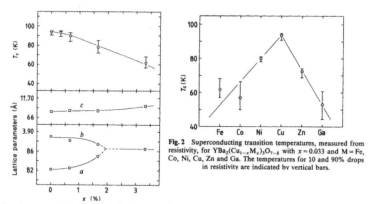

図5 高温超伝導体 YBCO の銅サイト元素置換効果[13]．(左) 元素置換によって1次元鎖が大きく乱れて正方晶になっても，高い超伝導転移温度は保たれる．(右) 超伝導転移温度は，非磁性元素での置換の方がむしろ低くなる傾向がある．

年生を呼び出して手伝ってもらうことにした．さまざまな元素で Cu を置換してみるといろいろ面白い効果が見えてきた．まず，2 価イオン元素の不純物では $a \neq b$ の斜方晶 (直方晶) は保たれる，すなわち CuO 1 次元鎖は壊れにくい．これに対し 3 価イオンではすぐに正方晶になってしまう．これから CuO 1 次元鎖が乱れた状態になっていると推測した．その場合でも高い T_c は保たれるため，CuO_2 面の方が高温超伝導にとって本質的といえるのではないか．実は当初の研究会では，CuO_2 面しかない $T_c = 40$ K 級の LBCO に比べて，CuO_2 面と CuO 1 次元鎖の両方のサイトのある YBCO で T_c が 90 K まで倍増するのは 1 次元鎖が本質ではないかとの憶測をする研究者も多かった．3 次元的ではなく LBCO のような 2 次元的な構造の超伝導体の T_c が高いことは驚きであったため，1 次元的な構造ならもっと T_c が高くなるのではという期待があった．もう 1 つの面白い効果として，従来の超伝導が磁性不純物に弱いのに対して，YBCO では磁性不純物よりも対応する非磁性不純物 (Zn, Ga) などのほうが超伝導破壊効果はむしろ強いという意外な結果が出た (図5)．これは従来の s 波超伝導とは異

質のもので，またペアリング機構に磁性が絡んでいる可能性も示唆している．

この頃，岡崎の分子研におられた佐藤正俊さんが開催された研究会（表1）で，Nature 誌が高温超伝導の論文を特別扱いで募集しているというアナウンスがあったので，これらの成果を Nature に投稿することにした．この論文は投稿日が6月18日，受理日が7月6日という超高速の査読で，8月6日付で出版された[13]．著者7名のうち3名は，3年生の春休みから研究に参加してくれて4月に研究室に配属されたばかりの学部生，冨田司（現 島津製作所），淡路智（現 東北大金研），京極誠（現 マツダ）であった．彼らを加えた1987年度の研究室ハイキングの写真を図3に加えた．

高温超伝導研究の初期に東京大学物性研究所（物性研）には数多くのプレプリントが航空便や FAX で送られてくる．物性研で研究会があった際，福山秀敏教授，そして当時研究室秘書の丸山志津枝さんにそれらを自由にコピーさせてもらえたことは大変ありがたく，このご配慮にはコピーしながら感動した．広島大に持ち帰るとむさぼるように読破して，ファイリングして，高温超伝導の研究を始めた研究室に学部を越えて回覧した．

IBM チューリッヒへ

1987年中盤になると高温超伝導をテーマとする国際会議の数が急速に増えてきた．6月22日からはバークレーのヨットハーバーにあるホテルでの国際会議 International Workshop on Novel Mechanisms of Superconductivity (Berkeley, California, June 22〜24, 1987) に出席した[14]．この頃にはすでに，銅サイト置換効果の研究に着手したグループが増えてきており，世界の若手研究者たちとも活発な情報交換ができた．この時の私のノートの最初のページ冒頭には，キャンドルスティックパークとオークランドスタジアムの電話番号が書いてあった．

8月31日から9月3日まで仙台で開かれた山田コンファレンス (Yamada Conference XVIII on Superconductivity in Highly Correlated Fermion Systems) にはベドノルツ，ミューラー両博士をはじめとする世界の大御所が参加した．前野も $YBa_2(Cu_{1-x}M_x)_3O_{7-\delta}$ について招待講演をさせていただいた．博士論文の主査の Brian Maple さんやロスアラモスでお世話になった Joe Thompson さん

ら留学時代からの馴染みの方も多く参加しておられたので，ウェルカム・リセプションではその辺を渡り歩いていろいろ話をしていた．後日，ベドノルツさん本人から聞いた話では，彼はIBM Japanからの補助もあって日本から若い研究者を1人雇えるということで，そのパーティーでは誰が元気そうかというようなことを見ていたそうである．ひとり，海外からの研究者となんか親しそうに話している若者がいるということで，初対面だがパーティー中に話しかけてこられた．そのあと私の招待講演も聴かれて，ミューラーさんとも相談されたらしい．会議の終わりの方に廊下でベドノルツさんから声をかけられたときは，自分の後ろに知人がおられるのかと思わず後ろを振り返ってしまった記憶がある．相談があると呼ばれて，1年間IBMチューリッヒで研究するオファーをいただいた．

　日本の大御所先生方の中には，日本にいた方が高温超伝導のメカニズム解明などではレベルの高い研究ができるのではないかと親身に懸念してくださる方もあった．また，この会議までベドノルツさんにとって私は面識がなかった存在なので，日本の他の若手研究者も有力候補として当然お考えだったのではないか．しかし，自分にオファーが来たのは人生の流れというかめぐりあわせなので，これをお断りすることは私の意識にはまったくなかった．

　IBMチューリッヒに渡る前には，同じスイスのインターラーケンで第1回High-Temperature Superconductors and Materials and Mechanisms of Superconductivity (HTSC M^{2}S I) 国際会議が開催された．この会議はその後，M^{2}S-HTSCとして3年に1度開催されている．インターラーケンでは多くの講演が銅サイトの元素置換効果を扱っており，また，ビスマス系の高温超伝導体が日本で発見されたということも話題になっていた．会議の後には，バークレーの会議で知り合った米国の若手研究者らとスキーを楽しんだ．

　さて，チューリッヒ湖に近い丘の上にあるIBM研究所に到着したのは1988年6月で，私が所属することになったベドノルツさんの研究グループは，彼自身と若い技官のヴィドマーさんだけだった．前年にノーベル賞を受賞されたばかりだったが，ベドノルツさんはもはや銅酸化物ではなく，もっぱら銅酸化物以外の新超伝導体を探すことに専念していた．それは，世界中の研究者がフィーバーに乗って銅酸化物を研究してくれているからで，当然の研究戦略と

いえた．ベドノルツさんからテーマとしていくつかの候補を示されて，私が選んだのはルテニウムの酸化物での超伝導体探索だった．ルテニウムは貴金属で高価で，当時の広島大の研究室ではとても手を出せない研究テーマだった．私は日本でも，ニオブとかニッケルとかチタンなどの酸化物で超伝導探しをしており，これらはベドノルツさんの狙っていたものと方向性がかなり似ていた．しかしどれが超伝導になるかわからないのに，大枚をはたいて，当たるか当たらないかわからない貴金属のようなものは日本では手掛けられなかった．誰かが発見したあとなら高くても買うだろうが，誰も発見していない段階で高価なものは買えなかった．実際，IBM から帰国してすぐにルテニウム酸化物の研究で文部省科研費を申請したが不採択だった．さて，ベドノルツさんにいくつか提示された中で，日本にいたらできないだろうと思った物質を選んだ．わかりやすかった．すぐにルテニウムを選んだ．

　ミューラーさんからは，ルテニウム 3 価イオンの $4d^5$ の電子配列は銅酸化物の $3d^9$ と類似性があり，以前から着目していると言われた．"銅酸化物高温超伝導体探索の定石"に沿えば，ルテニウムの層状酸化物で，電子数奇数のモット絶縁体を探し，元素置換でホールドープして金属相・超伝導相を引き出す，という戦略になる．新しい物質系を扱う以上，何か定石を破る要素も必要と思い，2 次元的な層状ペロブスカイト物質よりもむしろ 3 次元の単純ペロブスカイト物質を重視して合成・測定を進めた．銅酸化物でどんどん新しい超伝導体が見つかるのに対して，銅を含まない酸化物では超伝導体は容易には探し当てられない．これと並行して，IBM 内での共同研究として YBCO 単結晶での磁気メモリー効果の測定も行った[15]．また，銅酸化物以外の酸化物で新超伝導体の報告があるたびに再現を試みたが，全部 USO であった．そしてスイス滞在半ばの 1989 年 1 月には，ツェルマットでのスキー休暇中に昭和から平成に時代が変わった．

　IBM チューリッヒ研究所内の食堂は質が高く毎日楽しめた．昼食の最後にはだれか 1 人がその日テーブルに同席したメンバーのコーヒーの注文を受けて，全員分支払う習慣であった．また，毎朝 9 時 45 分から 30 分間のコーヒー・ブレークも所員同士の 1 番の会話の場であった．おいしいエスプレッ

ソ・コーヒーを飲みながら新しいアイデアを聞いてもらったり，研究所内の共同研究の話をまとめたりと，楽しく過ごした．私にとっては，国際会議から戻られたミューラーさんから高温超伝導の新しい話を聞ける絶好の機会でもあった．ある日の会話では，秋光純さん（当時 青山学院大学）のグループから新超伝導体発見の報告があって，214構造だがCu-Oネットワークは八面体や平面ではなく，YBCOのようにピラミッド構造らしい，

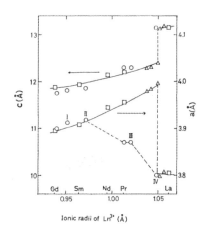

Fig. 1. Variation of lattice parameters of Ln_2CuO_4 with ionic radii or mean ionic radii of rare earth ions. □: Ln_2CuO_4, ○: $(La,Tb)_2CuO_4$, △: $(La,Pr)_2CuO_4$.

図6 層状ペロブスカイト銅酸化物で3種類の214構造を示していたKenjo-Yajima論文(1977)[16]．IIIが第3の構造．

という話を教えてもらった．この時は瞬時に背筋に電気が走った．日本で読み漁っていた古い論文[16]の図（図6）に，a軸長が短いLa_2CuO_4（八面体，T構造）でも長いNd_2CuO_4（平面，T'構造）でもない，中間の長さのデータ点が数個あってずっと気になっていたのを思い出した！ 気づいてみれば何のことはない，3価のAサイトイオンに大・小の組み合わせを使うことでそれらが整列し，図7のようにTとT'が交互に積層してCu-OがYBCOのようなピラミッド状に配位する構造ができるに違いない．秋光さんらによる新超伝導体の組成は$(Nd, Ce, Sr)_2CuO_4$で，私にとってはそれぞれの元素位置がわかりにくいものであったが，より単純な$(A, A')_2CuO_4$の指針でAに大きなLa，A'に小さな希土類元素を使ってドーピングを加えれば，系統的にいくつかの新超伝導体ができるだろう．すぐに合成をはじめたが，ここで問題が生じた．Ndよりも小さなイオン半径をとる元素として，できればSm，あるいはEuを使いたいのだが，Smは放射性同位元素を含むのでIBM研究所内では使用禁止，ということであった．Smに放射性物質としての取り扱いが必要になるとは，日本では

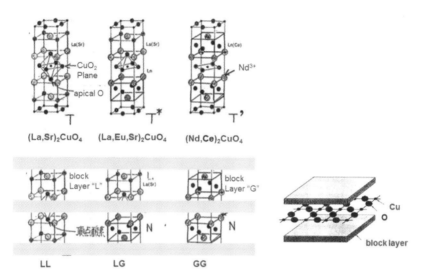

図7 3つの214構造とブロック層．2002年の学部1回生向け「低温科学」講義ノート（京都大学）より．

聞いたことがなかった．ともかく Eu, Gd, Tb, Dy を使って目的の T* 構造の物質はできたのだが，Eu 系が高圧酸素アニールの後に超伝導になるだけであった[17]．Sm であれば常圧でも超伝導を示すことが他のグループから示されたので悔しい思いをした．また，電子ドープ系高温超伝導体発見のニュースも伝わり，作ってみると $(Nd, Ce)_2CuO_4$ の超伝導単結晶が簡単に得られた．しかし，このホール効果を測るように装置を整備した段階で，1年近くが過ぎて帰国の時期となった．

ベドノルツさんとしては，私にはすぐに成果が出なくてもよいので，銅を含まない酸化物での新超伝導体探索だけを1年間粘り強く続けてほしかっただろう．しかし私は，銅酸化物の方の研究展開にもつい手を出してしまった1年間だった．また，ベドノルツさんは酸化物の研究に必要な単結晶づくりにフローティング・ゾーン法の重要性を早くから認識しており，研究室には技官のヴィドマーさん手作りの赤外線加熱炉があったのだが，この段階では私にはそれに取り組む余裕はなかった．私の帰国直前にグループに加わった大学院生の

Frank Lichtenberg 君 (現 ETH Zurich) が，その後，この炉を使ってルテニウム酸化物の単結晶育成に取り組んだ[18].

チューリッヒ滞在中，スイス連邦工科大 (ETH) で開催のセミナーに，研究所の理論分野の博士研究員 (PD) 達と一緒によく出かけた．T. M ライス教授の率いる理論グループのセミナーで，当時はパウリ・ルームと呼ばれたセミナー室で行われた．登壇者の正面の部屋後方の壁には，講演者の方に鋭い視線を向けて椅子に座るパウリの肖像画がかかっていた．私は IBM 滞在中にもここで一度セミナーをさせていただいたが，ライス教授からの鋭い質問の連続でボロボロになってしまった．ETH では博士号取得直前の Manfred Sigrist さんと知り合いになったことが，私にとってその後の財産となった．パウリの肖像画は，その後新築された理論物理学研究所の最上階の廊下に移されて，研究者たちを見つめ続けている (図 8).

図 8　Pauli の肖像画の前で前野と Sigrist 教授. 2019 年春，ETH にて.

超伝導若手研究者勉強会

さて，舞台は再び日本に戻る．1989 年の 5 月には富士山麓で IBM 主催の研究会 (表 1) があり，それに合わせて帰国した．この会議では，安岡弘志さんらの NMR 実験によるスピンギャップ状態発見の報告などがあった．広島大学に戻ってからは，LBCO の 1/8 問題の研究を軸に，銅を含まない酸化物での超伝導探索も続けた．

日本では重点領域研究「超伝導発現機構の解明」(武藤芳雄代表，昭和 63(1988) 年～平成 2(1990) 年) の活動に，藤田教授の研究室メンバーとして参加させていただいた．武藤さん (東北大学金研) は若手研究者だけが参加する研究会開催のための予算を潤沢にふるまわれ，当時としては画期的と思われる

「超伝導若手研究者勉強会」が何度か開催された（図9）．参加者はおおむね40歳未満の研究者で，本書の執筆者も多く含まれていた．運営の中心となったのは，吉田博（当時 東北大），家泰弘（当時 物性研），十倉好紀（当時 東大理学部）らの皆さんで，那須の白雲荘に合宿しての勉強会であった．

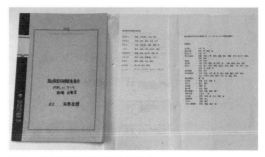

図9　超伝導若手研究者勉強会．

第1回目は1989年11月7～9日に開催され，冒頭の基調講演で，吉田博さんが参加者にアンケート回答を求められた．その回答集計を前野が走り書きしたノートを見返してみると，回答したのは参加35名中26名，回答者平均年齢は35歳．フェルミ液体か否かは16対9．銅酸化物高温超伝導をs波と考えていたのは15名．基本的にBCS機構が20名．銅酸化物の超伝導メカニズムとしてスピンを挙げたのが20名．BPBOとBKBOの超伝導メカニズムとしてフォノンか電荷かは20対8（両方と答えた人もいた）．また，1995年までに銅酸化物のホールドープ系でT_cが150 Kを超えると予想したのは11名，電子ドープ系で100 Kを超えるは12名，銅を含まない超伝導体のT_cが50 Kを超えると予想したのは11名であった．

この研究会で私にとって衝撃的だったのは，十倉さんらによる高温超伝導体の構造を分類するブロック層[*1]の考え方についての講演だった．当時，十倉・有馬孝尚（現 東大新領域創成）の名コンビで，研究会があるたびに新しい高温超伝導体を発表されており，それらを系統立てたきれいなアイデアだった[19]．ブロック層を構成する図7にある3つの214構造はブロック層LとGの組み

---

*1　銅酸化物高温超伝導体の層状結晶構造に共通のCuO_2面を取り除いた後の層状構造を分類したもの．組み合わせて全体の構造を作るための積み木部品という意味と，隣接CuO_2面の間の導電を遮断（ブロック）するという意味をかけている．

合わせとして T : LL (La$_2$O$_2$)，T′: GG (Gd$_2$O$_2$ や Nd$_2$O$_2$)，T* : LG と書ける．ブロック層が N 種類見つかれば，その 2 つの組み合わせで $N(N-1)/2$ 個もの高温超伝導体が作れ，未発見の超伝導体があれば何を合成すればよいかすぐに気づくというものであった．一番重要な CuO$_2$ 面を隠してしまうことで，構造が鮮明に見えてくるのが面白い．またそれぞれのブロック層は，荷電数や頂点酸素の有無などの"量子数"のようなもので特徴づけられ，それを組み合わせて新しい物質が生まれるのが面白い．クォークを組み合わせて陽子や中間子などのハドロンを作るのに似ている．

この頃から国際会議の運営のお手伝いをすることも多くなった．1991 年の 7 月には京都で東芝シンポジウム（表 1）が開催され，前野は地元出身者として浴衣を着て祇園祭のガイドを務めた（図 10）．その直後の金沢での第 3 回 M^{2}S-HTSC (July 22〜29, 1991) では，記者会見のお世話と通訳を務めた（図 11）．この時のバーディーン賞受賞者は Ginzburg さん，Abrikosov さん，Gor'kov さんで，その記者会見では大変興味深い話が聞けた．たとえば Gor'kov さんによると BCS 理論が発表されたころ，ロシアではまず Cooper の論文が手に入った時

図 10　1991 年の東芝国際超伝導スクール（京都）でのツアーガイド．（右上）前野とベドノルツ博士．（右下）スクールの講師・招待講演者ら．

点ですべてが解けたことを悟り，その後のBCS理論には驚かなかったということであった．ご本人たちの口から直接このような話が聞けたのは貴重な体験になった．マティアス賞はビスマス系超伝導体発見の前田弘さん（金材技研）と電子ドープ系発見の十倉好紀さ

図11　1991年のM²S国際会議（金沢）での記者会見通訳．左からシュリーファー教授，田中昭二所長，アンダーソン教授，前野，ベドノルツ特別研究員，ミュラー特別研究員．

ん．前田さんの受賞理由として「ビスマス系高温超伝導体発見により1次元的CuO鎖は高温超伝導に必須ではないことを明らかにした」とあるのは，上で述べた我々のYBCO元素置換効果での主張ともつながっており，当時の認識を示すものとして面白い．

　この時期，数多くの国際会議で講演したが，中でも1993年にシシリー島のエリチェにあるエットーレ・マヨラナ科学センターでのサマースクールは一番楽しかった．古い教会を改造した会議場から海岸を見下ろす眺望は絶景で，昼食・夕食は町にある約10件のレストランのどこに行ってもよく，支払いは会議参加料に含まれているので，サインするだけの面白い趣向だった．ここで出会ったAndy Mackenzieさん（当時　ケンブリッジ大，現在　ドレスデンのマックスプランク研究所）とは，翌年から活発な共同研究が始まることになる．研究の展開では，LBCOの1/8問題は上で述べたように1995年にストライプと判明して，一段落を迎えた．

電子数は偶数でもよかった：Sr_2RuO_4の超伝導

　広島大学では安価なチタン系やニッケル系などで，電子奇数個で銅酸化物

と類似の電子配置の酸化物をいろいろ試したが超伝導にはならなかった. IBM チューリッヒからの研究の継続として, 広島大でルテニウム酸化物の研究を再開したのは帰国して 3 年経った頃であった. それから 1 年後に電子 4 個のルテニウム酸化物 Sr_2RuO_4 を冷やしたところ, ついにビンゴ！だった. 1994 年 4 月に多結晶試料での比熱データで相

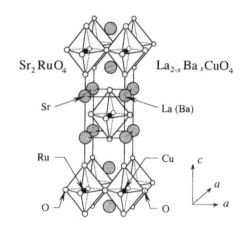

図 12　層状ペロブスカイト構造の Sr_2RuO_4 と高温超伝導体 LBCO[20].

転移の存在を最初に見つけ, それに続いて, 電気抵抗率, 磁化率で超伝導の兆候をつかんだ. そして多結晶焼結体を使った"超伝導発見"の論文は 6 月には投稿できる形になっていた. 高温超伝導体の発見から 7 年が経過していたが, 同じ結晶構造で銅を含まない超伝導体は報告されていなかった (図 12). 本当だと重要な発見になるので, 超伝導の証拠として決定的で十分なデータが揃ってから論文を出したいと思った. この論文予稿はグルノーブルで開催の M²S-HTSC-IV (7 月 5〜9 日) に持っていったのだが, あいにくベドノルツさんは参加されていなかった. そこでグルノーブルからベドノルツさんに電話して事情を話し, スイスの実験室の棚に何年間も眠っていた Frank Lichtenberg 君 (現 ETH Zutich) 育成の Sr_2RuO_4 単結晶試料を日本に送ってもらった.

　スイスから単結晶が届いてすぐの 1994 年 8 月 4 日 (木) に, 大学院生の吉田宏二君 (現 新潟工科大), 橋本博明君 (元 衆議院議員) と 3 人で単結晶試料の電気抵抗を測り, きっちりゼロ抵抗になることを確認した. その後の詳しい測定は 2 人に任せて, 私は旋盤工作で次の交流磁化率測定用のコイルを作った. そして 8 月 9 日 (火) には, マイスナー効果を示す明確な信号がオシロスコープに現れた. その信号が現れたときのことは今でも鮮明に覚えている. 1 週間

後の8月16日（火）に論文を Nature 誌に投稿した[20]．その間の週末にはロスアラモス国立研究所時代の日本人会があり，岡山の温泉宿で過ごした．温泉につかりながら，論文をどのように書こうかと思い巡らした．投稿日にはちょっとした遊び心がある．8月16日には，京都で五山の送り火が行われる．京都人の私としては，執筆前にまずこの日を論文に印刷される「送り日」に設定した．また，この論文では最後になって初めて研究の動機を書いている．最初エディターからちょっとクレームも付いたが，現場ではこういう発想の順番で新しい超伝導体探しをやっているんです，ということで認めてもらった．ベドノルツさんの研究室では最低温度2K程度までの測定しかできなかったので，T_c が1.5Kのこの超伝導体は，チューリッヒでは見つからなかった．ともかく，チューリッヒでベドノルツさんから与えられた宿題のレポートをようやく提出できたとの思いがあった．

　銅酸化物は電子が9個でないといけないというルールが刻みこまれていたが，あたり前だがどこかルールを破らないと新しいものはできない．Sr_2RuO_4 はあくまで参照物質として作ったものだったが，予期せず超伝導になった．この超伝導体発見は橋本博明君の修士論文のテーマになった．Sr_2RuO_4 の測定を始めるとき橋本君が，「前野さん，これ電子4個ですけど低温まで測るんですよね？」と聞いてくれたのは印象的だった．銅酸化物高温超伝導体の発見が偉大すぎて，大学院生にも固定観念が浸透していた，というか指導教員が悪い影響を与えていたというべきか．しかし，周辺物質までくまなく調べ始めていたので，遅かれ早かれこの超伝導体は見つかっていただろう．

　1994年10月の広島での会議（ISS '94）で，Mackenzie さんの同僚にプレプリを言付けた．そして，その後の強力な共同研究につながった[21]．また，論文が出ると超伝導メカニズムに関して真っ先に反応してくださったのがチューリッヒ時代にお世話になった Rice さんと Sigrist さんであった[22]．Sr_2RuO_4 の超伝導対称性については未解決の状態が長年続いていたが，ついに最近，NMR の実験からこれまでの認識を覆す結果が出た．次の数年以内には完全決着できるように私も全力で寄与したい．

若い研究者に伝えたいこと

研究者として自分独自の芸風というか作風をつかむことが大事と思います．いろんなタイプの研究者がいてこそ科学が発展するので，基礎力を付けたら次には自分ならではの得意技を見つけて，それを強化できるとよいですね．基礎研究分野の若手研究者にとっては，使命を帯びた重要なテーマ，社会に貢献できるテーマ，頭で考えたテーマよりも，おもしろいテーマ，好奇心からのめりこめるようなテーマ，心が欲するテーマに取り組む方が大切ではないでしょうか．人生は1回なので，特に若いうちは自分の先行きを計算しない方が勢いのある研究ができるでしょう．また，研究は真剣でも研究生活には遊び心も．

最後に，原稿をチェックしてくださった佐藤一彦，冨田司，淡路智，加藤雅恒，野島勉，青木勇二の各氏にお礼申し上げます．

参考文献

1) J. G. Bednorz and K.A. Müller: Z. Phys. B **64** (1986) 189.

2) H. Takagi, S. Uchida, K. Kitazawa, and S. Tanaka: Jpn. J. Appl. Phys. **26** (1987) L123.

3) 高重正明：固体物理 **22** (1987) 432.

4) T. Fujita, Y. Aoki, Y. Maeno, J. Sakurai, H. Fukuba, and H. Fujii: Jpn. J. Appl. Phys. **26** (1987) L368.

5) T. Suzuki and T. Fujita: J. Phys. Soc. Jpn. **58** (1989) 1883.

6) J. D. Axe *et al.*: Phys. Rev. Lett. **62** (1989) 2751.

7) Y. Maeno, N. Kakehi, M. Kato, and T. Fujita: Phys. Rev. B **44** (1991) 7753(R).

8) Y. Nakamura and S. Uchida: Phys. Rev. B **46** (1992) 5841(R).

9) J. M. Tranquada, B. J. Sternllebt, J. D. Axe, Y. Nakamura, and S. Uchida: Nature **375** (1995) 561.

10) S. Hikami, T. Hirai and S. Kagoshima: Jpn. J. Appl. Phys. **26** (1987) L314.

11) Y. Maeno, M. Kato, and T. Fujita: Jpn. J. Appl. Phys. **26** (1987) L329.

12) Y. Maeno, T. Nojima, Y. Aoki, M. Kato, K. Hoshino, A. Minami, and T. Fujita: Jpn. J.

Appl. Phys. **26** (1987) L774.
13) Y. Maeno, T. Tomita, M. Kyogoku, S. Awaji, Y. Aoki, K. Hoshino, A. Minami, and T. Fujita: Nature **328** (1987) 512.
14) Y. Maeno and T. Fujita: Substitution for Copper in High-T_c Oxides in "*Novel Mechanisms of Superconductivity,*" eds. S. A.Wolf and V. Z. Kresin (Plenum, New York, 1987) pp.1073-1082.
15) C. Rossel, Y. Maeno, and I. Morgenstern: Phys. Rev. Lett. **62** (1989) 681.
16) T. Kenjo and S. Yajima: Bull. Chem. Soc. Jpn. **50** (1977) 2847.
17) Y. Maeno, F. Lichitenberg, T. Williams, J. Karpinski, and J.G. Bednorz: Jpn. J. Appl. Phys. **28** (1989) L926.
18) F. Lichtenberg, A. Catana, J. Mannhart, and D. G. Schlom: Appl. Phys. Lett. **60** (1992) 1138.
19) Y. Tokura and T. Arima: Jpn. J. Appl. Phys. **29** (1990) 2388.
20) Y. Maeno, H. Hashimoto, K. Yoshida, S. Nishizaki, T. Fujita, J. G. Bednorz, and F. Lichtenberg: Nature **372** (1994) 532.
21) A. P. Mackenzie and Y. Maeno: Rev. Mod. Phys. **75** (2003) 657.
22) T. M. Rice and M. Sigrist: J. Phys.: Condens. Matter **7** (1995) L653.

まえの　よしてる

1957年京都市生まれ．1979年京都大学卒，1980年カリフォルニア大学サンディエゴ校(UCSD)修士，1984年同博士．広島大学助手，同助教授を経て，1996年京都大学助教授，2001年から同教授．ここに記した話は，主に筆者が博士号を取得してから2〜10年後の29歳から37歳までの顛末記．

Photo 3 「高温超伝導体の電子構造とフェルミオロジーに関する日米セミナー」の集合写真

1992年7月に仙台国際センターで開催された「高温超伝導体の電子構造とフェルミオロジーに関する日米セミナー」の集合写真．会議はその後「Spectroscopies in Novel Superconductors (SNS)」改名され，高温超伝導の中心的国際会議として現在も続いている(12回目が，2019年6月，東京で開催された)．

3.12 目指せ，ぬる燗超伝導！

山田和芳

はじめに

「夢酔独言」[*1]を，勝小吉（勝海舟の父親）が書いている．「自分は勝手気ままに生きてきたが，振り返ると反省することが多い．一族郎党の将来のために，自分のような生き方は決してすべきでないことを伝えるため，これを遺言として残す．」という全く身勝手な動機で書かれているが，内容は大変面白い．自由奔放だが，曲がったことは決して許さない己の生き様を貫いた貧乏武士の小吉は，幕末から明治にかけての日本を動かした勝海舟を育てた．あるいは勝海舟は小吉の元で育った．「夢酔独言」から，小吉が何を考え，どのように幕末を生きたか，それが後の勝海舟にどのような影響を与えたかを推し量ることができる．

私の「高温超伝導の若かりしサムライたち[*2]」は，若き研究者や学生諸君に残す「夢酔独言」である．私は何もわからず銅酸化物高温超伝導に飛び込み，下積み生活を楽しみ，独立後は先生，先輩達の言うことは聞いたふりをしてほとんど無視し，自分のやりたいままにやってきた．私の「夢酔独言」は，高温超伝導を研究していく上で参考になるかも知れないし，ならないかも知れな

[*1] この本の初版（勝部真長編，平凡社，昭和49年）を修士課程の時に読み，強い印象を受けた記憶がある．

[*2] 当時私はすでに38才になっていたので，決して若くなかった．

い．それは読者次第である．

　超伝導には夢があり不思議な魅力がある．銅酸化物超伝導が発見された当時，超伝導の基本であるBCS理論[*3]は学んでいたものの，それが物性物理学においてどの程度重要な発見なのか当初は実感できなかった．それほど超伝導には素人だった．そんな私でも銅酸化物超伝導の発見は何かしら魅力的だった．当時は世界中にそのような雰囲気が満ちあふれていた．理論家や物質科学の専門でない研究者までもが，我も我もと，より高い温度で超伝導を示す（あわよくば室温超伝導）新物質探索や試料合成を行うなど，一攫千金の"山師達"がうごめいていた．銅酸化物超伝導発見から10年が経ち，世の中が少し落ち着き始めた頃，アメリカの物理学会誌 Physics Today が100周年記念でサイエンスエッセーを公募した．この "The Physics Tomorrow Essay" コンテストで栄冠を仕留めたのが，「RESEARCHERS FIND EXTRAORDINARILY HIGH TEMPERATURE SUPERCONDUCTIVITY IN BIO-INSPIRED NANOPOLYMER」というタイトルのエッセーだった．2028年（コンテストの30年後！）に，室温超伝導の兆候が，生体物質と同じ二重らせん構造を持つポリマーに見られたという，とてつもなく興味深い内容だった．私はこのエッセーを読み，生体物質中に存在するかも知れない室温超伝導を夢み，それをどのように検知すればいいかを真剣に考えた．生物が生きている場合にのみ発現する（と勝手に思い込んだ）超伝導は検出が困難で，まさに人肌の温度，ぬる燗の超伝導である．

高温超伝導研究へ

　当時私は，東北大学の原子核理学研究施設（核理研）の助手として，電子リニアックを利用したパルス中性子源や装置の維持管理と共同利用のお世話，中性子散乱研究，それと施設新計画の電子ビームリングに関係する仕事をしていた．まともに論文も書かずにのんびりと暮らしていた．しかし，東北大学理学部の4回生と院生時代に指導を受けた石川義和先生や遠藤康夫先生らが，私

[*3]　何故超伝導が起こるかを3人の理論家（Bardeen, Cooper, Schrieffer）が，電子論的にあきらかにしたので，頭文字をとってBCS理論と呼ばれる．

の将来を憂慮され，石川義和先生が急逝された後，遠藤先生ら多くの方々に尽力していただいたおかげで，遠藤研究室の助手として配置転換することとなった．その後数年して銅酸化物超伝導が発見され，世の中の混乱とともに高温超伝導に巻き込まれることになる．もし核理研に居残っていたら，そのまま助手で定年を迎えた可能性が高い．

遠藤先生は，中性子散乱用の銅酸化物試料をさまざまなチャンネルを通して入手された．また日米協力中性子散乱事業を利用したブルックヘブン研究所(BNL)の白根先生や当時マサチューセッツ工科大学(MIT)の理学部長だったBirgeneau先生らとの高温超伝導共同研究がスタートしたばかりだった．私は銅酸化物高温超伝導が発見された翌年，BNLに日米協力中性子散乱事業の長期滞在者として約1年間派遣され，その後はサマーゲストなどで何度か滞在し，ニューヨーク近郊のロングアイランドの生活を満喫するとともに，内外の

図1 原子炉HFBR内での実験風景(BNLの広報誌に載せるための写真として撮影されたもの)．右端が白根先生．その隣がTranquada(現在BNLの中性子散乱グループリーダー)．左端がKeimer(現在 マックスプランク研究所のSolid State Spectroscopy DepartmentのDirector)．その隣が若かりし筆者．中央がThurston(後にビジネス界に転身)．当時はKeimerとThurstonともBirgeneau先生の学生だった．

図2 BNL滞在中にテニス友達のS. Shapiroと参加した研究所のテニス大会で男子ダブルスに優勝した．優勝カップはBNLのキャフェテリアの入口に置かれ，BNLの広報に写真入りで紹介された．翌年サマーゲストでBNLに行った時も同じペアで参加したが，私が肉離れを起こし，初戦で棄権．

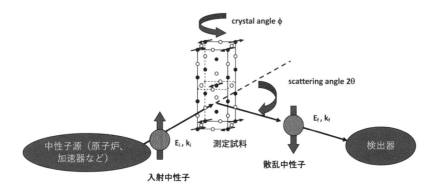

図3 中性子散乱実験の基本概念図．入射中性子と散乱中性子のエネルギー（それぞれ E_i, E_f）と運動量ベクトル（それぞれ k_i, k_f）の変化（それぞれ ω, Q）とスピン状態の変化を中性子散乱では測定できる．中性子のスピン方向を揃えた（あるいは制御した）中性子を試料に入射したり散乱後のスピン状態を検出し，試料の磁気的性質（磁気構造や磁気揺らぎ）を詳細に調べる場合もある（偏極中性子散乱）．中性子源としては，原子炉から時間的にランダムに出てくる定常中性子と，加速器を利用し，規則的に発生するパルス中性子がある．前者では入射中性子のエネルギー（波長）を揃えるためにモノクロメーター単結晶を，散乱中性子のエネルギーを識別するのに，同じ原理のアナライザー単結晶を利用する（3軸分光）．パルス中性子では中性子の発生から検出までの飛行時間からエネルギーを判別する．定常中性子散乱で散乱中性子のエネルギーを識別しない場合（2軸分光法による全散乱）は，測定試料の原子核や磁気モーメントの瞬間的な空間配列が近似的に観測される．非弾性散乱では，試料の動的構造因子 $S(Q, \omega)$ が直接観測できる．$S(Q, \omega)$ は原子核や磁気モーメントの空間と時間に関する2体相関のフーリエ変換で，$S(Q, \omega)$ の測定から原子核の振動（フォノン）や磁気モーメントの揺らぎ（スピン波など）の分散関係などを調べることができる．詳しくは中性子の教科書を参照．

多くの研究者達との交流ができた．午前中は原子炉（HFBR）で，1点1点出てくるデータをもとに白根先生や Birgeneau 先生，若い研究者らとの議論，午後は論文読み，データ解析，昼休みや夕方はテニスをしながら暮らしていた（図1，図2）．当時中性子非弾性散乱実験（図3）[*4]，特に偏極中性子散乱実験は，1点

[*4] 中性子散乱実験の概念図と最小限の説明を図3に示す．詳細は教科書を参照されたい[10]．

のデータ点を得るのに数十分から，偏極中性子散乱実験など時には数時間を要したため，週末はマンハッタンまで遊びに出かけ，夜戻ってから実験結果を見るという生活だった．

今振り返るとBNL滞在の数年間は，まっとうな研究者になるための貴重な下積み生活で，高温超伝導発見当初から世界と真っ向から戦った他の日本の若きサムライたちとは私は異なっていた．

その後の私が曲がりなりにも世界の研究者と張り合えたのは，中性子や放射光などいわゆる量子ビーム技術の発展に負うところが大きい．BNLから帰国後，新しく立ち上がった原研の研究用原子炉に，研究室が維持管理する新しい3軸型分光器を立ち上げ，HFBRとほぼ匹敵する実験ができるようになった．その後，京都大学の化学研究所（化研）に転出後は中性子分光器の面倒を見なくてもよくなり，世界の大型原子炉や，立ち上がったばかりのイギリスの本格的核破砕パルス中性子[*5]やパルスミュオンなども利用できた．

生まれ育ちが京都の私は，化研に骨を埋めるつもりだったが，5年間在職しただけで，東北大学の中性子関連の教授（遠藤先生，山口泰男先生）が2人同時に退職されるため，大先生らに（半ば強制的に）東北大学金属材料研究所に"呼び戻され"た．その後，新しく立ち上がった東北大学世界拠点（AIMR）へ，最後は高エネルギー加速器研究機構で管理職につき，研究グループは持てなかったが，継続していた共同研究など高温超伝導の興味は続いている．

出会えた人達

超伝導研究を通して，多くの貴重な出会いがあったが，紙面の関係でごく限られた人達だけしか紹介できない．

"中性子散乱の神様"と呼ばれる白根先生からは，実験の進め方だけでなく，共同研究のあり方（論文の書き方，オーサーシップなど）を学んだ．白根先生

[*5] 加速された陽子を金属標的に衝突させ標的の原子核を破砕させて，パルス中性子を発生させる．日本で最初の核破砕中性子源はつくばの高エネルギー加速器研究所に作られた（KENS）．博士号を取得後，学振の研究員として1年間KENS建設，装置建設に参加した．

には「皆と一緒によく学び，よく遊べ」，しかし「自分の頭でよく考えろ」という大原則があったと思う．私のモットーである「和して属さず　本質を語る」はこんな所にルーツがあるかも知れない．研究以外にもギャンブル（ポーカー）や，相手を撹乱させるテニスが好きな白根先生の生き方は一見自由奔放に見えるが実は繊細で，若い研究者をまともな社会人として育てる中性子散乱の勝小吉だった．

　Birgeneau 先生も超一流の研究者で，銅酸化物発見以前から中性子散乱やX線散乱で低次元系の研究を行い，それが銅酸化物の2次元反強磁性[*6]の研究に重要な役割を果たした．彼は，週末や夏休みを利用してBNLのアパートに滞在し，共同研究者と一緒に実験に参加していた．彼は論文書きの達人だった．我々若い研究者が方眼紙に1点1点プロットする実験データを見ながら，論文のアブストラクト案を語り，1週間程度で一連の実験が終了する頃には，論文のタイトルや主要な図の第一弾ができ上がってしまう．研究グループでは，結果を補強するために新たな実験を追加するということが繰り返された．

　BNLでは，いわゆる銅酸化物高温超伝導体の電荷ストライプモデル（図4）で有名なTranquadaと2人部屋だった．彼は大変無口で1日中全く会話しないこともあったが，私が何か尋ねると丁寧に教えてくれた．彼の博士論文は中性子でなくX線による仕事だが，BNLに勤めて数年間ですっかり中性子散乱の専門家となり，中性子グループでは将来を嘱望されていた．白根先生亡き後，自分がBNLの中性子グループを背負わねばという責任感を強く持っていたと思う．研究者として最も充実していた頃，HFBRが永久シャットダウンした．中性子で研究を行うにはBNLは不利な条件だったにもかかわらず，しかも彼ほど優秀なら，もっといい条件のオファーがあったに違いないが，彼はBNLに留まりグループを率いている．彼は日本的古武士の雰囲気を持っており，私も含め日本の研究者にもファンが多い．

---

*6　種々の銅酸化物高温超伝導体に共通して銅と酸素の2次元ネットワークがある（CuO_2 面）．CuO_2 面上の隣接 Cu スピン同士に働く反強磁性相互作用が強く，これが高温超伝導の源ではないかとの議論がある．

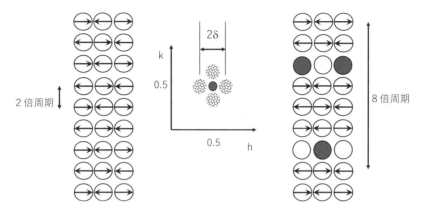

図4 CuO$_2$面内でのCuスピン(矢印)の配列を示す．左はホールキャリアのない絶縁体反強磁性の場合(隣同士のスピンの向きが反対の↑↓↑↓↑↓↑↓2倍周期構造)で，逆格子空間の$h=k=0.5$(いわゆる(π, π))の位置に磁気反射強度が現れる．右は電荷ストライプモデルのスピンの配列で，ホールがCu数の1/8ドープされた場合．ドープされたホールは，CuO$_2$面内でランダムに分布せず，線上に並び，Cuスピンを打ち消すため，縞(ストライプ)模様ができる(黒丸と白丸は電荷が並ぶ領域)．ホールをはさんだ両側のスピンが互いに反平行になると，ストライプと垂直な方向に8倍周期のスピン構造↑↓○↑↓↑●↓↑ができる．実際は，ストライプの方向が90°回転する領域もあり$(\pi \pm \delta, \pi)$と$(\pi, \pi \pm \delta)$の4つ位置に磁気反射強度が現れる．長距離秩序がないので，ピークの幅は絶縁体反強磁性よりも広くなる．詳しくは文献9)などを参照．

　Tranquadaの仕事を理論面でサポートしていたのが大物理論家Emeryで，BNLの物理棟の同じ階にオフィスがあり，しょっちゅう我々のオフィスの入口でTranquadaと議論をしていた．今では時効だが，Emeryがレフリーを依頼された論文について，Tranquadaとその内容についての熱い議論が聞こえてきた．情報のスピードが日本にいるときより数倍速いと感じた．帰国後に我々が行った実験結果について彼は大変興味を持ち，BNLを訪問した際，自分の電荷ストライプモデルとの関係について私だけに何時間も懇切丁寧に熱く説明してくれたことは今でも強く印象に残っている．自分の研究に対する客観的自負を持つことが一流の研究者の1つの条件だと思った．
　中性子散乱には純良な大型単結晶が必要で，これに関してもさまざまな人達

と付き合えたのは幸運だった．当時 NTT 東海研究所（今は KEK の東海キャンパスや J-PARC 関連の居室や実験室となっている）の日高さんが世界で初めて大型の La_2CuO_4 をフラックス法で作成され，超伝導になる前の母物質（2次元反強磁性）に関する中性子散乱研究が大きく進展した．日高方式では，大きな単結晶が融体中に沈んでいて，これを白金ワイヤの網ですくうため，海外では "Fisherman 方式" として話題になった．日高さんには単結晶だけでなく，試料作成全般や東海の生活で大変お世話になった．原研の原子炉と NTT 東海研究所は隣だったので実験結果の待ち時間には研究所のコートでテニスをしたり，夜には水戸の居酒屋などに連れて行ってもらったり，楽しい高温超伝導研究を満喫した．しかし華々しく活躍されていた日高さんが突然，きっぱりと研究と NTT を辞め，九州の家業（魚屋兼仕出し屋さん）を継がれた．家業を継ぐと決心された後は，一切後ろを振り向かず，見事に家業を新展開されておられる日高さんの生き様は，今の自分に大きな影響を与えている[*7]．

　日高方式は母物質や低ドープの単結晶育成には威力を発揮したが，超伝導を示す高濃度ドーピングの結晶育成は，原料の融体でるつぼが侵食されるため大変難しかった．しかしその後，山梨大学の兒嶋教授のグループが，るつぼを用いない Traveling Solvent Floating Zone (TSFZ) 法により，純良単結晶を作成し，中性子散乱のみならず多くの研究が急速に進展した．これがきっかけとなり，世界中に日本の Floating Zone (FZ) 炉が普及したと言える．兒嶋先生にも山梨や仙台で，研究面だけでなく，さまざま大変お世話になった．しかし石川先生と同様，若くして急逝された．もう少し長生きしていただけたら，高温超伝導の単結晶育成で日本発のさらなる新展開があったかも知れない．

　金研で結晶作製をされていた細谷正一さんとの付き合いが最も長く，FZ 炉を用いた単結晶育成についてのイロハや，酸化物の酸素濃度調整などさまざま

[*7] ある日，日高さんから NTT を辞めて家業を継ぐことを告げられ，私は大きなショックを受けた．しかし理由を聞かされ納得できた．自分がやるしかないとの決断だった．数年後，福岡の物理学会で，研究室のメンバー 10 人程度が日高さんの家に招待され，美味しい魚やお酒を振る舞っていただいた．立派に家業を発展されていた日高さんを改めてすごいと思った．

なことを学んだ．このことが後に，中性子散乱のための単結晶育成を自分達の
グループで行う重要なきっかけとなった．

　細谷さんとも，単結晶育成以外でもさまざまな付き合いをさせてもらった．
銅酸化物に酸素を過剰に導入させる電気化学的なやり方が発表され，この手法
を学ぶために，細谷さんが知っている電気化学の専門家をボルドー大学まで美
味しいワインも期待して2人で訪ねていくことにした．しかし，ドゴール空港
到着後，ボルドー大学の先生との連絡が取れず，スケジュール的に訪ねること
が無理になった．スケジュールを前倒しし，パリ近郊の世界最大の研究用原子
炉を訪ねたが，それでも帰国まで2日間何もすることがない．しかたなく（？）
細谷さんと一日中足が棒になるまでパリ見物に没頭した．

　私の研究面での転機のきっかけとなった3人の結晶育成の専門家に共通する
のは，人間としてのスケールの大きさと“楽天さ”である．銅酸化物研究で日
本が単結晶による精密測定で先行できたのは，このような研究者の支えがあっ
たからだと思っている．

転機

　当時は中性子非弾性散乱実験で銅酸化物超伝導体の磁気揺らぎを調べるには
信号が微弱なため大型（～1立方センチ）の単結晶が必要だった．一方，結晶作
成を本業とする専門家（結晶屋と呼ばせていただく）は，小さくても世界で誰
も作れない新物質，さらにその単結晶を作るのが夢である．そのために新しい
作成法を極めていく．中性子散乱研究者も，もちろん世界初の物質測定は魅力
的だが，銅酸化物超伝導の系統的な研究として，組成を細かく変えた，大きな
単結晶が，しかも世界的競争なのでできるだけ早く必要だった．この要求を結
晶屋に依頼するのは酷だったが，世界的競争が激しい当時，どうしても無理無
理にお願いすることになる．BNLで知り合ったアメリカのある結晶屋が，私の
競争相手が4000ドル支払うから単結晶育成を依頼してきたと，私にこっそり
語ってくれたことがある．その時の彼は決して幸せそうには見えなかった．プ
ライドある結晶屋として当然だと思う．結晶屋は単結晶を使った実験の重要性
を結晶屋として納得した場合にのみ全面的に協力してくれる．その結晶を必要

242　　　　　　　　第3章　若きサムライたちの戦い

とする研究者は，いかにそれが重要かを真摯に，熱意を持って説明し納得して
貰う必要がある*8.

　結晶屋との付き合いは楽しかったが，彼らにすべてを頼っていては，世界の
競争にはなかなか勝てないと判断し，自ら単結晶育成にチャレンジすることを
決心した．もちろん先生は細谷さんであり，山梨大学の兒嶋-田中研究室の人
達である．

　単結晶育成，特に銅酸化物を FZ 炉で育成するには，1時間に1ミリ程度の
育成速度しかないので，育成条件の見極めだけで数時間を必要とする．夕方
にセッティングし，翌朝に育成条件の善し悪しがわかる．うまくいけばその
まま育成を続行でき，条件が悪ければがっくりと肩を落とすことになる．こ
れは時間のかかる中性子非弾性散乱実験と大変よく似ている．難しい単結晶
育成の場合は，がっくりの場合の方が多いが，ここで気落ちする人は結晶育
成には向いていない．学生の中にも結晶育成に向き不向きがあった．大きく
落ち込む人は大抵几帳面で，絶対これでできるはずと周到な準備を行って育
成をスタートさせる（ただし几帳面な人は結晶育成には向かないということで
はない）．私の場合はそうでなかったため失敗してもがっかり度は小さく，何
度も条件を変えては育成を続け，あまり苦労せず最適条件を見つけることが
できた．

自分達の独自研究

　大型単結晶の育成と結晶処理を自分達で始めたことが研究の大きな転機と
なった．狙いを定めた単結晶試料が短時間で手に入り（といっても1種類の単
結晶育成には原料棒の調整を含めて2週間程度かかり，できた単結晶がきちん
と所定の性質を示すかのチェックにも1週間程度は必要），中性子散乱実験が
効率よく進み始めた．さらに我々が作成した単結晶を利用したいという国内外

---

*8　研究成果の質だけでなく量も問われる今の時代は，自分の専門に対する頑固さ
　　を持ち続けるのが難しい．そのためか，"安易な共同研究"が流行っているように
　　私のような頑固な年寄りには感じられる．

の研究者との共同研究が始まり，多くの研究者との交流がスタートし，ようやく下積み研究者から脱することができた[*9]．

中心となる物質は，絶縁体の La_2CuO_4（LCO）を金属化，超伝導化するために Sr^{2+} を La^{3+} と置換させてホールドーピングを行う $La_{2-x}Sr_xCuO_4$（LSCO）だった．LCO は Cu スピンが反強磁性長距離秩序を示し，小さな単結晶ができればそのスピン構造は割と簡単に中性子回折で調べられる．しかし Sr を少し（$x > 0.02$）置換するとたちまち反強磁性構造が壊れ，CuO_2 面内の Cu スピンの時間的空間的な磁気揺らぎが研究対象となり，実験も難しくなる．

初期の頃は，2次元の磁気揺らぎを，色んな周波数の揺らぎを区別しない測定で調べていた（原子炉では2軸分光法と呼ぶ）[*4]．超伝導体では絶縁体の単純な↑↓↑↓↑↓↑↑の反強磁性構造でなく，もっと長周期の磁気揺らぎ（ここでは格子不整合な磁気相関と呼ぶ）を示唆する実験結果が BNL で得られた．日本でも物性研の吉澤さんが同様な結果を得ており，Birgenau 先生が中心となり早急に論文をまとめた．

良質の大型単結晶ができ，中性子ビームの強度が強くなると，非弾性散乱実験でその揺らぎの周波数（エネルギー）ごとに，磁気揺らぎの逆格子空間でのパターン（動的構造因子 $S(Q, \omega)$）[*4] を調べることができる．これをさまざまな Sr 濃度に対して調べることにより，超伝導と磁性の関係を調べていくという研究の大筋が固まり，世界の中性子研究者もその方向に向かった．

この時点で超伝導と磁性の関連性をさらに突っ込んで調べる方向性は2つあった．1つは，この磁気信号が超伝導の発現とともにどう温度変化するか．もう1つは，ドーピング濃度を変えて，絶縁体から超伝導体に変わることで，この磁気信号が，どのように変化するかを調べること．どちらの研究でも，絶縁体から反強磁性秩序のない常磁性半導体（x が0から0.05），さらには x が0.05

[*9] その後急速に，この分野の中性子研究者が自分達で単結晶を作ることが世界的に広まったように思う（日本でも優秀な中性子研究者はすでに昔から行ってきた）．Kazu でさえ出来るなら我々も出来るはずということで始めた研究者が多いはず．このコミュニティーへの私の貢献はこのような研究の大衆化だけかも知れない．

244　　　　　　　　　第3章　若きサムライたちの戦い

以上の超伝導体に至るまで，広範なドーピング領域での純良な単結晶を大量生産し，非弾性散乱実験を行う必要があった．大学学部研究室の有利な点は，学生が研究所と比較して多くいることで，単結晶育成には研究室の歴代の学生が取り組み，彼らなしに研究は進まなかった．

　山師的研究も含め自分達の独自研究を進めたが，対象とする系はいわゆる214系と呼ばれるごく狭い系が中心だった．現実にはさまざまな高温超伝導体，あるいはその周辺物質が数多くあったが，常に重点を置いたのは214系である．その理由は，214系は我々が結晶育成も含めて最も深くアプローチできる系で，それ以外は結晶屋への依存度が高いためである．ただし常に心がけたのは，いわゆる「重箱の隅をほじくる」研究はしないこと．研究室の方針として，214系の研究にいかに新しい付加価値を付けていくかに重点を置いて研究した（つもりである）．

スピンギャップ

　常伝導状態から超伝導状態（T_c 以下）になると磁気揺らぎの信号がどう温度変化するか，超伝導の起源を探索する上で重要な課題で，当然世界的競争となっていた．結果的には競争相手が先行して論文を発表した[1]．それによると閾値以下の低エネルギー（スピンのゆっくりした）集団揺らぎの信号は超伝導状態で信号強度が弱まり，エネルギーの高い（スピンの速い）揺らぎの信号は T_c 以下でも強度変化はない（彼らはむしろ若干強くなると主張した）．しかし競争相手のデータはバックグランドが高く，明確な答えを得るには，より純良単結晶を用いた精密実験が必要と我々は考えた．より質のいい自家製単結晶により，ギャップエネルギーより充分低いエネルギーでは完全に磁気揺らぎが消失し，ギャップエネルギーをより正確に決めることができたが[2]，結果としてこの競争には負けたと思っている．この競争から学んだのは，予想される結果の迅速かつ的確な見通しの重要さだった．競争相手は，あらかじめこのような結果が得られるであろうと予測し（いろんな超伝導体や磁性体が示す性質をあらかじめちゃんと勉強していたから），得られたデータは粗末でも，その予想と矛盾しない結果が出ればすぐに論文を出してしまう．その後，より質のいい

3.12 目指せ，ぬる燗超伝導！

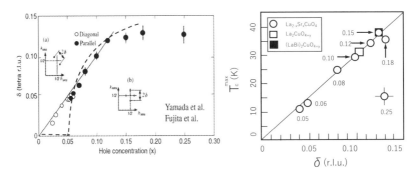

図5 （左）低エネルギー磁気励起で見る長周期磁気相関のドープ量依存性．最初は破線のような関係を予想していた．文献4)から引用し，破線を追加した．

データが出たなら，さらに論文を追加する．最初の段階で過ちを犯さない研究者が本当に優秀な研究者だと思い知らされた．

"YAMADA プロット"

この業界で時々 "YAMADA プロット" と呼ばれるのは，低エネルギー磁気相関[*10]が示す格子不整合度 δ のドープ量依存性や，T_c との関係である（図5）．この結果は，スピンギャップの研究とは異なり，銅酸化物以前の研究からは簡単に答えは予測できなかったと思う．いくつかの先行結果をもとに，最初は図5（左）の破線のような δ のドープ量依存性を予想していた．すなわち超伝導が出る前 ($x<0.05$) は格子整合 ($\delta=0$) で，超伝導相で急激に格子不整合の信号

[*10] 数 meV 程度の低エネルギー磁気励起の信号を議論した理由は，エネルギー0（弾性散乱）では雑音の影響が大きく，明瞭なシグナルは低エネルギー磁気励起でのみ得られたためで，当初それ以上は深く考えていなかった．しかし後になってこのことは大変意味があることがわかった．中性子散乱技術の発展とともに，δ がエネルギー依存性を示すことがわかってきた，いわゆる砂時計型磁気励起が，214系と123系で共通に観測された（詳しくは文献9)の(2)を参照）．さらに最近，214系の銅酸化物に Fe の不純物を入れ，超伝導を壊した試料では，エネルギー0（弾性散乱）の格子非整合の信号が発見され，その δ は，低エネルギー励起とは異なり，$x \sim 0.15$ 近傍での飽和傾向は見えず，より高濃度まで δ が増加することが明らかになった[7]．

が出ることを予想していた．このことを実証するためには，濃度を細かく変え
た大型単結晶が必須で，修士論文研究として和田君が中心となり昼夜単結晶育
成を行った．銅酸化物の単結晶は，結晶育成時にごく微量の Cu が蒸発するた
め過剰な La が湿気を吸い，単結晶を崩壊させてしまう場合があったため，単
結晶育成・調整後はできる限り空気に触れさせず，すぐに中性子散乱実験を行
うという離れ業によって組成の異なるデータを積み重ねた．その結果，最初の
予想は大まか当たっていた．つまり $x > 0.05$ で明瞭な格子不整合信号が観測さ
れた．しかも，より詳細に見ると，ホール濃度に対して δ は比例しているよう
に見えた．さらに面白いことに $x \sim 0.15$ の T_c が最大になる最適ドーピング近
傍で，$\delta \sim 0.12$ で一定になるという面白いことがわかった．

　さらに δ と T_c の関係についても調べた．T_c はさまざまな要因（たとえば不
純物）で敏感に変化するので，T_c の最大値と δ の関係をプロットした．そうす
ると綺麗な直線関係が得られた（図5（右））．これらのことから，格子不整合な
低エネルギー磁気揺らぎと超伝導の緊密な関係がわかってきた．データや論文
をまとめるのに数年かかったが，この研究はアメリカの雑誌 Physical Review
B (PRB) に出版できた[3]．論文発表前にこれらの結果を国際会議などで発表す
ると，論文別刷り請求のハガキが沢山舞い込んできた（当時はメールでの請求
との切り替え時期だった）．当初は格子不整合な磁気揺らぎは 214 系固有の性
質で銅酸化物全般に対する一般性はないと言う人もいたが，その後 YBCO 系
でも格子非整合な磁気励起が見つかると，この結果は大いに注目された．しか
も T_c が x とともに上昇する不足ドープ領域では，δ も x とともに線形に増加し，
その傾斜が電荷ストライプモデルの予想とまさしく一致していた．

　奇妙だったのは，T_c が最高の最適ドープ領域辺りを境に，δ はほとんど x に
依存しなくなることだった．なぜだろうかと考えていたが，この系のバンド構
造をもとにすれば以下のような単純な考え方で，基本的にはいいのではないか
と思うようになった．つまり，いわゆる電荷移動型モット絶縁体の基本的なバ
ンド構造は，電子間の強い斥力のため，上部ハバードバンド (UHB) と下部ハ
バードバンド (LHB) に分裂しており（図6），LHB は電子で埋まっているため
絶縁体となっている．LSCO では La^{3+} を Sr^{2+} で置換してドープされるホール

3.12 目指せ,ぬる燗超伝導!

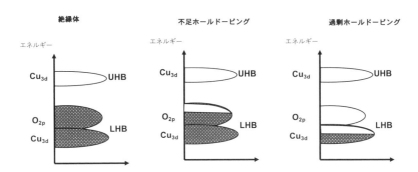

図6 銅酸化物超伝導体へのキャリア(ホール)ドーピングの概念図.キャリアドープしない絶縁体(左)では,電子間の強い斥力のために,銅の $3d$ 軌道 (Cu_{3d}) が上部ハバードバンド(UHB)と下部ハバードバンド(LHB)に大きく分裂しており,その間に酸素 $2p$ (O_{2p}) バンドがある(各バンドの具体的な大きさや位置関係は定性的に表示).ドーピングによる電子構造の大きな変化を無視すると,ホール(電子の空孔)は最初 O_{2p} に入り(不足ドーピング),そのうち Cu_{3d} にも入っていくことが想像される(過剰ドーピング).

は,図6で,LHBのエネルギーの高いところから電子を抜いていくが,フェルミ面近傍では酸素の $2p$ 軌道を埋めていくことがX線分光などでわかっている.このドーピングは,いわゆる最適ドーピング ($x \sim 0.15$) 程度まで続くが,さらにホールをドープすると,バンド構造に劇的な変化がない限り,酸素の $2p$ 軌道から銅の $3d$ 軌道へと変わることが予想される.そうすると,ドーピングは磁気相関の周期変化を引き起こすのではなく,磁気相関そのものを弱めていくと予想された.このキャリア濃度の増加に伴う電子状態の変化と長周期磁気相関の関係についての提言が自分の数少ないオリジナルではないかと思う.少なくとも銅酸化物超伝導に対して自分の意見を明確に述べた最初のものとなった.この提言に関してはさまざまな反響や意見が出された.

その後,高輝度光科学研究センターの櫻井さんから,X線コンプトン散乱でこのような電子状態の変化が見えるかも知れないというアドバイスを受け,SPring-8で共同研究を行った.結果は自分の単純な仮説を100%証明するものではなかったが,かなりの部分は当たっていた.つまり,超伝導の最適ドープから過剰ドープにかけて,ドープされるキャリアの電子状態が変化することが

確認された[*11]．この結果は論文発表後，「子供の科学」2011年7月号で紹介された（図7）．「子供の科学」は2014年に創刊90周年を迎え，幼い頃に愛読し，科学に興味を持つきっかけとなった雑誌に自分達の研究が載ることに感動をおぼえた．

しかし初期のYAMADAプロットはその後，低濃度領域の磁気相関に関して私の予期せぬ展開があった．超伝導臨界濃度（$x \sim 0.05$）以下 $x \sim 0.02$ までは反強磁性の長距離秩序はないが，スピングラス的な磁性が現れる．PRBの論文には，この領域では磁気相関はコ

図7 「子供の科学」2011年7月号（誠文堂新光社）で紹介されたコンプトン散乱の結果（下）と表紙の一部分（上）．

メンシュレート（格子整合）だと書いた．実際，実験では明瞭な格子不整合なピークは観測できなかった．しかし，この考えは白根先生に見事に覆されてしまった．この物質は低温の結晶構造は正方晶（a軸とb軸の長さが同じ）ではなく斜方晶（a軸とb軸の長さが異なる）で，通常は双晶ドメインができる．そのドメインをきちんと区別して1つのドメインからの情報だけを測定する必要があるがそのことを意識しないでいた．2つのドメインからのわずかに格子不整合な信号をごちゃ混ぜに見ていたためブロードな格子整合ピークとして誤解し

[*11] コンプトン散乱の手法の説明と，実験結果の詳しい日本語の解説が，櫻井氏らによって日本放射光学会誌（May 2102 Vol.25 No.3）に書かれている．d軌道の性格を持つキャリアが電荷ストライプのような格子不整合な磁気相関を弱めていくという最初の考え方は正しいと思っているが，最近では放射光X線による共鳴磁気非弾性散乱研究やミュオンスピン回転による研究も行われ，過剰ドープ領域に関して，より複雑な状況も議論されている．

ていたのである．こんなことは結晶学をきちんと身に付けていれば当たり前だ
が，基礎が身についていない私は見事見落としていた[*12]．

　その後，詳細で興味深い研究を，グループ内の多くの若手研究者（特に木村
氏，藤田氏，松田氏，脇本氏，Y. Lee 氏ら）と白根先生らが精力的に行い，最
終的に図 5（左）に示す以下のことが明らかになった[4]．超伝導状態での格子不
整合なピークは，$x < 0.05$ になると，そのピークの現れる方向が約 45 度傾き（電
荷ストライプを仮定すれば縞模様の方向が 45 度回転する），1 つのドメインに
は 2 つのピークのみが観測されることがあきらかになった．さらにもっと Sr
濃度を下げていくと $x = 0.02$ 近傍で反強磁性秩序の磁気ピークと 45 度傾いた
格子非整合な信号が共存するようになる．私が最初抱いていた単純な予測（格
子非整合な磁気相関は超伝導相から出現する）は見事外れた．もっと奇妙で深
淵なことが起こっていたのである！

電子ドープ系

　京都大学に移る数年前から，電子ドープ系の $Nd_{2-x}Ce_xCuO_4$（NCCO）系の単
結晶育成とその中性子散乱に取り組んだ．この系は単結晶育成も難しいが，超
伝導を出すには適切な還元熱処理が必要だった．しかも Nd は中性子の吸収や
結晶場励起の影響が大きく，Cu スピンの磁気揺らぎの信号を観測するのは困
難を極めた．しかし博士論文研究で倉橋君が大きな単結晶育成に成功し，熱処
理で反強磁性秩序のないバルクな超伝導体ができた．中性子非弾性散乱実験の
際，中性子ビームができるだけ結晶に吸収されないように，結晶の配置などを
工夫した結果，超伝導状態の磁気揺らぎの観測に初めて成功した．結果はホー
ルドープ系の LSCO が示す格子不整合な磁気相関とは異なり，反強磁性状態と
同じ格子整合なものだった[5]．しかし NCCO は Nd 自身が持つスピンの影響も
あり，その後の詳細な中性子実験が困難であった．しかし京大化研時代に加

[*12] それ以外にも多くの失敗談があるが，なぜか 2005 年に第 3 回日本中性子科学
会の学会賞を受賞した．2005 年にシドニーで開かれた中性子国際会議のセッショ
ンで受賞講演を行ったが，自慢話をするのがおこがましく，私の失敗談を中心に講
演した．

250 第3章 若きサムライたちの戦い

わってもらった藤田氏がこの問題を見事解決した．彼は Nd の代わりにスピンの影響をほとんど気にしなくてもいい PrLa 系（PLCCO）で中性子非弾性散乱が可能な大型単結晶の作成に成功し，PLCCO により多くの貴重な磁気励起の情報が得られるようになった．実は藤田氏を化研にリクルートする際，これからは電子ドープ系の研究が益々進展していくので，電子ドープ系で世界の藤田と呼ばれるようになって欲しいという私の期待を，酒場での"面接"で伝えた記憶がある．その期待通り PLCCO をきっかけに藤田氏は世界に名乗り出た．電子ドープ系は，還元処理で何が起こるのかなど，今でも謎が一杯の面白い超伝導体で，今後も新しい進展が期待される．

濃度勾配単結晶

　この単結晶を作ったのは，わずかなキャリア濃度で，超伝導や磁性などの物性が多様に変化する銅酸化物超伝導体を単結晶で詳細に調べたいと思ったからである．しかしキャリア濃度を細かく変えた多種類の単結晶を作るのは大変なので，濃度勾配のついた単結晶作りを始めた．銅酸化物超伝導体の単結晶，特に TSFZ 法が必要なインコングルエントな系（原料濃度の溶液を固化させても均一組成のものはできない）での濃度勾配単結晶の前例は知らなかった．もちろん，このような単結晶が有効なのは，物性の測定領域内で，充分な精度で"均一"と見なせるほど，濃度勾配が緩やかなことが条件となる．大きな単結晶を必要とする中性子非弾性散乱でこの要求を満たすには長さが数 10 センチ程度の濃度勾配単結晶が必要で非現実的だ．しかし SPring-8 で理研の Baron さん達が建設した非弾性散乱のビームラインを利用して，数センチの濃度勾配単結晶の異なる部分に X 線ビームを当てれば，単結晶なので軸の調整もほとんど必要なく，すぐに格子振動の濃度依存性が詳細に測定できるのではという虫のいい考えがひらめいた．早速，Sr 濃度の異なる原料粉を調整し，階段状に濃度変化する 10 cm 程度の原料棒を用意した．TSFZ 法では階段状の濃度勾配は融体部で連続的になり，できた単結晶の濃度勾配もなめらかになるはずだ．FZ 炉で結晶育成を試みるとうまく育成できるという感触を得た．最終的には博士論文研究で池内君が見事に単結晶を完成させた．しかしすべてはうまくい

3.12 目指せ，ぬる燗超伝導！

かないもので，SPring-8 での実験は 100%狙い通りには進まなかった．結晶の成長を濃度勾配の方向とうまく合わせなかったことと，当時は SPring-8 でのフォノン測定に予想以上の時間がかかったことが原因である．最近立ち上がった Baron さんの新しいビームラインでは強度が数倍強くなったので，結晶成長方向を工夫すれば，この方法はうまくいくと確信している．

　もう1つ濃度勾配単結晶でやりたかったのは超伝導と常伝導の境界を可視化することである（それが何なの？と，つまんない人は言うかも知れないが）．LSCO で，ちょうど超伝導の臨界濃度 $x \sim 0.05$ をまたぐ濃度勾配単結晶を池内君が作成し，以前から共同研究をしていた東北電力の井澤さんが導入された Scanning SQUID を利用し，侵入磁場の様子を図示化した（図8）．超伝導−常伝導の境界濃度が温度変化することが明確にわかる．これは超伝導の臨界濃度の極く近傍で超伝導転移温度が変化している（有限の勾配を持つ）ことを示し

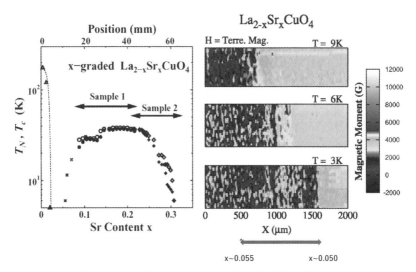

図8（左）濃度傾斜 LSCO 単結晶による T_c の濃度依存性（濃度傾斜 Δx は $\sim 0.005/\mathrm{mm}$）．（右）Scanning SQUID で測定した地磁気による残留磁場の試料内分布．温度を下げると黒い超伝導領域が x の少ない領域に移動する．両矢印の範囲内で Sr の濃度がおよそ 0.050 から 0.055 までわずかに変化している．図は文献 6) から引用し，Sr 濃度の領域を両矢印で書き込んだ．

ている．試料内の濃度揺らぎの影響を減少させて，より厳密に評価すれば，超伝導発現機構に1つの条件付けが行える現象ではなかろうか？ この図示化を圧力変化として調べればさらに面白いことがわかるかも知れない．この研究をしているときに池内君が「なぜ，キャリア濃度の勾配ができるんでしょうかね？」とぽつりと問いかけてきた．今でもなぜ単結晶中にキャリア濃度勾配ができるのか？ という単純で深淵な疑問にはなかなか答えられないが，銅-酸素面内の濃度勾配か，異なる銅-酸素面間の濃度勾配かを分けてもっと厳密に研究すると面白いことが出てくるかも知れない（薄膜でなくバルクな単結晶では難しい？）．

若い研究者にお願いしたいこと

もし意味あることなら私が持ち続けている以下のようなモヤモヤを解明して欲しい．

T_c を高めるには，超伝導が磁気的相互作用に起源を持つ場合，系の電子-スピン相互作用を壊さず，しかも静的秩序状態も作らずキャリア数を増やすことだろう．銅酸化物超伝導体では動的なミクロ相分離[*13]という特殊な形態をとってこれが実現しているかもしれない．これに関連して私が常にモヤモヤしていたのは，共存か"相"分離かという問題である．高温超伝導（特に銅酸化物）では，強相関電子系特有の多くの相が議論される．すぐに思いつくだけでも，超伝導相，常伝導相，絶縁体相，反強磁性秩序相，スピングラス相，擬ギャップ相，電荷秩序相，ノーマル金属相，異常金属相などがある．そしてこれらの相が，温度-キャリア濃度などの相図上に描かれる．単純な疑問として，各相は空間的（あるいは時間的）に均一な状態で存在しているのか，それとも分離しているのかよくわからない．この"共存-相分離問題"がなぜ解決できないか？ 以下のようないくつかの理由がモヤモヤの原因ではないかと考えている．

a) 空間的にミクロ相分離が起こっていても，それを実験で観測する手段（特に物質内部のバルクな状態を観る手法）が存在しない．構造だけでなく電

───────────

[*13] "ミクロ相分離"と言うより"ミクロ不均一"と呼ぶべきかも知れない．

子状態をみる分光法が存在しない．しかもそれが時間的に揺らいでいたらお手上げである．将来，高輝度の放射光やレーザーさらには中性子なども加えた総合的量子ビーム科学がこの問題を解決するかどうかもよくわからない．

b) 理論的にもミクロな相分離を定量的に議論するまともな手法がない（理論の先生からクレームが来るかも知れないが）．計算機科学がこの問題を解決できるかどうかもわからない．

c) ミクロな相分離と物性との関係がモヤモヤしている．本来，物性（超伝導や強磁性など）は，バルクな性質として認識されるが，その物性の発現機構はミクロな相互作用をもとに議論される．モヤモヤの言い方を変えれば"物性"なるものは，どこまでミクロになっても存在するのだろうか？（たとえば単一のスピンは強磁性でも反強磁性でもない）．一方で，ミクロ相分離の集積が（More is Different *14 として）マクロな物性を出すだろう（出して欲しい）という推測（希望）がある．

　a)〜c) の課題をさておいて，共存か相分離かという表面的議論だけされているので，いつまで経ってもこの問題の本質が解決しないのではなかろうか？これと関連する余談だが，20 年ほど前に，中性子科学会誌「波紋」に，銅酸化物超伝導体のミクロ相分離について，人間社会との対応を書いた[8]．これを読んだ「日本の若きサムライ」の 1 人から，面白いから是非紹介したらとのアドバイスを受けたので，少し書き直して紹介する．相互の対応関係を考えていく過程で，互いに落としている視点を見つけ出すのに有効ではないかと思っている．以下の文章で括弧内は対応するミクロな状態を推測した．

　「人間関係（相互作用）が希薄な場合には，派閥（多相系，相分離）は生じない

---

*14　ノーベル物理学賞を受賞した P. W. Anderson が 1972 年に Science (Vol.177, Number 4047) に投稿した論文のタイトル．日本語では「多は異なり」などと訳されている．More is Different は構成要素（素粒子，原子，原子核，分子，生体器官，人間，国家，など）が多数集まると，個別化，階層化が生じ，まったく新しい形態，性質，概念が生まれてくるという人間社会を含む階層的自然界を捉えようとする考え方（と理解している）．

が，人間関係が強くなるとそれらが起こる（強相関電子系）．派閥ができるとそれぞれの派閥はまったく独立かというとそうではなく，今度は派閥間の新しい関係（階層構造，階層的相互作用）が生まれる．このような派閥やその関係が長期に固定化する（静的秩序状態）と，その社会はやがて退廃（超伝導の崩壊）に向かい，逆に常に新しい派閥へと動いていると，その社会には新しい発展を示す場合があるだろう（動的なミクロ相分離が引き起こす超伝導）．ただしあまりに派閥の寿命が短いと社会は不安定化する（オーバードーピングによる磁性あるいは相互作用自身の崩壊）．新しい派閥形成や派閥間の関係調整に動き回る人の数がキャリア濃度，飛び交う情報が派閥間の相互作用に対応するかもしれない．では“最適ドーピング”とは人間社会ではどのような状態なのか？この対応関係は難しいが興味深い.」

ここに紹介した高温超伝導と人間社会との対応関係には，More is Differentがミクロな世界から，メゾスコピック系，生体物質，さらには人間社会にわたる幅広いスケールの現象としてなぜ起こるかという根本問題が横たわっているかもしれない（という願望がある）.

若い研究者達は，このような突拍子もないアホなことも考え，周りの人を巻き込んで欲しい．面白ければアホなことに首を突っ込んで欲しい．関西ではアホなことというのは，面白いことというニュアンスもある．私がこの世界に足を踏み込みアホなことをしたり言ったりするうち，Hey Kazu! と気軽に呼んでくれる多くの知り合いができた．私とこのように接してくれる研究者が世界に沢山いるだけでも有り難い．若い人達も多くの知り合いを世界中に作って欲しい．私が国際会議などでアホな研究発表をすると，お前の発表は本当かどうかわからないが，Inspiring [15] だと言う研究者が何人かいる．互いに喧嘩ばかりしている 2 人の研究者が，独立に Inspiring と私に言ったので，多分本音の感想だろう．Inspiring は，日立の「Inspire the Next」のように褒め言葉だと勝手に思っている.

次に重要なのは自由な議論である．アメリカ物理学会で，ある若手研究者の

---

[15] インスピレーションをかき立てるという意味だろう.

発表内容を批判した Anderson に対して，その若者は一歩も引かず，逆に「Phil の批判は当たらない」とノーベル物理学賞受賞者のコメントを逆に批判し，真っ向からぶつかり合う議論があった．このような自由な議論は欧米では珍しくないが，日本ではまだまだ不充分だと思う．例えば銅酸化物超伝導を引き起こす原因が格子振動に起因するか否か，あるいは格子振動が重要という活発な議論が欧米ではあった．しかし日本では大御所の研究者が，磁性が主要な要因であると意見を述べると，それを真っ向から否定するのは，特に若い研究者にはしづらい雰囲気があった．このような雰囲気はサイエンスだけでなく，今の政治や日本の社会全体にあるかも知れない．これからの若い人達は，このような変な"忖度"は止めた方がいい．間違っていてもいいから，考えるところを自由に述べるのがサイエンスのいいところで，間違っていたら大いに叩かれればいい．研究者は叩かれて強くなる．しかし叩く方も人の好き嫌いと仕事の評価を混同してはいけない（坊主憎けりゃ袈裟まで憎いは駄目．坊主（研究者）は憎くてもいい袈裟（研究）は褒めるべき）．年寄りも，一度とちった研究者をあいつは物理ができないなどと刻印を付けない方がいい．数学の世界や，スポーツ，囲碁，将棋の世界ではこのようなことはなくなっている（と思っている）．こんな偉そうなことを言っているが，今の若い研究者が置かれた状況を見るにつけ，自分が今と同世代の研究者だったら，ほぼ確実にドロップアウトしていると思う．それほど日本の現状は厳しい．若い人達がもっと伸び伸びと研究できる環境を整備していくのが年寄りの責務だと思っている．

おわりに

高温超伝導体研究に 1 人のなまくら研究者が新参者として飛び込み，下積み生活を楽しみながら無我夢中で 30 年以上この分野で研究をさせてもらった．銅酸化物高温超伝導には，こんな人間でも暖かく迎えてくれる懐の広さがあったのではないだろうか？

今振り返って，何が起こり，何が解り，何がモヤモヤして残るかをサイエンティフィックではないが個人的意見，感想として書いた．何が自分に残ったかを今振り返ると，銅酸化物超伝導体の奥深さがある程度わかったこと，その研

究を通して世界の多くの研究者と出会えたこと，また多くの共同研究者，知人が世界一流の研究者として育ち，高温超伝導体だけでなく広い研究分野を牽引していることへの感謝と喜びの気持ちである．

芭蕉は「おもしろうて　やがてかなしき鵜舟哉」とうたっている．私には高温超伝導研究はいまだ面白く，芭蕉の心境には達していない．しかしお酒だけは，この歳になると香り高い大吟醸の冷酒より，酒臭い本醸造のぬる燗が身体にはなじんでくる．

目指せ，ぬる燗超伝導！

参考文献

1) T. E. Mason, G. Aeppli, S. M. Hayden, A. P. Ramirez, and H. A. Mook : Phys. Rev. Lett. **71** (1993) 919.

2) K. Yamada, S. Wakimoto, G. Shirane, C. H. Lee, M. A. Kastner, S. Hosoya, M. Greven, Y. Endoh, and R. J. Birgeneau: Phys. Rev. Lett. **75** (1995) 1626.

3) K. Yamada, C. H. Lee, K. Kurahashi, J. Wada, S. Wakimoto, S. Ueki, Y. Kimura, Y. Endoh, S. Hosoya, G. Shirane, R. J. Birgeneau, M. Greven, M. A. Kastner, and Y. J. Kim: Phys. Rev. B **57** (1998) 6165.

4) M. Fujita, K. Yamada, H. Hiraka, P. M. Gehring, S.-H. Lee, S. Wakimoto, and G. Shirane : Phys. Rev. B **65** (2002) 064505(1)-064505(6).

5) K. Yamada, K. Kurahashi, T. Uefuji, M. Fujita, S. Park, S.-H. Lee, and Y. Endoh: Phys. Rev. Lett. **90** (2003) 137004(1)-137004(4).

6) K. Ikeuchi, K. Isawa, K. Yamada, T. Fukuda, J. Mizuki, S. Tsutsui, and A. Q. R. Baron: Jpn. J. Appl. Phys. **45** (2006) 1594-1601.

7) R.-H. He, M. Fujita, M. Enoki, M. Hashimoto, S. Iikubo, S.-K. Mo, H. Yao, T. Adachi, Y. Koike, Z. Hussain, and K. Yamada: Phys. Rev Lett. **106** (2011) 127002 (1)- 127002 (5).

8) 山田和芳：中性子科学会誌「波紋」**9** No.3 (1999) 28.

9) 全体の内容は以下のレビューを参考にしていただきたい．

    (1) R. J. Birgeneau, C. Stock, J. M. Tranquada, and K. Yamada: Magnetic Neutron Scattering in Hole-Doped Cuprate Superconductors, J. Phys. Soc. Jpn. **75** (2006)

111003.

(2) M. Fujita, H. Hiraka, M. Matsuda, M. Matsuura, J. M. Tranquada, S. Wakimoto, G. Xu, and K. Yamada: Progress in Neutron Scattering Studies of Spin Excitations in High-T_c Cuprates, J. Phys. Soc. Jpn. **81** (2012) 011007.

(3) 山田和芳, 藤田全基：ストライプ状態と銅酸化物高温超伝導：スピンとキャリアが作る縞模様, 日本物理学会誌, **58** No.10 (2003), 735.

10) 中性子散乱の教科書は沢山出版されているが, 理論と実験の基本を勉強するなら以下の2つが適当と思う.

(1) G. L. Squires: *Introduction to the Theory of Thermal Neutron Scattering* (Cambridge UP, New York, 1978).

(2) G. Shirane, S. M. Shapiro and J. M. Tranquada: *Neutron Scattering with a Triple-Axis Spectrometer* (Cambridge UP, New York, 2002).

やまだ　かずよし

1949年京都市生まれ．1978年東北大学理学部博士課程修了，1980年東北大学助手，1994年同助教授を経て，1998年京都大学化学研究所教授，2003年東北大学金属材料研究所教授，2007年東北大学原子分子材料科学高等研究機構教授．2012年から2018年まで高エネルギー加速器研究機構物質構造科学研究所所長．ここに記した話は，筆者が老けた助手(38歳)から50歳後半頃までの顛末記が中心．(写真は60歳前半)．

Column 4

ラマン散乱実験装置

　チャンドラセカール・ラマンはインド・オリジナルの光学研究を行い，1917年コルカタ大学の教授となった．当時，外洋航海中に海水が青く見える理由を考え続けていたといわれている．物質中を通過する光が物質中の原子の格子振動や分子の回転と相互作用し，入射する光（太陽光）と物質（海水）との間にエネルギーのやり取りが行われるため，入力した光と出てくる光の間にエネルギー差（波長の違い）が生まれ，それらを解析することによりラマン効果を1928年2月28日に発見した．2月28日はインド科学の日（National Science Day）に指定されている（写真右上）．ラマン効果はインド・オリジナルの研究成果であり，それにより，1930年ノーベル物理学賞を受賞した．写真（左）はインド・ボース研究所に保存されているラマン自身が開発したオリジナルのラマン分光装置である［吉田博撮影］．天井に穴を開けて，屋根から太陽光を取り込んでラマン分光実験を行った．現在では，分子や結晶はその構造に応じて分子振動や光学フォノンなど，特有の振動エネルギーを持つため，単色光のレーザーを用いることで物質の化学的同定などに用いられている．研究所には米国化学会やインド科学文化協会のラマン効果記念パネル（写真右下）が壁にはめ込まれている．

3.13 遅れてきた若い物性理論研究者が見た 高温超伝導研究騒動記

吉田　博

20世紀の物性物理学と遅れてきた若い物性理論研究者

　半世紀近く前，希望に満ちて，私が大阪大学に入学したのは「人類の進歩と調和」をテーマとした1970年開催の大阪万国博覧会の年であった．大阪大学基礎工学部物性物理工学科卒業後，大阪大学大学院理学研究科物理学専攻を修了し，1979年に理学博士（物理学）を取得した．その研究課程の中で，20世紀の物性物理学の歴史について，朧気ながらもその全体像が理解できるようになっていた．私たちの世代の置かれている歴史的な立ち位置を客観的に眺め，過去の物理科学の歴史と比較してみると，自らの研究活動の将来について，明るい希望が消えるとともに暗澹たる気持ちになっていった．物事や将来を直感で判断し，あまり深く考えない楽観的な私であっても，大学入学時に抱いていた将来に対する明るい希望が物性物理学の現状理解と歴史認識の深まりとともに，漠然とではあるが，急速に縮んでゆくように感じられ，オイルショックとも重なって大きな暗雲が迫ってくるような不安な気持ちになっていった．

　私の結婚式で，家内の勤めていた浪華の弁護士事務所の板東宏弁護士が，これから貧しく茨の道へと出発する若い研究者のための餞として歌ってくれたシューベルトの「冬の旅」のような荒涼とした将来の風景をイメージさせ，それまで感じたことのないような胸騒ぎへと不安が広がっていったことを今も昨日のことのように強く記憶している．同じような感覚は2000年代に入って，我が国が工業化社会から知識社会への産業構造の転換に対応するための新技術

開発の失敗や知識社会に相応しい新産業創成の失敗に伴って生じた事業税収入の伸び悩みと，その結果である急速な財政赤字の増加により，大学・国研・企業における基礎研究者の研究環境に大きな暗雲がたなびき始めた時にも，まったく同じ感情が再び芽生えたのを明瞭に記憶している．

19世紀後半から20世紀にかけての物理科学に対する歴史認識

　19世紀後半の鉄鋼産業における高温分光計測技術や食肉産業における冷凍保存技術の進歩から，高温輻射熱分光や低温比熱計測技術が進歩し，古典力学に基づいた物性予測と実験結果との間の大きな乖離が露呈した．これらを解決するため，20世紀初頭には古典物理学にとって代わる量子物理学が建設された．当初は素粒子論や原子核理論のように単純な少数粒子系に適用され大きな成功をおさめた後，次第に原子が多数集積した固体系や凝縮系に研究者の興味の対象が移行し，物性物理学が量子物理学の主要な適用対象となっていった．このような状況の中，量子物理学は固体中の電子の微視的な振る舞いを記述・予測することができたため，これらに立脚して20世紀最大の発明と言われるトランジスタが20世紀半ば過ぎに開発された．さらには，フォトンを固体中で制御する半導体レーザー技術と合わせて，インターネットに繋がる現代の情報通信技術 (ICT) の基礎が確立された．また電子のフォノン（格子振動）を媒介とした引力相互作用を起源とする BCS 理論により，長い間謎であった超伝導機構が20世紀の半ば過ぎには解明され，現代のエネルギーロスのない送電・蓄電や量子情報技術 (QIT) の基礎となる超伝導デバイスが開発された．さらには，結晶成長時における原子間の結合様式やその相互作用と運動を制御した分子気相結晶成長法 (MBE) により，半導体超格子の創成や走査型トンネル顕微鏡 (STM) などの原子レベルでの原子間相互作用技術や分光技術などが開発された．これにより，現代のナノテクノロジー (NT) の基礎が確立したことになる．一方，DNA の分子・原子レベルでの構造が明らかにされ，分子・原子レベルでの遺伝情報伝達の分子論的機構が解明された．それにより，現代のバイオテクノロジー (BT) の基礎が確立した．

　20世紀の物理科学を一言で言えば，原子・分子レベルでの量子物理学に基づ

く機構解明とそれらに立脚した原子の結合様式を制御した新機能電子デバイスの実現により，大阪万国博覧会のテーマである「人類の進歩と調和」に寄与したとも言うことができる．一方で，20世紀に行われた原子核兵器の開発や人類への初めての使用や，また，21世紀になって東日本大震災で明らかになってきたように，原子力発電に関して科学者や技術者による安全性に関する捏造は，物理科学の歴史的発展とその輝かしい歴史に対して，「人類の進歩と調和」に敵対し，市民との間で物理科学の歴史に対する修復の効かない大きな乖離と汚点を残すこととなった．物理科学者は原子力発電などの安全性に関する捏造を行い，市民に対して「人類の進歩と調和」に敵対する反社会的な存在であるという市民感覚が現実となり，市民社会からは物理科学者に対する大きな疑惑が向けられることになった．その結果，残念なことではあるが，物理科学とそれらに従事する職業的科学者に対する負のイメージが市民社会に定着すると共に，市民社会からの物理コミュニティーに対する人的・財政的サポートが難しくなってきた．

21世紀の物性物理学とは？

　先に述べたように，20世紀の物理科学を原子・分子レベルでの量子物理学に基づく機構解明とそれらを制御した新機能電子デバイスの実現により，『人類の進歩と調和』に寄与することと規定すると，21世紀の物性物理学とはどのようなものになるであろうか？ 20世紀前半に発見された量子物理学は，小数の粒子系，簡単な固体系や凝縮多粒子系に適用され，かなり限られた階層内や異なる階層間との境界領域への基本法則の適用であった．それでも，その結果得られた多くの研究成果には目を見張るものがあり，先に述べたように，(1)トランジスター・レーザーの発見（情報通信技術 ICT の基礎），(2) BCS 超伝導機構の解明（エネルギー・量子情報通信 (EQIC) の基礎），(3) ナノ超構造の機構解明と創成（ナノテクノロジー NT の基礎），(4) DNA の原子レベルでの構造解明と遺伝情報伝達機構解明（バイオテクノロジー BT の基礎），などの大きな研究成果を生みだした．では，21世紀の物性物理学とはどのようなものになると予想されるであろうか？ 未来を予測することはできないが，物性物理学の

立場からは 21 世紀にどのような物性物理学を創成したいかというある程度の予測は可能となる.

21 世紀の物性物理学は階層を越えた多階層からなる異なる系への量子物理学の適用により，階層間の統一的な量子機能制御法や量子物質を予測・発見・解明し，それらを応用した新奇な量子機能制御のデザインと実証に基づいた量子エンジニアリングが開発されるだろう. それにより，たとえばミクロから，ナノ超構造，メゾスコピック，マクロ構造と異なる階層を連結するコヒーレントな新しい量子物質や量子機能を解明・予測・デザイン・実証・制御し，これらをベースに社会が必要とする新機能量子デバイスがデザイン主導により開発され，これらを実現するための物性物理学の学問領域が多階層を連結することにより大きく発展すると予測される. その中では，階層を越えたエネルギーと情報に関する多階層連結量子エンジニアリングが主要な研究テーマとなるはずだ. 原子・分子レベルから出発し，先に述べた多階層を連結する量子物理学の重ね合わせ状態，閉じ込め量子状態とエンタングル状態の持つ新しいコヒーレントな量子機能を解明・デザイン・予測し，階層間を連結する量子機能物質のエネルギー・情報の制御と新量子機能を創出する『量子物理学を用いたエネルギー・情報などの多階層連結による伝達と制御』が実現されることになるだろう. これらは，自然知能による新しいタイプの人工知能の創成を可能にし，社会や産業の仕組みを含めて大きな変革が行われ，人類の遠い未来に大きな貢献をするだろうし，また，自然災害のような大きく階層を越えた物理現象についても，原子レベルからマクロなレベルを連結する多階層連結とデザイン主導による新しい量子エンジニアリングに関する物理科学が生まれるだろうと予測される.

20 世紀の物性物理学の進歩と新規参入若手研究者の抱える不安

20 世紀の半ば過ぎまでの物性物理学の輝かしい進歩は素晴らしいものだった. 一方で，その裏返しとして，20 世紀の半ば過ぎに生まれ，1980 年代から研究を職業的に開始する当時の若い助手クラスの研究者にとっては，自分が職業として選択し，物性物理学の研究を開始した時点で，すでにその学問分野は充分に成熟しており，重要と思われる物性物理学に関する諸問題については，

すでにその大半は先人達の努力によりほとんどの重要課題はすでに解決され，研究し尽くされており，これらの分野は終わってしまっているのではないかと思われた．その結果，20世紀における重要な研究成果はほとんどすべて出揃っており，凡庸な後発の研究者には一体何が残っているのだろうという漠然とした不安を同世代の多くの新参研究者は感じていた．物性物理学の創成期には多くの試行錯誤と混乱があり，乱世であればこそ，そのどさくさに紛れて，新規参入者が参画できる可能性もあり，新しい研究成果を挙げるチャンスがあるかもしれないという期待も生まれていた．しかしながら，すでに物性物理学における重要問題の多くは解決され，その研究成果はすでに先人によって確立されているという歴史的事実を認識するにつれて，当時の若手研究者が当初抱いていた物性物理学に対する大きな希望は急速に打ち砕かれていったのである．

当時の若い物性物理学研究者の抱える問題と将来展望

さらに大きな不安要素となってきたのは，当時の若手研究者のジョブ・マーケットの抱える構造的問題であった．私たちの前の世代の研究者はいわゆるベビー・ブーマーとよばれる第二次大戦の終戦とともに生まれた世代であり，突出して人口が多く，その結果として競争力に優れた世代がアカデミアのポジション（具体的には，当時パーマネント・ポジションであった助手という職業）をすでに占有していた．しかも，それらはすべてパーマネント・ポジションであるため，昇格して，新しい助手のポジションがオープンになるには最低5年から10年の歳月が必要であり，また新しいポジションができる可能性はすぐにはないというのがアカデミアへの就職状況であった．

また，学部生の時に阪大の図書館で読んだ槇書店発行の『物性』という雑誌に当時米国IBMにおられた江崎玲於奈氏と大阪大学理学部教授の川村肇氏の対談が掲載されていた．朧気な記憶ではあるが，その中で江崎玲於奈氏が「日本で研究者として成功する秘訣は大先生から学んだ同じミュージックを大先生よりも少し下手に奏でることである」というような趣旨のことを対談の中で批判的に述べておられた．私が大学院時代に所属した研究室は「下克上」を旨としており，指導教授であった金森順次郎教授（大阪大学理学部）は「研究におい

て，先輩はあまりろくなことを言わないから，心酔したり，信用しすぎたりしないようしなければいけない」というような趣旨のことをよく言われており，既成の学問や学説を打ち倒すような独創的な研究をすることが重要であると信じていたので，日本社会におけるアカデミアの状況は江崎玲於奈氏の対談で言われているような後進的なものかと，さらにその先行きが不安視された．このような社会状況にあって，ベビー・ブーマーよりも生まれるのが少し遅く，しかも，物理学における重要と思われる研究はほとんど出尽くしていると思われる状況下では，遅れて生まれてきたわれわれ若手研究者は，物性物理学分野においては落ち穂拾いのような研究で食いつなぎ，その人生を終えなくてはいけないのかと思うとさらに暗澹たる気持が増大していった．

　1970年代前半における大阪大学基礎工学部の学部講義では物性物理工学専攻の学生と生物物理工学専攻の学生は，量子力学や統計力学などの基礎物理学科目は同じ講義を受講していたため，数年間は生物物理学の学生と一緒に講義を受講していた．これらの学生達との専門分野の話や議論をする中で，物性物理学 (広い意味での Physical Science) がほとんど終わっていて，すでに確立している学問領域であるのに対して，DNA の発見による遺伝情報伝達の分子論的機構以外にはほとんどなにもわかっておらず，未知の大領域が開けている生物物理学 (広い意味での Life Science) の分野に対して，我々はこのまま物性物理学を続けていて，本当に新しい未来が開けるのだろうかという不安を生物物理工学の友人達との議論を通して少なからずもった．しかし，大きな壁に突き当たるまでは物性物理学を研究し，大きな壁にぶち当たると言うことはその向こうには大きなブレーク・スルーがあるわけだから，このまま頑張ってみて，どうしてもダメだったら，いざとなれば商売 (新奇ビジネス) に転じるか，最悪の場合でも，当時急速な拡大路線にあり物理学の博士課程の修了者も背に腹は変えられず採用をはじめていたエレクトロニクスや製鉄の企業に就職すれば何とかなるのではと考えた．最終的にはセーフティー・ネットとして中学高校への教職 (いざとなれば予備校の講師) への道を準備しておくことで，心配しても解決が得られるわけではないこれらの将来に関する諸問題を考えることは以後封印し，気を取り直して大学院生として，研究生活に邁進することにした．

大学院での研究と若い物性物理学研究者からみた予測できない未来

　私は大阪大学大学院理学研究科において，修士課程では無秩序合金の格子振動の研究を行い，博士課程では Ni や Fe などの強磁性体にドープした核プローブであるミューオンや不安定核でベータ崩壊する ^{12}B などの見る内部磁場や核スピン格子緩和時間などの原子番号依存性や結晶学的位置に対する依存性を第一原理計算から予測し，当時始まったばかりのミューオンスピン回転や不安定核ベータ崩壊を利用した核磁気共鳴実験を定量的に説明し，原子番号や結晶学的位置依存性などを予測する核物性の研究で学位を取得した．その後，運良く日本学術振興会の奨励研究員（現在のポスドクに対応）に採用され，1 年と 1 カ月の学振奨励研究員としての研究生活を経て，東北大学理学部の半導体物性理論（森田章教授研究室）の助手に採用された．そこでは，現在の半導体スピントロニクスの基となる半導体中の遷移金属磁性不純物やミューオン，水素，炭素原子などの深い不純物準位の第一原理計算による予測や計算機マテリアルデザインの研究を行ってきた（図 1）．これらの研究は当時，半導体デバイスや太陽電池半導体中のキャリア・キラーとしての欠陥や不純物の電子状態を量子物理学に基づいて，原子番号だけを入力パラメータとする第一原理計算により解明しようとする研究であり，当時の産業として大きく成長しつつあった半導体工学や半導体産業とも深くリンクしており，それなりの成果が得られ個人的には充分に面白かったが，基本的には従来の物性物理学のパラダイムの枠内での着実な研究による発展であった．また，低次元系の黒リンのフォノンなどの計算から物性実験と理論的解析の比較を通して，ある程度の物性理論的研究の物性予測やデザインに対する有効性も認識するようになった．1980 年代，東北大学物性理論研究室の森田章教授研究室で行われていた黒リンなどの研究は 30 年以上を経過したが，最近になり，2 次元系を積極的に利用した電界効果トランジスタなどが開発され，Science や Nature などに発表されたため，1980 年代の基礎的な黒リンの論文が急に引用されてきている．当時はあまり見向きもされなかった地味な半導体物理学の基礎研究が大きく開花することもあるということを感じ，定年近くになってはじめて基礎研究の奥深さを実感したことは大きな驚き

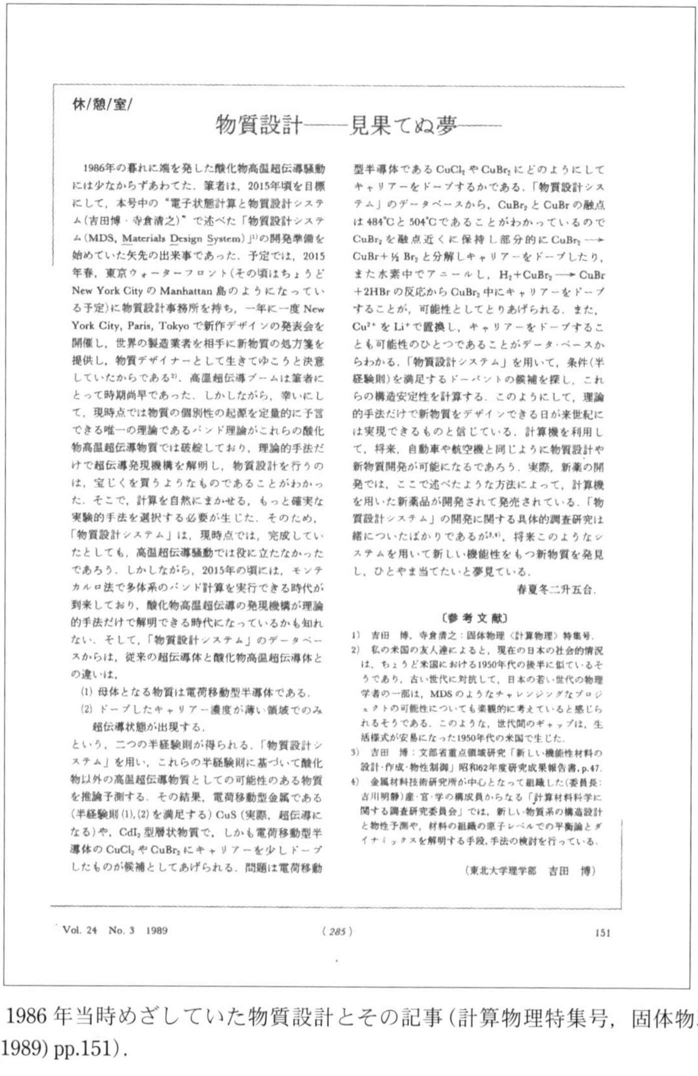

休/憩/室/

物質設計——見果てぬ夢——

1986年の暮れに端を発した酸化物高温超伝導騒動には少なからずあわてた．筆者は，2015年頃を目標にして，本号中の"電子状態計算と物質設計システム(吉田博・寺倉清之)"で述べた「物質設計システム(MDS, Materials Design System)」[1]の開発準備を始めていた矢先の出来事であった．予定では，2015年春，東京ウォーターフロント(その頃はちょうどNew York CityのManhattan島のようになっている予定)に物質設計事務所を持ち，一年に一度New York City, Paris, Tokyoで新作デザインの発表会を開催し，世界の製造業者を相手に新物質の処方箋を提供し，物質デザイナーとして生きてゆこうと決意していたからである[2]．高温超伝導ブームは筆者にとって時期尚早であった．しかしながら，幸いにして，現時点では物質の個別性の起源を定量的に予言できる唯一の理論であるバンド理論がこれらの酸化物高温超伝導物質では破綻しており，理論的手法だけで超伝導発現機構を解明し，物質設計を行うのは，宝じくを買うようなものであることがわかった．そこで，計算を自然にまかせる，もっと確実な実験的手法を選択する必要が生じた．そのため，「物質設計システム」は，現時点では，完成していたとしても，高温超伝導騒動では役に立たなかったであろう．しかしながら，2015年の頃には，モンテカルロ法で多体系のバンド計算を実行できる時代が到来しており，酸化物高温超伝導の発現機構が理論的手法だけで解明できる時代になっているかも知れない．そして，「物質設計システム」のデータベースからは，従来の超伝導体と酸化物高温超伝導体との違いは，

(1) 母体となる物質は電荷移動型半導体である．

(2) ドープしたキャリアー濃度が薄い領域でのみ超伝導状態が出現する．

という，二つの半経験則が得られる．「物質設計システム」を用い，これらの半経験則に基づいて酸化物以外の高温超伝導物質としての可能性のある物質を推論予測する．その結果，電荷移動型金属である(半経験則(1),(2)を満足する)CuS(実際，超伝導になる)や，CdI_2型層状物質で，しかも電荷移動型半導体の$CuCl_2$や$CuBr_2$にキャリアーを少しドープしたものが候補としてあげられる．問題は電荷移動型半導体である$CuCl_2$や$CuBr_2$にどのようにしてキャリアーをドープするかである．「物質設計システム」のデータベースから，$CuBr_2$とCuBrの融点は484℃と504℃であることがわかっているので$CuBr_2$を融点近くに保持し部分的に$CuBr_2 \longrightarrow CuBr + \frac{1}{2} Br_2$と分解しキャリアーをドープしたり，また水素中でアニールし，$H_2 + CuBr_2 \longrightarrow CuBr + 2HBr$の反応から$CuBr_2$中にキャリアーをドープすることが，可能性としてとりあげられる．また，Cu^{2+}をLi^{+}で置換し，キャリアーをドープすることも可能性のひとつであることがデータ・ベースからわかる．「物質設計システム」を用いて，条件(半経験則)を満足するドーパントの候補を探し，これらの構造安定性を計算する．このようにして，理論的手法だけで新物質をデザインできる日が来世紀には実現できるものと信じている．計算機を利用して，将来，自動車や航空機と同じように物質設計や新物質開発が可能になるであろう．実際，新薬の開発では，ここで述べたような方法によって，計算機を用いた新薬品が開発されて発売されている．「物質設計システム」の開発に関する具体的調査研究は緒についたばかりであるが[3,4]，将来このようなシステムを用いて新しい機能性をもつ新物質を発見し，ひとやま当てたいと夢見ている．

春夏冬二升五合．

〔参考文献〕

1) 吉田　博，寺倉清之：固体物理〈計算物理〉特集号．
2) 私の米国の友人達によると，現在の日本の社会的情況は，ちょうど米国における1950年代の後半に似ているそうであり，古い世代に対抗して，日本の若い世代の物理学者の一部は，MDSのようなチャレンジングなプロジェクトの可能性についても楽観的に考えていると感じられるそうである．このような，世代間のギャップは，生活様式が安易になった1950年代の米国で生じた．
3) 吉田　博：文部省重点領域研究「新しい機能性材料の設計・作成・物性制御」昭和62年度研究成果報告書，p.47．
4) 金属材料技術研究所が中心となって組織した(委員長：吉川明静)産・官・学の構成員からなる「計算材料科学に関する調査研究委員会」では，新しい物質系の構造設計と物性予測や，材料の組織の原子レベルでの平衡論とダイナミックスを解明する手段，手法の検討を行っている．

(東北大学理学部　吉田　博)

Vol. 24　No. 3　1989　(285)　151

図 1　1986年当時めざしていた物質設計とその記事(計算物理特集号，固体物理 **24** No.3 (1989) pp.151)．

であった．

1980年代の物性物理学における周辺分野では，量子ホール効果の発見や走査型トンネル顕微鏡(STM)などの発見があり，これらは歴史的にはノーベル

賞を受賞した物性物理学における大きな出来事であった．しかし，私個人にとっては分野的に距離を置いており，文字どおり対岸の火事というのが正直な気持ちであった．これまで述べてきたようなことが，その当時の物性物理学の研究に対する偽らざる気持ちであるが，世の中には物理学のパラダイムが全く変わるような大きなイノベーションを引き起こす出来事が，成熟し定量的な精密化へと向かっていた物性物理学の世界でそのようなことが起きるとはまったく予想できなかった．今まで，長々と述べてきたように，当時の物性物理学の成熟と高精度化に対する先行きへの不安を序章として，次に述べる銅酸化物高温超伝導体の発見がいかに大きな出来事であり，当時の若手研究者の人生を大きく狂わすことになるなどとは，当時誰も予想することはできなかった．文字どおり，未来は予測することはできないが，環境の変化に合わせて新しい未来を創ることは可能であるのだと言うことを銅酸化物高温超伝導体の研究を通して思い知ることになったのである．

ブラジル（カンピーナス大学）で知った銅酸化物高温超伝導体の発見

　1986 年秋の Bednorz-Müller によるセラミックスであるペロブスカイト系 La-Ba-Cu-O (LBCO) 新超伝導体の発見は，超伝導転移温度 (T_c) が長い間低迷していた従来の超伝導体の T_c を 10 K 以上越えるものであったため，超伝導研究者の間では大きな話題を呼んでいた．私自身は超伝導研究に関しては対岸の火事を見るように野次馬的であり，同時期に夜のニュースで放映される伊豆大島の三原山噴火や短時間での全島 1 万人の脱出計画の方に深い関心があった．銅酸化物高温超伝導体に大きな関心を持ったのは，1987 年の初め，真夏である南半球に位置するブラジルで開催されるリオのカーニバルの時期に合わせて，ブラジル・カンピーナス大学で開催されたブラジル半導体物理学サマースクールにおいて，半導体中の遷移金属不純物に関する講義を依頼され出席したときが最初である．私と同様にシリコン中の深い不純物や欠陥の電子状態について講義するため講師として出席していた AT&T ベル研究所の Michael Schluter 博士の秘書から，Y-Ba-Cu-O (YBCO) 系で T_c = 91 K の新超伝導体がヒューストンで発見されたとのファックスによる連絡があり，サマースクール

に参加していた講師の間で大騒ぎとなった．急遽，サマースクールのプログラム・スケジュールを追加・変更し，ベル研究所から図面をファックスで送ってもらい，Michael Schluter 博士による緊急報告のセミナー（講義）が実施され，これはさすがに $T_c = 91$ K で液体窒素温度（77 K）をはるかに超えており，誰の目にも大きなインパクトがあった（図2）．当時，東京大学物性研究所におられた安藤恒也教授やノーベル賞受賞者のマックスプランク研究所の Klaus Von Klitzing 教授なども講師として参加されており，みんなでサッカーの試合を見に行った時にも，高温超伝導のインパクトは大きく，ホテルから送迎の大学公用車の中でもみんなサッカー以上に興奮し，我を忘れて議論していた．同乗してきたカリフォルニア大学・バークレー校の半導体実験の Eugene Haller 教授の奥さんは我々が興奮してブラジルの暑い気温について（華氏 91°F ＝ 摂氏 32.8 ℃）議論しているのかと最初勘違いしたと言っておられた．スクールは1週間くらいだったが，そのあと数週間友人のいるサンパウロ大学に滞在し，半導体物理学に関する物性理論的共同研究を行った．日常生活においても，日本と正反対の南半球で日本とはまったく異なる価値観で，楽しく生活と研究を楽しんでいる学生や教員の姿に感銘を受けた．銅酸化物高温超伝導体発見のインパクトはあまりにも大きく，専門としていた半導体の研究はいつでも定常的にできるので，しばらくはそれをセーブし，銅酸化物高温超伝導体の研究をどのようなプログラムですすめれば良いかサンパウロ大学滞在中に考え，研究計画ノートを作成した．そのときブラジルで考えたのは，当然高温超伝導体のメカニズムの解明とそれらに立脚した高い超伝導臨界温度の実現であるが，普通に本丸を攻めるような正攻法では世界や日本の優れたグループと競合することは難しい．そこで，はじめから正攻法は捨てて，これらは秀才に任せておいて，われわれは何でもありの泥臭いゲリラ戦法で世界と戦おうと決めた．そのためには専門であった物性理論の狭い枠組みはしばらく側に置いておき，広い視野をもって新しい分野に突き進んで，ベトナムが米国に勝利したように奇手や奇襲など何でもありのゲリラ戦でやって行こうと強く意識したのを覚えている．

　比較的長くブラジルに滞在した後，フロリダ経由で日本に帰国し，早速，銅酸化物高温超伝導体の研究を始めることにした．それまでの NiO などの研究

3.13 遅れてきた若い物性理論研究者が見た高温超伝導研究騒動記

図2 ブラジル・カンピーナス大学で開催されたブラジル半導体物理学サマースクールの模様. AT&T ベル研究所の Michael Schluter 博士 (写真下, 左から2番目, 著者は写真下前列) から, Y-Ba-Cu-O (YBCO) 系で $T_c = 91$ K の新超伝導体発見の知らせをはじめて聞いた. カーニバルのダンス練習風景写真と博士からのメモ (Schluter 博士撮影, 写真上). 1992年に脳腫瘍で亡くなった Schluter 博士に関する Physics Today の Gene A. Baraff 博士, Horst L. Stormer 博士 (AT&T ベル研究所), Marvin L. Cohen 教授 (カリフォルニア大学) らによる弔文記事 (写真右下). Schluter 博士は1987年3月18日 (水曜日) ニューヨーク市ヒルトンホテル大宴会場で 2000 人以上が参加し, 午後6時から開催されたアメリカ物理学会 (APS March Meeting) での高温超伝導セッションでの騒動を「物理学者のウッドストック」とニューヨーク・タイムズの記者からのインタビューの際に命名したことでも知られている.

から，第一原理計算で当時用いられていた交換相関相互作用に対する局所密度近似では銅酸化物の電子状態を定量的に予測することには不充分であることがわかっていた．また，ハバード模型などの現実を直視しない仮想物質を想定したモデル計算では現実物質の個別性の起源である電子状態の起源を記述・予測することは難しく，そのような手法では銅酸化物高温超伝導体の物理機構に迫ることは難しいと判断し，経済的にも安価で，ある程度研究成果の期待できる実験的手法により，これらに迫る手法を採択することにした．

　当時，私は東北大学の半導体物性理論グループ（森田章教授研究室）に所属していたが，昼間は一応，本業である半導体物理学における第一原理計算とそれらに基づいたマテリアルデザインを目指した物性理論の研究を行い，夕方5時過ぎからは実験的な研究を進めるという2足のわらじを履く研究スタイルを採択した．とくに実験グループとは強力な共同研究を通して，銅酸化物高温超伝導体の電子状態の研究にのめり込むこととなった．光電子分光実験の高橋隆氏（現在　東北大学名誉教授），物性理論の岡部豊氏（現在　首都大学東京名誉教授），大学院研究生の佐々木泰造氏（元　物質・材料研究機構主席研究員）などと緊密に相談し，研究計画を企画立案し，5時以降は夜遅くまでそれを実行し，また，休日も全日出勤し，それぞれの家族も巻き込んでほとんど興奮状態のまま研究を進めることとなった．

銅酸化物高温超伝導体の研究と当時の東北大学物理教室

　銅酸化物高温超伝導体のクーパー対形成機構を解明し，さらなる新物質のデザインを可能にするためには，その電子状態とクーパー対形成の引力（糊）となる素励起などの基本要素を特定する必要がある．これらを高精度で行うためには単結晶を用いた電子状態や素励起を特定する高分解能の分光学的実験が不可欠であるという結論にすぐに至った．その結果，暗黙の了解ではあったが，東北大学物理教室の実験装置は，かなり高い優先度で我々物性理論グループも使わせてもらえることになった．そのような研究活動に対して当時誰も異議を述べなかったことがまったくの不思議であり，それほど銅酸化物高温超伝導体研究のインパクトは大きかったのであろう．セラミックスをベースとしたペロ

ブスカイト構造を持つ銅酸化物高温超伝導体は当時の東北大学物理教室の研究者にとっては，すべての人にとってまったく新しい物質と研究分野であり，また，その専門性においてみんなが未経験の分野であったため，理論家や実験家にとっても，その分野にかかわらず平等であったともいえる．とくに，旧来の超伝導体研究者にとってもまったくの新しい超伝導体であり，実際，我が国の従来の超伝導研究者は当初ほとんどその研究分野に参入してこなかったし，その後もあまり大きな寄与をしなかったように思う．

　東北大学物理教室での若手研究者の研究室を越えた共同研究が可能になった1つの要因として，銅酸化物高温超伝導体のようなまったく新しい物質に対して先行する専門家やボスがまったくいなかったことに加えて，当時の東北大学物理教室の助手クラスの若手研究者の間では研究室間の壁がほとんどなく，かなり自由にそれぞれの研究室に出入りし，自由な議論が行える雰囲気があった．とくに実験系の研究室と理論系の研究室ではアポイントもなく突然部屋に乗り込んでいって，すぐに世間話や物理に関する議論ができるような雰囲気がつくられていたし，そのような生き方が可能であるという多くの具体的なモデルが存在したことも幸いした．また，東北大学物理学科は，1960年代からの産業振興と経済発展の結果，大学進学率が増大したため，理工系学部の拡張が各大学で行われ，東北大学理学部でも物理第一学科と物理第二学科の2つの学科に拡張され，多くのスタッフが採用されていた．私が大阪大学から東北大学に1980年に助手として着任したとき，物理第二学科は勤労学生のための夜学で夜に授業を行うものと勘違いしており，そのような発言をしたときに物理第二学科の著名教授が憤慨され，訂正された記憶がある．2学科の創設当初は講義も同じ科目を2人の講師が別々に行っていたようであるが，講義技術の差のために一方の教室のみが繁盛し，そのインバランスを解消するため，結果として大教室で2学科合わせて1つの講義が行われるようになっていたため，講義を行わないスタッフも多くいた．その結果，通常の大学と比べて講義数に対するスタッフの数が約2倍であり，講義などの義務は通常の大学の約半分であったため，当時の助手仲間の間では「東北大学物理教室のスタッフとなり，この優れた余裕のある研究環境下で研究成果が挙げられなければ，これは本当に本

人が無能なのである」などと言われていた．そのため，助手クラスの長期海外出張も2年間が通常であった．2年間長期出張した後帰国し，1日だけ東北大学に在籍して退職し，次の日にはカリフォルニア大学の教授に2階級特進で就任された猛者助手もおられた．これらの研究や教育に対する時間的・労働裁量的余裕は，当時の東北大学に在籍した助手クラスの若手研究者にとって，長期的にみて，研究者として成長するための大きな人材育成の効果があったのではないかと思われる．

　当時の東北大学物理教室の教授の方々も，細かいことにこだわらない懐の広い大教授が多く，また，現在のようなプロジェクト研究は主流ではなく，純粋に科学的興味に基づいた研究が行われていた．とくに助手などの若手研究者は教授の指示で研究テーマを選ぶような風潮はまったくなかったように思う．ある程度の大きな専門分野の枠組みの中で，自ら選んだ研究テーマに基づいて，自ら研究計画をたて，自らそれを実行し（場合によっては共同研究を自ら組織し），自ら論文を書くという独立した研究が若手研究者の間では通常的に行われていた．だからといって，教授や助教授の方々は放任主義というわけではなく，若い研究者が研究上の困難に出くわすと真摯に議論し，相談にも乗っていただけるような物理学科特有の独立性と友好的開放性を備え持った雰囲気があったことも独立した研究者を育成する人材育成としての重要なポイントであったと思われる．当時の理学部物理教室の助手仲間の間では，「若いときは下克上の理学部物理学科にいて，年を取ってから研究能力が落ちてきたら上意下達の工学部へ，できれば，ヒエラルキーの確立している化学系教授に移るのが理想的な物理学者としての研究者人生」などという冗談が語られていたほどである．

　東北大学での研究生活を通して，独立した研究者を育成するための重要なポイントは比較的長い時間をかけ，自ら研究を企画立案・実行し，少しくらい失敗してもそれを許し，次のチャンスに繋げるような余裕のある研究環境が不可欠であり，人材育成はハンバーガーショップでマクドナルドを注文するような促成栽培はできないと思うようになった．東北大学で助手クラスの若手研究者を経験し，そのような余裕のある研究環境で試行錯誤の可能な研究生活を過ご

せたことの幸運を，定年を過ぎて，最近になってとくに強く意識し，感謝するようになってきた．最近のプロジェクト型の研究では，プロジェクトの主宰者の敷いたレールの上をその方針に従って遂行するため，若手研究者が自分自身でオリジナルな研究計画やアイデアを考える余裕が少なくなってきている．そのため，長期的にみればインパクトのあるオリジナルな研究や世界を牽引するような研究成果が生まれにくい研究環境となりつつあるように多くの研究者が思うようになってきた．プロジェクト型の研究にあっても，若手研究者が自ら企画立案し，それらに基づいて自ら実行できるような体制を敷かないかぎり，現時点での我が国の研究の停滞と長期雇用を含めた研究環境の改善は難しいような気がする．

　当時の銅酸化物高温超伝導体研究に参加したほとんどの若手研究者は本業とは異なる新分野に自ら進出し，先人やボスのいないまったくの未踏領域に遭遇し，そこでは時間の制約と世界との激しい競争的研究環境のなかで，自ら情報を集め，研究を企画立案し，それを実行するための共同研究を組織し，実行し，論文を書くというサイクルを世界との競争におびえながらも短時間で実行した．本多光太郎に始まる長い伝統を持ち，世界水準の研究レベルに達していた磁性研究分野のような個別的例外分野を除き，総体として日本の物性物理学研究が世界の水準に到達し，世界を相手に戦える研究環境が初めて実現したのが銅酸化物高温超伝導体研究であったと言える．これらの経験はその後の研究者が新規に異なる研究分野に参入し，新しい研究生活に直面するときの大変優れたトレーニングとなり，また，自ら研究室を主宰するときの人材育成手法として大いに役立ったと思われる．

　当時，東北大学物理教室で銅酸化物高温超伝導の研究を始めるに当たって，物性理論グループの若手研究者にとって，当時の東北大学物理教室の研究室を越えた助手・技官・大学院生クラスの交流と研究室間の友好的な雰囲気は多くの共同研究には大変好都合であった．鈴木孝先生の研究室の磁化測定装置，電気抵抗測定装置，X線構造解析装置，アニール装置，遠藤康夫研究室の炉，多くの技官の方々の支援，4年生などの卒業研究生との共同研究など，どういうわけか人の出入りも仕事の依頼も自由で装置なども空いていれば自由に使わせ

てもらった．当初の高温超伝導体の研究ではセラミックスである銅酸化物の焼結体多結晶を作成し，物性測定を行うというのが研究の主流であった．われわれも早速原料となる Y, Ba, Cu などの酸化物を購入し，すり鉢で混合し 2 回のプロセスで焼結体ペレットを作り，磁化測定と 4 端子法による電気抵抗測定を行った．原料となる試料の不純物純度には悩まされ，99.99％の純度と記載されていても 99％程度の不純な場合もあり，電気抵抗や磁化測定の結果にはしばらく悩まされたが，しばらくして問題は解決し，その結果，91 K で電気抵抗がゼロとなり，また，磁化測定により完全反磁性（マイスナー効果）を確認したときには大きな驚きで，一階の実験室で真夜中に歓声が上がったのを覚えている．焼結や単結晶の作成のためには不純物の混入を防ぐためプラチナの坩堝を使う必要があり，背に腹は変えられないので当時第一原理計算やマテリアルデザインのために温存していた委任経理金でこれらを購入したが相当な金額に昇るため経理からの調査を受けたほどである．焼結実験を行うたびにプラチナが少しずつ試料に溶け出すため業者にお願いして，坩堝を鋳直してもらう際にも減少したプラチナを加えて鋳直してもらう必要があり，経理係は支払い等について不審に思ったのか，大変神経をとがらせていた．とくに，なぜ物性理論グループがプラチナ坩堝を大量に買い，鋳直しを行うのかと詳しく担当者に聞かれ，正直に説明はしたものの前例がなく不信感は残ったように思っている．このころお世話になった事務室の方々には，私が 1995 年に大阪大学に転出した後も，仙台に出張の暑い夏には「暑気払い」をお届けするなどの親戚のような長いつきあいとなった．中には，ご自宅に本多光太郎の揮毫した「今が大切」（私もレプリカは持っているが…）の本物の書を持っておられたりして，仙台市民と東北大学との奥深い（底なしのような）因縁にいたく感銘を受けた．

銅酸化物高温超伝導体の単結晶作成

超伝導のクーパー対形成の機構を解明するためには少なくともその電子状態を高精度で明らかにする必要があり，光電子分光実験を専門とする高橋隆氏との議論を通して，当時は銅酸化物超伝導体の焼結体（多結晶）を超高真空の実験装置の中入れてダイヤモンド・ヤスリで表面を削り取り，積分型の光電子

分光実験を行ってその状態密度を観測していたが，表面の酸素欠損に敏感な光電子分光では電子状態に対する十分な議論ができないこと，また，角度分解光電子分光によりフェルミ準位近傍の詳細なバンド構造を見るためにはどうしても単結晶の作成が不可欠であるという結論に到達した．当時単結晶は作られていなかったので急遽簡単な相図を作成し，YBCO (123) および Bi (2212, 2223) の単結晶を作成することにした[1-3)．相図がなければ単結晶の作成は難しいので，相図を構成する酸化物の混合組成を変えた沢山のパウダー試料を作成し，製鉄会社などの企業に就職している卒業生や大学に出入りしていた三井鉱山などの企業の方々にお願いし，失礼も顧みず，その組成を秘密にして，1人あたり1試料 (混合した酸化物) について温度を変えながら反応によって出入りする熱測定をお願いし，組成の異なる熱測定データを我々の手元に中央集権的に集めて単結晶作成のために必要な簡単な相図を完成した．それらに基づいて，CuO, KClなどのフラックスを用いて，急冷により小数の結晶核を作成し，再び炉に戻し，それらをフラックスの中でゆっくりと大きく成長させる方法により，「小さく産んで大きく育てる」というキャッチフレーズのもと，なんとか YBCO (123) や Bi (2212, 2223) の単結晶を作成した (図3)．単結晶の作成はそれまで誰もやったことがなかったので，学部学生の時の藤田英一教授 (大阪大学基礎工学部) の金属物理学の講義ノートや美馬源次郎教授 (大阪大学工学部) の金属組織学の教科書をもとに相図を作成し，単結晶の育成を行った．それらの単結晶をもとに高橋隆氏が角度分解型の光電子分光実験を行うと当時の大方の予想を裏切って，われわれの予想どおりフェルミ準位を横切るバンド構造が観測された．これらの結果は Nature 誌や Phys. Rev. B に出版され大きな反響があった[4,5)．このあたりの詳しい事情は本書で高橋隆氏が詳しく記述されている (3.6 参照)．

　単結晶の作成法などの論文は当時出版されていなかったので，JJAP に論文出版し，企業から結晶成長法の特許出願もおこなった[1)．われわれ物性理論を専攻するものにとって，理論的にはある程度の相図やギブスの相律はわかっていたが，実験の経験もないのに突然相図の決定と単結晶育成にチャレンジしたのは尋常ではないともいえるが，当時は背に腹は変えられず，だれも止め

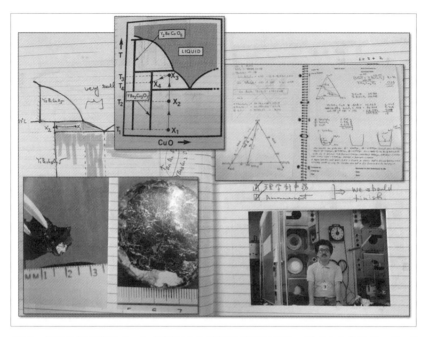

図3　相図の作成研究ノート（写真上）と単結晶（写真左下）．ギブスの相律（$2+C=F+P$, C:成分の数, F:示強性変数の自由度, P:相の数）について，当時，Two (2) Cups (C) Make (=) Father (F) Pink (P)，（訳：たった2杯で，パパはピンク色）と言われていた．銅酸化物高温超伝導体作成用の炉の前で働く筆者（写真右下）．水晶でできたウェハー用反応ガラス管は，物性理論研究室卒業生の金田千穂子博士（元　富士通研究所主管研究員）から富士通研究所で廃棄予定だったものを，許可を得て提供していただいた．

なかったのは，誰もが経験したことのない単結晶育成であったからだと思われる．相図を眺めていると温度を下げるとギブスの相律と相図における梃子の関係式に基づいてどのような固相反応が起きるかなどある程度理論どおりに予測でき，実験ともよく整合するようになってきた．また，Bi (2212, 2223) では，Bi_2O_2層で劈開し，新日鉄・産総研グループとの走査型トンネル分光（STS）による共同研究と高橋隆氏の光電子分光を組み合わせることにより，CuO_2層はメタリックであり，Bi_2O_2層は半導体的であることなど局所状態密度に関する情報がわかり，これらもNature誌に出版された[6]．その後も，国内や国外の

研究グループとの多くの共同研究に発展してゆき，Phys. Rev. Letter や Phys. Rev.B などにインパクトのある論文を発表することに繋がった[7-11].

銅酸化物高温超伝導体の同位体効果

超伝導のクーパー対形成の機構である BCS 理論ではフォノン（格子振動）を媒介とするため，少なくともこれらの実験を行う必要があり，構成原子の酸素と銅の同位体を購入し，同位体効果による超伝導転移温度の変化についても観測した．酸素の同位体については，当初は東京大学工学部の北澤宏一教授と岸尾光二講師から酸素の同位体を確か無償で譲り受け研究を開始したがすぐに足りなくなり，日本アイソトープ協会とイスラエルのワイズマン研究所から購入した．また，銅の同位体についてはロシア（当時はソ連）から購入し，超伝導転移温度に関するアイソトープ効果の実験を行った[12-14]．酸素の同位体効果については YBCO を作成し，同じ試料を２つにカットし，１つの試料は酸素 (O^{16})，もう１つの試料は酸素 (O^{18}) で拡散法により同じ条件で置換し，超伝導転移温度の違いを計測した（図4）．酸素原子は YBCO の場合は，１次元鎖構造を持つ酸素原子は拡散が速いのでこれらを使って，結晶中の酸素原子の同位体に置き換える手法を使った．酸素の同位体原子で置換されたかどうかはラマン散乱により酸素原子の振動が顕著に現れるフォノン・モードのシフトを観測し，酸素原子が異なる質量を持つ同位体原子で置換されているかどうかをチェックした後，超伝導転移温度を計測する手法を採択した[15]．また，Bi (2212) 系でも同じように酸素同位体効果の実験も行い出版した[16]．一方，銅原子の同位体はそれぞれ異なる原子質量をもつ銅の同位体からなる酸化物をソ連と米国から購入し，焼結法により炉と焼結温度プロセスについて時間空間ともにまったく同じ条件で試料を作成し，超伝導転移温度の計測を行った．その結果，アイソトープ効果は観測されたが BCS 理論で予測されるほどには大きくなく，ヤン・テラーイオンである Cu 原子を含むため電子格子相互作用は効いてはいるが主要な超伝導機構ではなく，電子励起を起源とする別の機構が働いているのではないかという結論に達し，これらも論文として出版した．また，核スピンをもつ酸素 (O^{17}) をドープした試料を作成し，大阪大学基礎工学部の

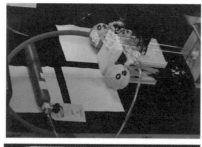
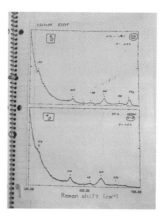
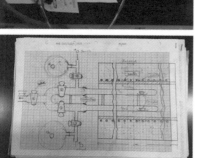

図4 酸素同位体置換装置(写真左上)とその設計図(写真左下).酸素原子の同位体置換をチェックするためのラマン散乱データの研究ノート(写真右).

朝山邦輔研究室との共同研究なども行った[17].

若い研究者へ伝えたいこと

　社会状況や研究環境が大きく変化した現代の大学や研究機関の状況において，私たちが30年以上も前に個別的に経験した銅酸化物高温超伝導体研究の騒動と言ってよいような経験を一般化して，若い研究者に伝えることはなかなか難しい．一般化はできないがある種の教訓は得られ，私自身のその後の別の新規研究を進めるうえで，ある程度役だったといえる事柄はたくさんある．個別的例外であり，一般化はしないという条件で述べさせていただければ，(1)研究は基本的には誰もわかっていないことにチャレンジするわけであるから，何が起こるかまったく予測できないし，どういうチャンスがめぐってくるかもだれにもわからない．だから，一度しかない人生をかけてチャレンジする価値がある．そのときには，人の意見には耳を傾けず，ひたすら自分の内なる声を

聞き，本能と直感の赴くままに行動するのがよい．人生は一度しかないのだから，あとで後悔するよりはまずはチャレンジしてみれば，必ず道は開ける．(2)新しいことをはじめるときは，その道の先輩や専門家(特に権威のある)の言うことはあまり深く信じてはいけない．間違っても良いから自分の頭で考え，それに基づいて最後までやり遂げ，下克上を完成しよう．下克上は研究者と相撲取りの人生の鏡である．(3)研究はどのテーマも面白く，やることは山ほどあるが，人生は1回きりで，時間にも限りがある．どの研究テーマを捨て，何をやらないかが最も重要な選択である．何をやらないかを決めると，ほとんど成功したようなものであり，あとは本能と直感に従って突き進んで行けば必ずある程度の成果が得られる．(4)研究上の間違いや失敗は長い研究生活では必ず起きるが，間違いは訂正し，将来の研究に繋げられれば，失敗や間違いが最後には必ず成功に導いてくれる．限られた経験から言えば世間は間違ったことはすぐ忘れ，成功したことしか覚えていないのが現実である．あのとき論文に書いておくべきだったと後で後悔するよりは，とりあえず思いついたアイデアは書いておく方が生産的であると思う．(5)25歳くらいになれば，自分の研究スタイルや個性はある程度決まってしまうので，それを信じてひたすら突き進んで行くのが良い．また，心と体の健康に注意して長生きする必要がある．長生きは研究上での政敵との論争(たとえば，銅酸化物高温超伝導機構のような予断を許さない不毛な論争)にも勝利し，その結果を見届けるためにも不可欠である．あなたが先に鬼籍に入るようなことになると，あなたの研究上の政敵は公衆に向かって何を言うかわからないのであるから．(6)銅酸化物高温超伝導体の発見から30年以上が経過しているが，電子格子相互作用を除いてその超伝導発現機構は決定的なものはなく，超伝導転移温度を自由にデザインし，実証できる段階には至っていない．30年という期間はほとんど研究者人生に近く，そのため多くの理論家が提案しているそれぞれの高温超伝導発現機構を否定することはその研究者の30年の研究者人生を否定することになり，人格そのものを否定されたと勘違いして逆上し，我を忘れて振る舞うシニア研究者も多く，将来のある若い研究者やその指導者はこの点において，議論するときには注意深く振る舞わなければならない．歴史的には地動説と天動説の確執の

歴史などを参考にすると多くのことが学べるような気がする．(7) 若い研究者がトレーニングの後，新たに物性物理学研究に参画するときには，すでに長い研究の歴史と成熟した研究の流れはかなり確立されている．その流れに新たに参入するわけであるから，当初述べてきたように，ほとんどの若い研究者は遅れてきた研究者であるという焦燥感と将来に対する不安感を持つのは普遍的なことだと思われる．その場合,できれば成熟し尽くした既存の研究分野よりは，専門家やボスのほとんどいない新しい分野へと進むほうが，多くの困難は伴うが，長期的には最も賢い分野選択ではないかと思う．(8) あたかも熱力学の3 法則のように，もし，人生に3 法則があるとして，これらを独断と偏見により独善的に考えると(i) 遺伝情報の次世代への伝達 (第1 法則)，(ii) 学術文化の継承と進展 (第2 法則)，(iii) 新しいことへのチャレンジ精神の継承と発展 (第3 法則)，などを思い浮かべることができる．未来のある若い研究者にはこれらすべての可能性が秘められており，一度しかない人生に果敢にチャレンジして突破口をみつけ，人類の遠い未来に貢献していただけるのを楽しみにしている．

　以上が，定年を迎えたシニア研究者からの将来ある若い研究者に伝えたい8 カ条 (シニア研究者の独言) である．

　本稿の脱稿日は2019 年4 月1 日であり，2019 年5 月から始まる新年号は令和と決まったようである．コップの中の嵐のようではあるが，明治 (維新)，大正 (デモクラシー), 昭和 (敗戦・元禄), 平成 (学術・経済大後退) と続く中で，令和 (学術・文化・経済大躍進) と言われるような学術文化経済に関する大変革が後世から期待されており，我が国の若い研究者には心と体の健康に注意しつつ，忖度など忘れて，やりたい放題に，また，既存の研究分野ではなく，自由闊達に新しい研究分野の創成にチャレンジし，コップの中から飛び出して，世界を大きく変えて欲しいと願っている．

春夏冬二升五合

参考文献

1)　H. Katayama-Yoshida, Y. Okabe, T. Takahashi, T. Sasaki, T. Hirooka,T. Suzuki, T. Ciszek, and S. K. Deb: Jpn. J. Appl. Phys., **26** (1987) 2007.

3.13 遅れてきた若い物性理論研究者が見た高温超伝導研究騒動記　　*281*

2) T. F. Ciszek, J. P. Goral, C. D. Evans, and H. Katayama-Yoshida: J. Cryst. Growth, **91** (1988) 312.

3) H. Katayama-Yoshida, T. Takahashi, and Y. Okabe: *A Mechanisms of High Temperature Superconductivity*, Edited by H. Kamimura and A. Oshiyama (Springer-Verlag, 1989) pp.186.

4) T. Takahashi, H. Matsuyama, H. Katayama-Yoshida, Y. Okabe, S. Hosoya, K. Seki, H. Fujimoto, M. Sato, and H. Inokuchi: Nature **334** (1988) 691.

5) T. Takahashi, H. Matsuyama, H. Katayama-Yoshida, Y. Okabe, S. Hosoya, K. Seki, H. Fujimoto, M. Sato, and H. Inokuchi: Phys. Rev. B **39** (1989) 6636.

6) M. Tanaka, T. Takahashi, H. Katayama-Yoshida, S. Yamazaki, M. Fujinami, Y. Okabe, W. Mizutani, M. Ono, and K. Kajimura: Nature **339** (1989) 691.

7) A. Bianconi, M. Desantis, A. Dicicco, A. M. Flank, A. Fontaine, P. Lagarde, A. Marcelli, H. Katayama-Yoshida, A.Kotani, and A. Marcelli: Phys. Rev. B **38** (1988) 7196.

8) H. Ding, J. C. Campuzano, A. F. Bellman, T. Yokoya, M. R. Norman, M. Randeria, T. Takahashi, H. Katayama-Yoshida, T. Mochiku, and K. Kadowaki: Phys. Rev. Lett. **74** (1995) 2784.

9) M. Randeria, H. Ding, J. C. Campuzano, A. Bellman, G. Jennings, T. Yokoya, T. Takahashi, H. Katayama-Yoshida, T. Mochiku, and K. Kadowaki: Phys. Rev. Lett. **74** (1995) 4951.

10) H. Ding, J. C. Campuzano, A. F. Bellman, T. Yokoya, M. R. Norman, M. Randeria, T. Takahashi, H. Katayama-Yoshida, T. Mochiku, K. Kadowaki, and G. Jennings: Phys. Rev. Lett. **75** (1995) 1425.

11) H. Ding, A. F. Bellman, J. C. Campuzano, M. Randeria, M. R. Norman, T. Yokoya, T. Takahashi, H. Katayama-Yoshida, T. Mochiku, K. Kadowaki, G. Jennings, and G. P. Brivio: Phys. Rev. Lett. **76** (1996) 1533.

12) A. J. Mascarenhas, H. Katayama-Yoshida, J. Pankove, and S. K. Deb: Phys. Rev. B **39** (1989) 4699.

13) H. Katayama-Yoshida, T. Hirooka, A. J. Mascarenhas, Y. Okabe, T. Takahashi, T. Sasaki, A. Ochiai, T. Suzuki, J. I. Pankove, T. Ciszek, and S. K. Deb: Jpn. J. Appl. Phys.

26 (1987) 2085.

14) H. Katayama-Yoshida: Parity **3** No.6 (1988) 56.
15) A. J. Mascarenhs, S. Geller, L. C. Xu, H. Katayama-Yoshida, J. I. Pankove, and S. K. Deb: Appl. Phys. Letters **52** (1988) 242.
16) H. Katayama-Yoshida, T. Hirooka, A. Oyamada, Y. Okabe, T. Takahashi T. Sasaki, A. Ochiai, T. Suzuki, A. J. Mascarenhas, J. I. Pankove T. Ciszek, and S. K. Deb: Physica C **156** (1988) 481.
17) K. Ishida, Y. Kitaoka, K. Asayama, H. Katayama-Yoshida, Y. Okabe, and T. Takahashi: J. Phys. Soc. Japan **57** (1988) 2897.

よしだ　ひろし

1951年岡山県生まれ．県立岡山大安寺高校出身．1979年大阪大学大学院理学研究科博士課程修了（理学博士），1979年日本学術振興会奨励研究員（大阪大学理学部）を経て，1980年東北大学理学助手．同助教授を経て，1995年大阪大学産業科学研究所教授，2008年大阪大学大学院基礎工学研究科教授，2017年大阪大学定年退職（大阪大学名誉教授）．2017年東京大学大学院工学系研究科スピントロニクス学術連携研究教育センター・特任上席研究員（教授相当）．本稿は，筆者が東北大学理学部物理学科助手であった30歳半ば過ぎでの当時の物性物理学に対する歴史認識とそのなかで起った予想もできなかった銅酸化物高温超伝導体研究の騒動記である．

第 4 章

高温超伝導研究の足跡と
今後の展望

4. 高温超伝導研究の足跡と今後の展望

吉田 博, 髙橋 隆

賢者は歴史に学び愚者は経験に学ぶ

1986 年の暮れに端を発した銅酸化物高温超伝導体の研究は, そのインパクトがあまりも大きく, 当時それぞれの専門分野において博士課程やポスドクのトレーニングが終わり, これから独立した研究者として既存の研究分野で研究活動を開始していた助手クラスの若手研究者の進路に大きな影響を与え, その後の研究者人生が大きく軌道修正させられたと言っても過言ではない. 半導体物理研究, 磁性物理学研究, 低温物理学研究, 光物性研究, 物性理論研究, 金属物理学研究, 中性子物理学研究, 光電子分光研究, 磁気共鳴分光研究, ミューオンスピン共鳴研究…など, それぞれの既存の研究分野では, すでに確立した手法により, 定量的精密化と高度化が推進されていた. しかし, その安住の既存分野は温室のような心地よい無風のパラダイムであり, その中では盆栽のような精緻な植物に美しい小さな花を咲かせることに懸命な努力が注がれていた. ところが, 無風の海原に突然に巻き起こった嵐のような高温超伝導体に遭遇した当時の若手研究者達は, 1986 年から 1987 年を境として, それまでの心地よい温室を飛び出し, 嵐の吹きすさぶ大海原へと自ら飛び込んで行った. 安定した環境の中で, 既存の細い道を延長するような従来の研究と比べて, 新たに開始した高温超伝導研究に従事するということは, 新しく激しい研究環境のなかで, ジャングルのような未踏の領域にチャレンジし, 道のないところに道をつけるという厄介な新分野開拓の研究に身を挺することである. そのような

研究状況の中では，研究者としての人生が当初予定していた専門分野からは大きく外れてきたため，その人生が少しずつ軌道修正を受けた若手研究者のそれぞれの個性的な研究の足跡について，30年以上も前の朧気な記憶をできるだけ正確に記述していただき，未知との格闘から得られた教訓や，次世代を担う未来の若い研究者が新規分野にチャレンジする際のエールを記述していただいたものが本書である．

　一般に人間はその生存欲のため，苦しかったことや厭なことは，時間経過とともに本能的に忘れ，楽しかったことのみ記憶に残し，自己浄化してその経験を美化し粉飾する傾向がある．本書では，時間軸を共通にとり，空間的および専門分野において異なる空間で活動した激動の時代におけるそれぞれの個性的な著者による個別的な経験をできるだけ正確に記録していただき，その経験だけから学ぶのではなく，時間軸に対してパラレルに展開し，異なる専門分野に属する研究者の多様な研究活動の側面から光を当て，一点に射影された銅酸化物高温超伝導研究の統一的足跡をもとに，普遍的な研究の歴史をクローズアップさせた．これは，個別的経験だけからではなく，その普遍的歴史から一般則を学び，一般化することにより，未来に起きるだろうと思われる次の大きな物理学の出来事や迫り来る激動に対して理性的に対処できる賢者たらんとするための微力な努力の一端でもある．当時の個々の若手研究者がそれぞれの分野で新しい研究にチャレンジし奮闘していたことは，論文や研究会での報告などを通して互いにある程度は把握していたが，実際の人間臭く泥臭い研究活動やその時代背景等については，断片的に個人的なつきあいの中である程度知り得ただけで，その詳細については正確には把握していなかった．本書の各研究者の著作を通して，多くの新事実やその背景について，その詳細を知ることができた．今回の各研究者の著作からは，日本全国で新参の研究者がにわかにこの研究に参画して開始した銅酸化物高温超伝導研究活動の生々しい実態と，各研究者の生の息づかいまでもが明らかになった．その結果，時間軸を共通軸としてパラレルに進行した試行錯誤的な研究の実態がかなり明確になり，その歴史がある程度統一的に理解でき，著者間における共通の認識が確立できたと考えられる．それにより，我々の中にもダイナミックな研究の歴史の全体像を共通基

盤として共有することができるようになった．さらに，その個別的経験の記録
と普遍的歴史について，次の次代を担う未来の若手研究者ともこれらを共有し，
将来，新しい未来を創造し，人類の遠い未来に貢献する次世代の若手研究者に
エールを送るとともに，そのチャレンジングな研究活動に資して欲しい，とい
うことを目指した今回の出版企画であったが，ある程度その役割を果たせたの
ではないかと認識している．

　通常であれば，それぞれの専門分野とそのパラダイムの中に安住し，"普通の"
研究者人生を送ったかもしれない研究者が，たまたま偶然に出会った運命的と
もいえる銅酸化物高温超伝導体研究の嵐のような研究環境下で，その環境変化
に合わせてもがき，大きく研究者人生そのものが変わり，その経験を普遍的な
歴史として一般化し，その後の研究者人生における新しい研究にチャレンジす
る場合において，経験したこととその普遍的な歴史認識を活かし，さらなる新
しい研究分野にチャレンジして行ったことを示す多くの足跡が推測される．た
とえば，アルカリドープの C_{60} 超伝導，MgB_2 超伝導，Fe 系超伝導，レーザー
冷却ボーズ凝縮，硫化水素超高圧超伝導，など次々に新しい超伝導体が発見さ
れても，それらに対処する戦略としては，銅酸化物高温超伝導体研究時に一般
化された戦略や歴史をリファレンスとして，主体となる研究者や地域（国）が
異なるだけで，同じような一般化された研究手法で研究は進められていった．

銅酸化物高温超伝導体研究の展開

　1986 年の銅酸化物高温超伝導体の発見から 30 年以上を経過しているが，そ
の後の研究には当初予想されたよりも多くの困難があることが明らかになっ
た．本書の第 2 章『座談会「高温超伝導のメカニズムを探る」』にもあるように，
超伝導状態では BCS 理論のフレームワークの中でのクーパー対が形成され $2e$
（e：電子の電荷素量）を単位としたシャピロステップが観測されており，ドーピ
ングによるキャリア数が少なく，比較的局在性の強い Cu の $3d$ 電子軌道を反
映し，その電子間クーロン斥力を少なくするため d 波の対称性を持った超伝導
ギャップが観測された．このような超伝導状態は銅酸化物の 2 次元性を反映し
て超伝導揺らぎは大きいが BCS 理論のフレームワーク内での超伝導状態とい

うとらえ方を拡張するだけである程度の理解が得られた．このような比較的正常な超伝導状態に対して，超伝導転移温度以上での常伝導状態は通常のフェルミ液体の振る舞いと比較して電荷揺らぎやスピン揺らぎが強く反映され，さまざまな物性の異常が観測された．

　まず出発点のアンドープの銅酸化物では，通常の密度汎関数理論における局所密度近似による第一原理計算から予想されるバンド構造が Cu の局在した $3d$ 軌道のために同じ軌道に入った $3d$ 電子間の強いクーロン斥力によりそのバンド構造が再構成され，強い電子間クーロン相互作用による斥力ポテンシャルと準位の異なる Cu の $3d$ 軌道から，電子を取り込みたいエネルギーの低い O の $2p$ 軌道への電荷移動により，1.5〜2.5 eV のバンドギャップを持つ電荷移動型の反強磁性半導体になるのに対して，第一原理計算は金属状態を予測した．これらの第一原理計算と光電子分光スペクトルなどの不一致は，それ以前に研究されていた NiO の研究からある程度は予測されていた．銅酸化物のような $3d$ 電子間のクーロン相互作用が強く，それよりも電荷移動エネルギーが小さい酸化物半導体では，バンドギャップがクーロン斥力ではなく電荷移動エネルギーによって支配される電荷移動型の半導体が実現され，これらにドープした正孔などのキャリアは Cu の $3d$ 軌道内では強いクーロン斥力のため $3d$ 軌道からははじき出され，電荷移動して O の $2p$ 軌道に入り，強いクーロン斥力によるエネルギーの上昇を迂回する電子状態が実現することが光電子分光などのさまざまな実験から明らかになった．これらのドープされたキャリアは，電荷移動半導体の反強磁性長距離秩序は消えても，局所的には強い反強磁性相関の残っている銅酸化物を反映して，強い電荷の揺らぎや強いスピンの揺らぎを同時に包含した常伝導状態が実現され，超伝導転移温度より高い温度では通常のさらさらとした水のようなフェルミ液体にはない，ねばねばとした納豆のような電子間の強い相互作用の残った電子状態が実現されており，これらは『異常な常伝導状態』と呼ばれた．『異常な常伝導状態』は温度を冷やしてゆくと超伝導状態に転移し，その超伝導状態は BCS 理論のフレームワーク内で拡張理解できる『正常な超伝導状態』と呼ばれた．

　このような状況を反映して，実験的にも，理論的にも，銅酸化物高温超伝導

体の研究は『異常な常伝導状態』を理解することが高温超伝導発現機構の解明には不可欠であると多くの研究者が考え，その方向での物性研究が主流となっていった．このような研究を推進するためには，実験的には分光実験の超高精度化と高度化が必要となり，銅酸化物超伝導体発見以前の低い分解能を持つ分光学的実験手法や予測精度の低い理論手法は，この30年間で大きく変貌することとなった．例えば，光電子分光実験で言えば3桁以上の高精度化が実現し，超伝導ギャップの対称性はもとより『異常な常伝導状態』の起源である準粒子の励起スペクトルなど高温超伝導発現機構に迫るための環境が整いつつある．一方で，理論的にも局在した$3d$軌道の強いクーロン斥力を取り扱うハバード模型などの自然を模した簡単な模型では現実物質の物性の個別性の起源を予測することは難しく，現実物質を記述する第一原理計算に強い$3d$電子間のクーロン斥力や電荷の揺らぎを取り込むことのできる新しい計算手法の開発が試みられ，『異常な常伝導状態』を記述・予測するための枠組みの構築と計算機の高速化を含む研究環境の整備が行われてきた．これらに加えて，新物質の開発は上記の分光学的実験的研究や理論的研究に大きな束縛条件を提示し，新物質の発見は理論における厳密解に対応するようにそのインパクトが大きい．

　現時点の研究環境のように，定常的な運営費交付金が減少し，競争的研究資金が主流の研究環境の中で，チャレンジングな研究に特有の高い開発リスクを伴い，しかも，研究開発時間の長くかかる新物質の開発，新手法実験装置の開発，新しい計算手法の開発を若い研究者が続けることは難しく，新物質開発，新装置開発，新計算手法開発には最低10年間は研究費が保証される新しい研究開発資金の枠組み（ハイリスク研究開発におけるチャレンジ枠）の創設が不可欠である．これらの研究は，通常の既成の研究開発手法を用いて，ある程度やらなくてもわかるような既成の研究成果を効率よく創成し，輪転機を回すように論文を出版する既成の研究とは異なり，成功すれば大きなインパクトがあり，世界を変えるような研究に繋ってくる．銅酸化物高温超伝導体研究は30年を経て，上記のようなステージに到達したといえる．

　一方，銅酸化物高温超伝導体研究の研究分野や研究者の分野的ダイナミックスも流動的で大きく，特に，開発研究資金をめぐって，世界的には開発研究資

金の分野配分動向にも大きく依存してきた．上記の『異常な常伝導状態』の理解は『正常な超伝導状態』の理解と比較して，遅々として進まず，そのような困難な状況に限界を感じた研究者達は巨大物性応答を示す Mn 酸化物，冷却原子によるボーズ・アインシュタイン凝縮，トポロジカル絶縁体，などへ新天地をもとめ，関連分野ではあるが新しい研究分野へと転身していった．

また，情報科学技術の発展の影響やバイオインフォマティックスなどの生命科学からの影響を受けてデータベースなどの大量の既存値を基礎に機械学習や AI などのソフトウェア技術に立脚した新物質や新機能予測の研究も行われるようになった．高温超伝導体の物性テータベースはビッグデータと呼ばれるほどのものでは無いが，既存物質の中から物理量を記述できる記述子を情報科学技術の手法により発見し，新規物質を予測しようとするものである．基礎となる地味な汎用的データベースの構築は国研や共同利用研が研究基盤整備の一環として，主として諸外国では行われて集積していたが，我が国の先端研究開発基盤を統括する国研や共同利用研での取り組みは最近になって米国・欧州・中国に追随し，緒に着いたばかりであり，今後の発展が期待される．特に，1986年以前の情報のデータベースを用いて銅酸化物高温超伝導体に到達できるかが大きな試金石となる．データ・インフォマティックスに基づいた研究開発は基本的には記述子による総合的な外挿を基礎としており，真に独創的な新物質の発見や開発はこれらの既存物質の外挿とは直交する領域に位置しており，問題は外挿から大きく外れた独創的な新規物質に到達できるかどうかが最重要課題である．単なる既知の物質の外挿しかできないのであれば，新物質開発において一時流行した闇雲なコンビナトリアル・マテリアル開発と同じ運命をたどることになるかもしれない．

銅酸化物高温超伝導体研究を広い視野から歴史的に考えると，古代の歴史から石器時代→陶器時代→銅器時代→鉄器時代→有機物時代と展開していったが，高温超伝導体研究も新石器時代→無機酸化物時代→新銅器時代→新鉄器時代→新有機物時代とスパイラルに展開して行くのかもしれない．高温超伝導研究はエネルギー損失のない輸送や備蓄には不可欠であり，持続可能な社会を実現するための社会インフラとしての重要な研究開発ではあるが，一方で強磁性

状態（鉄やコバルトでの強磁性転移温度は 1000 K をはるかに超えている）と同じで，対称性の破れである超伝導という巨視的な量子状態が高温で実現しているということであり，これらを積極的に利用した量子計算や量子通信などの量子情報技術は室温で作動する AI や量子暗号技術などへの応用を考えると，人類の持続的な生存に不可欠の量子技術となるだろう．そのため，高温超伝導開発研究は今世紀末までの最重要研究開発課題と位置づけられている．

銅酸化物高温超伝導体研究の研究現状と今後の展望

　1986 年の銅酸化物高温超伝導体の発見から 30 年以上を経過し，その研究分野も他の研究分野と同じような"通常の研究分野"のパラダイムを形成しつつある．では，研究の本丸である銅酸化物高温超伝導の発現機構の現時点での研究状況はどのようになっているのであろうか？ 30 年以上にわたる気の遠くなるような多大な研究努力にもかかわらず，その高温超伝導の発現機構について，「そのメカニズムはわかった」という状況にはないのが現状である．「高温超伝導の発現機構がわかった」と言うことは，超伝導転移温度を調整する物理的パラメータが特定されたということであり，その物理的パラメータを自由に調整することにより，超伝導転移温度や新物質が自由にデザインでき，実験で実証できるということである．そのような意味では，銅酸化物高温超伝導体の超伝導発現機構はいまだに特定されているとはいえない．近い将来，超伝導転移温度を調整できる物理的パラメータが特定され，それらのメカニズムに基づいて，自由に新超伝導体がデザインでき，実証されるかもしれない．その場合にも，誰の目にも明らかで説明が可能な物理機構が提示され，それらに基づいた環境調和性や再現性がよく，どこでも省エネルギーで合成できるような物質系の実現が不可欠になる．現実のデバイス応答を想定し，室温（300 K）での使用を考えると，超伝導揺らぎを避けるため超伝導転移温度はその 3 倍の 900 K〜1000 K が必要である．そのような超高温超伝導を実現するためには，1800 K〜2000 K 近くの大きさを持つ電子間の引力が不可欠であり，そのような引力を導き出す電子論的な引力機構を発見・制御・デザインすることが不可欠となる．

　最近では金属水素に近づけるため水素と金属元素との化学結合による圧力

(chemical pressure) を利用して，高圧下における硫黄水素化物 (H_3S) の超高圧相において，室温に迫る高い超伝導転移温度が第一原理計算に基づいてデザインされ，それが実験により 2015 年に実証 ($T_c = 203$ K) されている[1]．さらには，第一原理計算に基づいて，電子格子相互作用を超伝導機構としてカルシウム水素化物 (CaH_6, $T_c = 230$ K)[2]，イットリウム水素化物 (YH_6, YH_{10}, $T_c = 260$ ～300 K)[3]，ランタン水素化物 (LaH_{10}, $T_c = 300$ K)[3] などで 200 K を大きく越える T_c が予測されていたが，最近 Eremets[4] のグループと Hemley[5] のグループから，超高圧の条件下で，それぞれランタン水素化物 (LaH_{10}) の合成と超伝導 ($T_c = 250$～260 K)[4,5] の観測が報告された．このような状況は，30 数年前に発見された「高温超伝導体」をはるかに超える「新型高温超伝導体」が発見・開発される日がやがて実現すると確信するに十分な根拠を与えている．

　理論，実験を問わず，次世代の若い研究者には，是非とも，「荒れ狂う大海原に飛び出す」気概を持ってチャレンジして欲しいと切に願うところである．

参考文献

1) A. P. Drozdov, M. I. Eremets, I. A. Troyan, V. Ksenofontov, and S. I. Shylin: Nature **525** (2015), 73.

2) H. Wang, J. S. Tse, K. Tanaka, T. Iitaka, and Y. Ma: PNAS **109** (2012) 6463.

3) F. Peng, Y. Sun, C. J. Pickard, R. J. Needs, Q. Wu, and Y. Ma: Phys. Rev. Lett. **119** (2017) 1.

4) A. P. Drozdov, P. P. Kong, V. S. Minkov, S. P. Besedin, M. A. Kuzovnikov, S. Mozaffari, L. Balicas, F. F. Balakirev, D. E. Graf, V. B. Prakapenka, E. Greenberg, D. A. Knyazev, M. Tkacz, and M. I. Eremets: Nature **569** (2019) 528.

5) M. Somayazulu, M. Ahart, A. K. Mishra, Z. M. Geballe, M. Baldini, Y. Meng, V. V. Struzhkin, and R. J. Hemley: Phys. Rev. Lett. **122** (2019) 027001.

事 項 索 引

英数

^{17}O-NMR ································· 39

1/8 異常 ····· 91-96, 99, 114, 129, 213, 215

$BaBi_{1-x}Pb_xO_3$ ··························· 80

$(Ba,K)BiO_3$ ························· 171, 172

$Ba(Pb,Bi)O_3$ ······················ 168, 171

BCS の壁 ······················· 5, 7, 137

BCS 理論 ····················· 5, 44, 288

$Bi_2Sr_2Ca_2Cu_3O_{10+\delta}$ ··············· 85

$Bi_2Sr_2Ca_{1-x}Y_xCu_2O_{8+\delta}$ ············ 95

$Bi_2Sr_2Ca_2Cu_3O_{10}$ (Bi2223) ············ 160, 161

$Bi_2Sr_2CaCu_2O_8$ (Bi2212) ····· 7, 140, 145, 149, 154, 159-160, 162, 176

Bi 系 (Bi-Sr-Ca-Cu-O) 超伝導体
 ···················· 12, 81, 128, 140

BKBO 系 (Ba-K-Bi-O) ·····12, 14, 15, 16, 17

BPBO 系 (Ba-Pb-Bi-O) ······· 14, 15, 16, 17

$CaCuO_2$ ································ 82

$Ca_{1-x}Sr_xCuO_2$ ······················ 83

$Ca_{1-x-y}Sr_xY_yCuO_2$ ··················· 83

CeB_6 ···························26, 133

CuO_2 層 ····················· 12,13

CuO_2 面 ·········· 8, 39, 81, 87, 91, 176, 238

CuO 鎖 ····················· 12

Drude モデル ················ 174, 176

HfNCl 系 ························· 116

KEK-BOOM ························· 186

$La_{2-x}Ba_xCuO_4$ (LBCO) ··········· 36, 37, 78, 80, 81, 86, 91-95, 129, 211, 228

$La_{2-x}Ba_xCuO_{4-\delta}$ ···················· 51

La_2CuO_4 ·················7, 18, 20, 86, 210

LaFeAs(O, F) ····················· 116

LaFePO 系 ······················· 116

$LaH_{10\pm x}$ ························· 118

$La_{2-x}Sr_xCuO_4$ (LSCO) ········ 6, 8, 78, 80, 81, 84, 86, 93, 95, 110, 111, 139

$(La, Sr)_2CuO_4$ ················ 173, 176

La 系 (La-Ba(Ca)-Cu-O) 超伝導体
 ························· 36, 49, 195

MgB_2 超伝導 ······················· 287

Mn 酸化物 ························· 290

MRI ································ 3

M^2S HTSC ··········· 212, 220, 226

Nb_3Ge ························· 4, 5

NCCO ························· 249

$Nd_{2-x}Ce_xCuO_4$ ··················· 92

Nd 系 ······················· 92

NiO ···················· 199, 201, 205

Pb 系 ························· 88

$Pb_2Sr_2Y_{1-x}Ca_xCu_3O_8$ ············· 88

PLCCO ························· 250

rigid band model ················ 171

RVB 理論 ·····················40, 203

s 波 ···················· 38, 40, 225

$Sr_{1-x}Nd_xCuO_2$ ··················· 83

$Sr_{14}Cu_{24}O_{41}$ ··················· 83, 94

$Sr_{14-x}Ca_xCu_{24}O_{41}$ ··················· 84

Sr_2RuO_4 ···················· 227, 228

$SrCuO_2$ ························· 82

T 構造 ························· 222

T′ 構造 ························· 222

T* 構造 ························· 223

Tl 系 (Tl-Ba-Ca-Cu-O) ··············· 12

UPt_3 ························· 26

UVSOR ··············· 135, 142, 143

Y 系 (Y-Ba-Cu-O) 超伝導体 ··········· 112, 183, 188, 193, 196, 208, 216, 218, 267

YBaCuO 系の磁気相図 ············· 186-188

$Y_{1.85}Ba_{0.15}CuO_4$ ··················· 54

$YBa_2Cu_3O_{6+x}$ ··········· 113, 114, 117

$YBa_2Cu_3O_7$: YBCO7 ··········· 7, 35, 39, 63, 79, 80, 81, 84, 85, 99, 176, 179, 208

$YBa_2Cu_3O_{7-\delta}$ ···················· 7, 8, 45

$YBa_2Cu_3O_{9-\delta}$ ··················· 61

$YBa_2Cu_3O_x$ 系の反強磁性秩序の発見··· 185

$YBa_2Cu_3O_y$ ································ 173	カマリン・オネス低温物理学研究所 ····· 122
YCS'87 ································ 212	カルシウム水素化物 ················· 292
Y-Sr-Cu-O ································ 195	擬ギャップ ················· 175
$ZrNCl$ 系 ································ 116	キャリア································ 82
	キャリア濃度································ 86, 171

五十音順

ア行

IBM 研究所 ·················· 6, 176, 210, 219
アメリカ材料学会 (MRS) ················· 176
アルカリドープの C_{60} 超伝導 ············ 287
Anderson-Haldane のメカニズム ····· 19, 21
硫黄水素化物································ 292
イオン半径································ 82
異常な常伝導 (状態) ····· 19, 288, 289, 290
イットリウム (Y) 系超伝導体 ········ 7, 79
イットリウム水素化物 ················· 292
異方性 ································ 175
インターカレーション ············ 78, 89, 90
Wisconsin 放射光施設 ············ 153, 160
エキシトン超伝導································ 169
液体窒素温度································ 7
液体ヘリウム································ 168
X 線コンプトン散乱································ 247
エニオン (anyon) 超伝導 ················· 186
応用物理学会誌 (Jpn. J. Appl. Phys.)
·················· 112, 180, 188, 196, 204, 213
岡崎コンファレンス (1987 年第 37 回) ··· 76
重い電子系化合物································ 78
重い電子超伝導 ································ 42
重いフェルミ粒子 (Heavy Fermion) ··· 22-25

カ行

外部光電効果································ 137
核磁気共鳴 (NMR) ········ 35, 88, 98, 99
核四重極共鳴 (NQR) ················· 36
角度分解光電子分光 (ARPES)
·················· 140, 141, 143, 154-162, 205
核破砕パルス中性子································ 237
価電子帯································ 138
門脇－ウッズ則 (Kadowaki-Woods law) ··· 46

共鳴光電子分光································ 200, 201
金属－絶縁体転移 ················· 171
金属水素 ································ 291
クーパー対 (Cooper pair) ····· 5, 15, 18
クーロン相互作用 ················· 18
高温超伝導体国際シンポジウム (IBM 会議)
·················· 152
高温超伝導のメカニズム ········ 90, 91
高温超伝導フィーバー ················· 6
高温超伝導若手研究会················· 130, 225
光学スペクトル································ 175
格子不整合度································ 245
光電子分光 ·················· 18, 27, 98, 137,
199-201, 203, 205, 289
高分解能 ARPES ················· 157-161
国際超電導技術研究センター········ 150, 177
コンビナトリアルケミストリー ····· 178

サ行

サテライト (構造) ········ 199-201, 203, 205
酸素欠陥三重層状ペロブスカイト型 ··· 197
磁気帯磁率 ································ 60
磁気秩序 ································ 94, 96
磁性超伝導体 ································ 78
磁性不純物 ································ 91, 218
周期表 (中国の) ················· 173
重点領域研究「高温超伝導の科学」····· 98
重点領域研究「超伝導発現機構の解明」
·················· 212, 224
水銀 (超伝導転移温度) ················· 4
ストライプ構造 ································ 215
ストライプ相 ································ 115
ストライプ秩序 ································ 94, 95
砂時計型磁気励起 ················· 114, 245
スピノン ································ 128
スピンギャップ ················· 40, 224, 244

索　引 295

スピン揺動(揺らぎ) ……… 18, 28, 95, 288
スピンラダー ……………………… 133
スピンレゾナンス ……………… 114, 117
正常な超伝導(状態) ………… 19, 288, 290
正ミュオンスピン回転緩和法(μ^+SR)
　………………………… 183, 185, 188, 189
赤外分光器 ……………………… 168
遷移金属元素 ……………………… 80
層状ペロブスカイト構造 ……… 210, 228
タ行
第一原理計算 ……………………… 288, 292
多結晶試料 ……………………… 84
多重荷電状態 ………………… 16, 18, 19
単結晶育成 …… 110, 240-243, 249, 250, 275
単結晶試料 ………………………… 33, 84
中性子回折 ………………… 94, 98, 99
中性子散乱 ……………………… 98, 236
中性子非弾性散乱 ……… 113, 116, 119
超伝導(超電導) ……………………… 3
超伝導ギャップ ……………………… 156
超伝導転移温度 ………………… 4, 171
超伝導若手研究者勉強会 ……… 212, 224
強い電子相関 ……………………… 174
低エネルギー磁気相関 …………… 245
低温正方晶 ……………………… 214, 215
低温物理国際会議 LT-21 ………… 188
鉄系超伝導体 ………………… 101, 116
電荷移動エネルギー ………… 19, 288
電荷移動型絶縁体 …………… 201, 246
電荷移動型半導体 ……………… 288
電荷ストライプモデル …………… 238
電荷秩序 ……………………… 94
電荷揺動(揺らぎ) ……… 16, 17, 18, 28, 288
電荷密度波 ……………………… 171, 174
電子間クーロン相互作用 ………… 288
電子格子相互作用 …… 174, 277, 279
電子ドープ系 ……………………… 249
同位体効果 ……………………… 277
銅サイト(元素)置換効果 …… 217-219
銅酸化物高温超伝導体………… 15-17, 167,

　183, 208, 209, 267, 274, 277, 285, 291
東芝国際超伝導スクール(東芝シンポジウム)
　………………………………… 212, 226
動的構造因子 ……………………… 236
動的ミクロ相分離 ………………… 252
銅のスピン ……………………… 94
特定研究「新超伝導物質」研究会
　………………… 77, 210, 212, 216
トポロジカル絶縁体 ……………… 290
トンネル分光………………………… 127
ナ行
鉛(Pb)(超伝導転移温度) ………… 4
ニオブ(Nb)(超伝導転移温度) ……… 4
2次元反強磁性 …………………… 238
日本物理学会低温シンポジウム
　………………………… 125, 126, 216
日本物理学会銅酸化物高温超伝導特別シン
　ポジウム ……… 111, 125, 126, 184
ネーチャー誌(Nature) ………… 117, 145
ネスティング条件 ……………… 171, 173
濃度勾配単結晶 ……………………… 250
ハ行
バイオインフォマティックス ………… 290
バーディーン賞 ……………………… 226
ハバードバンド ……………………… 246
ハバード模型 ……………… 270, 289
反強磁性 ……………………… 86, 188
反強磁性的長距離秩序 ……… 18, 288
反磁性信号 ……………………… 168
バンド計算 ……………………… 173, 205
バンド理論 ……………………… 203
非磁性不純物 ……………… 41, 91, 218
ビスマス系超伝導体……………… 7, 227
フィジカル・レビュー B 誌 (Physical Review
　B : PRB) ……… 204, 215, 246
フェルミ速度 ……………………… 15
フェルミ面 …… 135, 139, 145, 160, 171
フェルミ液体(Fermi-liquid) ……… 25, 26
フォトンファクトリー(PF) ………… 141
フォノン ……………………………… 5

不純物効果 ……………………… 40, 91	メスバウアー効果…………………… 88
物理学者のウッドストック ……… 7, 269	モット絶縁体 ……………… 173, 201
負の電子相関 …………………… 16	Mott-Hubbard 絶縁体 ……………… 160
浮遊帯域溶媒移動 (TSFZ) 法 ……… 114, 240	**ヤ行**
フラックス法 …………………… 85	山田コンファレンス ……………… 219
プラズマ周波数 ………………… 174-177	YAMADA プロット ……………… 245
ブルックヘブン国立研究所 … 113, 115, 235	ヤン・テーラーイオン ……………… 277
ブロック層 ………………… 81, 82, 225	輸送現象 …………………… 98
分子科学研究所 ………… 123, 127, 135	**ラ行**
ヘリウム液化機 ………………… 44	ライデン大学 ………… 4, 44, 73, 122
ペロブスカイト型構造 …………… 78	ラウエ・ランジュバン研究所 ………… 113
ボーズ・アインシュタイン凝縮 ………… 290	ラマン散乱 ………… 88, 98, 99, 277
ホール効果 ……………………… 90	ラマン散乱実験装置 ……………… 258
マ行	ランタン (La) 系超伝導体 …………… 78
マイスナー効果 ………………… 208, 274	ランタン水素化物 ………………… 292
マイスナー反磁性 ……………… 60	リートベルト解析 ……………… 99
マティアス賞 …………………… 227	リニア新幹線 ………………………… 3
密度汎関数理論 ………………… 288	硫化水素超高圧超伝導 ……………… 287
ミュオンスピン緩和 (μSR)	ルテニウム酸化物超伝導体 … 209, 221, 228
…………… 94, 96, 97, 102, 186, 187	レーザー冷却ボーズ凝縮 …………… 287

人名索引

ア行

秋光純 ……………………… 84, 133, 222
Axe, J. D. ………………………… 215
朝山邦輔 ………………………… 34, 40, 41
アブリコソフ (Abrikosov, A.) …………… 68
新井正敏 ………………………… 114
安藤恒也 ………………………… 268
家泰弘 ………………………… 85, 225
石川征靖 ………………………… 184
Wu, M. K. ……………………… 109, 216
内田慎一 ………………………… 94, 114
Eremets, M. I. ………………………… 292
江崎玲於奈 ………………………… 263, 264
遠藤康夫 ………………………… 273
岡部豊 ………………………… 140, 270

カ行

金森順次郎 ………………………… 263
金田千穂子 ………………………… 276
カバ (Cava, R. J.) ………………………… 64
カマリン・オネス (Kamerlingh Onnes)
……………………… 4, 44, 73, 122
川村肇 ………………………… 263
岸尾光二 ………………………… 277
北岡良雄 ………………………… 34, 40
北澤宏一 ………………………… 39, 277
Cooper, L. N. ………………………… 5, 44
熊谷健一 ………………………… 91, 94
Klaus Von Klitzing ………………………… 268

サ行

佐川眞人 ………………………… 107
佐々木泰造 ………………………… 270
佐藤正俊 ……………… 106, 114, 124, 135
Schrieffer, J. R. ………………………… 5, 44
Schluter, M. ………………………… 267-269
白根元 ……………… 111, 235, 237, 248
鈴木孝至 ………………………… 214

鈴木孝 ………………………… 273
ゼーマン (Zeeman, P.) ………………………… 74

タ行

高重正明 ………………………… 211
高橋隆 ……………… 38, 270, 274, 276
瀧川仁 ………………………… 39
田中昭二 ………………………… 78, 168
Chu, C. W. ……………… 7, 109, 110, 216
十倉好紀 ………………………… 225, 227
トランカーダ (Tranquada, J. M.)
……………………… 94, 115, 215, 238

ハ行

Bardeen, J. ………………………… 5, 44
氷上忍 ……………… 100, 178, 183, 216
笛木和雄 ………………………… 78
藤田敏三 ……… 91, 92, 128, 209, 210
藤田英一 ………………………… 275
Hemley, R. J. ………………………… 292
ベドノルツ (Bednorz, G.)
……………… 6, 51, 210, 220, 221
細野秀雄 ………………………… 101, 116
細谷正一 ……… 87, 110, 136, 240
本多光太郎 ………………………… 273, 274

マ行

前田弘 ……………… 7, 81, 128, 227
美馬源次郎 ………………………… 275
ミューラー (Müller, A)
……………… 6, 51, 210, 220, 221
森田章 ………………………… 265, 270

ヤ行

安岡弘志 ………………………… 40
Eugene Haller ………………………… 268
吉田博 ……………… 38, 140, 225

ラ行

ロサミニヨン (Rossat-Mignod, J.) … 114, 133

高温 超 伝導の若きサムライたち
──日本人研 究 者の 挑 戦と奮闘の記録──

	2019 年 12 月 10 日　初版第 1 刷発行
	2020 年 1 月 20 日　初版第 2 刷発行

© 編　　者　　吉田　博
　　　　　　　高橋　隆

　発 行 者　　島田　保江

　発 行 所　　株式会社 アグネ技術センター
　　　　　　　〒 107-0062　東京都港区南青山 5-1-25
　　　　　　　電話（03）3409-5329 ／ FAX（03）3409-8237
　　　　　　　振替　00180-8-41975
　　　　　　　URL　https://www.agne.co.jp/books/

　印刷・製本　　株式会社 平河工業社

落丁本・乱丁本はお取替えいたします.　　　　Printed in Japan, 2019, 2020
定価は本体カバーに表示してあります.　　　　ISBN 978-4-901496-98-8 C0042